单片微型计算机原理及应用

主　编　谢　云
副主编　马逸新　李　鑫
　　　　朱　丹　曾志鹏
主　审　闫玉德　钱冬宁

北京理工大学出版社
BEIJING INSTITUTE OF TECHNOLOGY PRESS

内 容 简 介

本书在介绍微型计算机系统组成和工作原理的基础上，重点讲述经典机型 MCS-51 系列单片机的硬件架构、工作原理、汇编与 C51 程序设计、内部功能部件的基本应用以及单片机应用系统的设计与开发等。

本书从应用型人才培养目标出发，以"理实一体化"为核心，在教材编写的过程中注重培养学生的三大能力，即动手能力、分析能力、综合能力。因此，本书在原有的单片机传统教学过程、教学内容的基础上进行资源整合，以 MCS-51 系列单片机的 C51 程序设计为主线，将工作原理与实践环节紧密衔接，并借助仿真软件 Proteus 和 C51 编译软件 Keil 来实现目标功能的验证与分析，使读者在实践过程中对理论知识的应用方法、应用过程以及结果分析产生更加直观的体会。另外，实践案例中综合的目标功能随着知识的不断扩展也不断增强，知识点的引入由浅入深、由易到难，符合初学者的认知规律。

本书可作为高等院校工科相关专业的教材，也可以作为成人教育及函授教材，同时还可供从事与嵌入式系统相关的工程技术人员的岗位培训教材或者自学参考书。

版权专有　侵权必究

图书在版编目（CIP）数据

单片微型计算机原理及应用/谢云主编. —北京：北京理工大学出版社，2018.1（2020.3 重印）
ISBN 978-7-5682-5240-9

Ⅰ. ①单… Ⅱ. ①谢… Ⅲ. ①单片微型计算机 Ⅳ. ①TP368.1

中国版本图书馆 CIP 数据核字（2018）第 015151 号

出版发行 /	北京理工大学出版社有限责任公司
社　　址 /	北京市海淀区中关村南大街 5 号
邮　　编 /	100081
电　　话 /	（010）68914775（总编室）
	（010）82562903（教材售后服务热线）
	（010）68948351（其他图书服务热线）
网　　址 /	http://www.bitpress.com.cn
经　　销 /	全国各地新华书店
印　　刷 /	北京国马印刷厂
开　　本 /	787 毫米×1092 毫米　1/16
印　　张 /	21.5
字　　数 /	510 千字
版　　次 /	2018 年 1 月第 1 版　2020 年 3 月第 3 次印刷
定　　价 /	49.00 元

责任编辑 / 陈莉华
文案编辑 / 陈莉华
责任校对 / 周瑞红
责任印制 / 施胜娟

图书出现印装质量问题，请拨打售后服务热线，本社负责调换

前言

目前,单片机及其应用技术已经渗透到工业生产和日常生活的各个领域,只要有智能电子应用的地方几乎都能见到单片机的身影。例如,导弹的导航装置,飞机上各种仪表的控制,计算机的网络通信与数据传输,工业自动化过程的实时控制和数据处理,广泛使用的各种智能 IC 卡,民用轿车,录音机、摄像机、全自动洗衣机的控制,以及程控玩具、电子宠物等。总之,单片机在仪器仪表、家用电器、医用设备、航空航天、专用设备的智能化管理及过程控制等领域都得到了广泛的应用。

单片微型计算机简称单片机,是微型计算机的一个重要分支。它将微处理器、存储器、输入/输出接口、定时器/计数器等微型计算机的主要功能部件集成在一块芯片上,具有体积小、价格低、性能高、应用开发简便等优点。MCS-51 系列单片机是一种十分经典的单片机,以这种单片机作为入门机型,在了解了单片机硬件架构、编程思想以及应用方法后,再学习其他单片机就会轻松很多。

单片机是一门实践性、应用性很强的课程,在学习过程中,应该注意将学习的重点放在所学知识的应用上,这样才符合目前市场经济发展对专业人才的需求,也契合当下应用型本科院校的人才培养目标,即培养一批动手能力强、综合素质高、符合用人单位需要的技能型和应用型人才。培养技能型和应用型人才的核心思想是强调以知识为基础,以能力为目标,知识、能力、素质协调发展。本书正是以此核心思想为出发点,强调"理实一体化"的学习过程,注重在掌握基础知识应用的过程中锻炼并提升学习者的三大能力,即动手能力、分析能力、综合能力。

1. 本书的特色

(1)以能力培养为根本。

在编写中,注重对学习者技能的培养,精心整合课程内容,合理安排知识点、技能点,注重实践环节,突出对学习者实际操作能力和解决问题能力的培养。

(2)紧跟现代信息技术。

借助当下先进的单片机软件开发平台:仿真软件 Proteus 和 C51 编译软件 Keil 来实现实践案例中目标功能的验证与分析,使读者在实践过程中能更直观地观看到、体会到知识应用的过程与结果,且不受硬件条件的制约。

(3) 知识体系合理、易学易用。

书中每一个知识单元都配有实践环节，并且实践案例中综合的目标功能随着知识的不断扩展也不断增强，整个知识体系的引入由浅入深、由易到难，符合读者的认知规律。

(4) 项目兼顾工程背景、贴合行业应用。

书中选定的综合项目从工程背景出发，提供了实际工作中单片机应用系统开发的基本流程、实现思路以及行业规范。让学习者能够从系统的角度了解并掌握项目实现中的单片机开发技术，有益于提升学习者的工程实践能力，迅速将所学内容应用于实际工作中。

(5) 精心设计教学环节、教学资料完备。

本书面向"理实一体化"教学全过程精心设置完整的教学环节，将知识引入、知识讲解、实操训练、思考拓展、课后总结以及习题测验有机地结合。这样，同一教学模块和教学地点能够同时完成知识的讲解和技能训练，而且课后也给读者留有思考与拓展空间，真正融"教、学、练、思"于一体。

2. 本书的内容体系

本书按照基础原理与技术应用将内容分成两篇，共 9 章。

第一篇为计算机及单片机基础，包括第 1~4 章的内容。本篇主要包含两个部分，第一部分主要讲述微型计算机的基本架构、工作原理；第二部分重点讲解 MCS-51 系列单片机的硬件架构、工作原理及编程语言。

第二篇为单片机应用与系统开发，包括第 5~9 章的内容。本篇主要包含 3 个部分：第一部分主要介绍 C51 语言软件开发平台 Keil μVision 与虚拟仿真平台 Proteus ISIS 的基本特性与使用；第二部分主要通过具体的实践案例讲解 MCS-51 系列单片机的典型应用，包括 I/O 口的应用、内部功能部件的应用以及系统扩展与接口技术的应用；第三部分介绍了单片机应用系统的一般开发流程、抗干扰技术和调试技术，并结合项目具体阐述了实际项目开发过程中完成单片机应用系统设计的思路与方法。

3. 本书的读者对象

(1) 高等院校电气信息类专业开设单片机课程的学生。

(2) 参加成人教育及函授学习 MCS-51 单片机课程的学生。

(3) 自学单片机的工科类在校学生或其他工程技术人员。

本书由谢云担任主编，马逸新、李鑫、朱丹和曾志鹏担任副主编，南京理工大学闫玉德副教授、南京理工大学紫金学院钱冬宁副教授担任主审。在本书编写过程中，申继伟、张晨、郁玲艳等老师提供了很多帮助，在此表示衷心的感谢！还要感谢南京理工大学紫金学院领导在本书编写中给予的大力支持！

由于编者水平有限，书中难免存在错误和不当之处，恳请广大读者批评指正。

编 者

2017 年 11 月

目 录

第一篇 计算机及单片机基础

第1章 微型计算机基础 ······(3)
- 1.1 数制及计算机中数据的表示 ······(3)
  - 1.1.1 数制 ······(3)
  - 1.1.2 数在计算机中的表示 ······(5)
- 1.2 微型计算机概述 ······(6)
  - 1.2.1 微型计算机的硬件 ······(7)
  - 1.2.2 微型计算机的软件 ······(11)
- 1.3 8086/8088 微处理器 ······(14)
  - 1.3.1 8086/8088 的内部结构 ······(14)
  - 1.3.2 8086/8088 的指令系统 ······(18)
- 1.4 存储器 ······(19)
  - 1.4.1 存储器的分类 ······(20)
  - 1.4.2 存储器的结构 ······(21)
  - 1.4.3 静态 RAM 存储器芯片 Intel 2114 ······(23)
  - 1.4.4 存储容量扩展 ······(24)
- 1.5 微机工作流程 ······(26)
- 1.6 输入/输出接口 ······(29)
  - 1.6.1 接口功能 ······(29)
  - 1.6.2 数据传输控制方式 ······(32)
  - 1.6.3 并行接口 ······(34)
  - 1.6.4 串行接口 ······(36)
- 本章小结 ······(39)
- 习题 ······(39)

第2章 单片机硬件系统 (41)

2.1 单片机概述 (41)
2.1.1 单片机及单片机应用系统 (41)
2.1.2 单片机的特点与应用 (42)
2.1.3 单片机的发展趋势 (43)
2.1.4 单片机的分类 (43)

2.2 MCS-51单片机的结构 (46)
2.2.1 单片机的内部结构 (46)
2.2.2 外部引脚及功能 (59)

2.3 单片机的复位、时钟与时序 (60)
2.3.1 复位与复位电路 (61)
2.3.2 时钟电路 (62)
2.3.3 单片机时序 (63)
2.3.4 工作流程 (64)

本章小结 (66)

习题 (66)

第3章 单片机指令系统 (68)

3.1 程序设计概述 (68)
3.1.1 程序设计语言 (68)
3.1.2 汇编指令格式 (69)

3.2 寻址方式 (70)

3.3 指令系统 (73)
3.3.1 数据传送类指令 (74)
3.3.2 逻辑操作类指令 (76)
3.3.3 算术运算类指令 (78)
3.3.4 位操作类指令 (82)
3.3.5 控制转移类指令 (83)

3.4 伪指令 (86)

本章小结 (88)

习题 (88)

第4章 单片机C程序设计 (90)

4.1 单片机C语言与汇编语言 (90)

4.2 C51对标准C语言的扩展 (91)
4.2.1 数据类型 (91)
4.2.2 存储类型 (92)

4.2.3　C51对单片机主要资源的控制 ……………………………………（96）
　　4.2.4　C51指针 ……………………………………………………………（99）
　　4.2.5　C51函数 ……………………………………………………………（101）
4.3　C51程序设计 …………………………………………………………………（104）
　　4.3.1　C51程序的一般结构 ………………………………………………（104）
　　4.3.2　C51编程规范及技巧 ………………………………………………（106）
本章小结 …………………………………………………………………………（107）
习题 ………………………………………………………………………………（107）

第二篇　单片机应用与系统开发

第5章　软件开发环境 …………………………………………………………（111）
5.1　Proteus ISIS集成开发环境及应用 …………………………………………（111）
　　5.1.1　Proteus ISIS软件概述 ……………………………………………（111）
　　5.1.2　Proteus ISIS软件应用 ……………………………………………（118）
5.2　Keil μVision 4开发环境及应用 ……………………………………………（133）
　　5.2.1　Keil μVision 4软件概述 …………………………………………（133）
　　5.2.2　Keil μVision 4软件应用 …………………………………………（136）
5.3　Keil μVision 4与Proteus ISIS的联合仿真 ………………………………（150）
　　5.3.1　直接运行HEX文件 …………………………………………………（151）
　　5.3.2　Keil μVision 4与Proteus ISIS联合调试 ………………………（152）
本章小结 …………………………………………………………………………（156）
习题 ………………………………………………………………………………（156）

第6章　通用I/O口及应用 ……………………………………………………（157）
6.1　I/O口的基本特性 ……………………………………………………………（157）
　　6.1.1　I/O口的基本特性 ……………………………………………………（157）
　　6.1.2　课堂实践 ………………………………………………………………（158）
　　6.1.3　拓展与思考 ……………………………………………………………（165）
6.2　数码管显示控制 ………………………………………………………………（166）
　　6.2.1　数码管的基本工作原理 ………………………………………………（166）
　　6.2.2　课堂实践 ………………………………………………………………（168）
　　6.2.3　拓展与思考 ……………………………………………………………（173）
6.3　按键识别与扫描 ………………………………………………………………（173）
　　6.3.1　按键的基本工作原理 …………………………………………………（173）
　　6.3.2　课堂实践 ………………………………………………………………（177）
　　6.3.3　拓展与思考 ……………………………………………………………（187）
本章小结 …………………………………………………………………………（187）

习题 ··· (188)

第7章 内部功能部件及应用 ·· (189)
7.1 单片机的中断管理系统 ·· (189)
7.1.1 中断管理系统的工作原理 ·· (189)
7.1.2 课堂实践 ·· (195)
7.1.3 拓展与思考 ··· (205)
7.2 单片机的定时器/计数器 ··· (205)
7.2.1 定时器/计数器的工作原理 ·· (205)
7.2.2 课堂实践 ·· (211)
7.2.3 拓展与思考 ··· (221)
7.3 单片机的串行接口 ·· (221)
7.3.1 MCS–51单片机的串行接口 ··· (221)
7.3.2 课堂实践 ·· (225)
7.3.3 拓展与思考 ··· (233)
本章小结 ·· (233)
习题 ··· (233)

第8章 系统扩展与接口技术 ·· (235)
8.1 单片机的系统总线 ·· (235)
8.1.1 并行总线结构 ·· (235)
8.1.2 串行总线结构 ·· (237)
8.2 存储器扩展 ··· (240)
8.2.1 典型存储器芯片扩展方法简介 ··· (240)
8.2.2 课堂实践 ·· (244)
8.2.3 拓展与思考 ··· (253)
8.3 A/D转换与应用 ··· (253)
8.3.1 A/D转换原理与ADC0809概述 ··· (253)
8.3.2 课堂实践 ·· (257)
8.3.3 拓展与思考 ··· (264)
8.4 D/A转换与应用 ··· (264)
8.4.1 D/A转换原理与DAC0832概述 ··· (264)
8.4.2 课堂实践 ·· (268)
8.4.3 拓展与思考 ··· (278)
本章小结 ·· (278)
习题 ··· (279)

第 9 章 单片机应用系统设计 (280)
9.1 单片机应用系统开发流程 (280)
9.1.1 硬件设计 (282)
9.1.2 软件设计 (283)
9.1.3 系统抗干扰技术 (283)
9.1.4 应用系统调试 (296)
9.2 项目调试——智能程控变挡数字电压表 (299)
9.2.1 项目目标与准备 (300)
9.2.2 系统方案与器件选择 (302)
9.2.3 硬件电路设计 (303)
9.2.4 软件程序设计 (308)
9.2.5 软、硬件联调 (310)
9.2.6 项目总结与拓展 (315)
9.3 项目调试——多节点粮库温湿度控制分析装置系统设计 (315)
9.3.1 项目内容与任务 (316)
9.3.2 系统的工作原理 (316)
9.3.3 硬件电路设计 (318)
9.3.4 软件程序设计 (319)
9.3.5 软、硬件联调 (323)
9.3.6 项目总结与拓展 (326)
本章小结 (326)
习题 (327)
附录 ASCII 码表 (328)
参考文献 (331)

第一篇

计算机及单片机基础

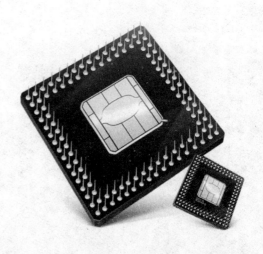

第 1 章

微型计算机基础

本章主要讲述微型计算机的系统组成和工作原理，首先说明微型计算机的基本概念、组成结构及功能，简要阐述了 8086/8088 微处理器的内部结构及其部分指令系统；然后介绍微型计算机的工作流程。

本章内容主要作为学习单片微型计算机的预备知识。

1.1 数制及计算机中数据的表示

1.1.1 数制

数制是指利用符号来计数的科学方法。数制有很多种，在微型计算机中经常使用的是二进制。

1. 数制的种类

数制中所使用的符号个数称为数制的基（N）。数制中每一位数字都有一个序号，称为位序；个位的位序号是 0，位序号向高位逐位增 1，向低位逐位减 1。数制中某位（m）上单位数值对整个数的贡献称为该位的权，表示为基的该位位序次方幂，即 N^m。每位上出现的符号称为该位的系数。

（1）十进制。十进制的基为"10"，每位上可用的符号为 0~9，共 10 个，每位数字的值是该位系数乘以该位的权。

（2）二进制。二进制的基为"2"，其使用的数码为 0、1，共 2 个。二进制各位的权是以 2 为底的位序次方幂。

（3）十六进制。十六进制的基为"16"，其使用的数码为 0~9、A~F，共 16 个，其中 A~F 相当于十进制数的 10~15，十六进制的权是以 16 为底的位序次方幂。

（4）二-十进制。二-十进制数称为二进制编码的十进制数（Binary Coded Decimal，简称 BCD 码）。BCD 码是用 4 位二进制数给 0~9 这 10 个数字进行编码。

为了区别以上几种数制，在数的后面加写英文字母来区别，B、D、H、BCD 分别表示二进制数、十进制数、十六进制数、二-十进制数，通常对十进制数可不加标志。若十六进制数是字母 A~F 开头，则书写时前面需加一个 0。

2. 数制的转换

（1）二进制数、十六进制数转换成十进制数，只需将二进制数、十六进制数按权展开后相加即可。

例如，十六进制数 7BDH 转化为十进制数，表示为：

$$7\times16^2+11\times16^1+13\times16^0=1792+176+13=1981D$$

（2）十进制数转换为二进制数、十六进制数。通常采用除基取余法。例如，十进制数 45678D 转化为十六进制数，表示为 0B26EH，其过程如下：

```
                        余数    记位    最低位
         16 ⌐ 45678      14      E       ↑
         16 ⌐ 2854        6      6       |
         16 ⌐ 178         2      2       |
                11       11      B      最高位
```

（3）二进制数、十六进制数相互转换。1 位十六进制数转换为 4 位二进制数。

（4）BCD 码与十进制数的相互转换。按照 BCD 的十位编码与十进制的关系进行转换。

3. 常用的编码

1）BCD 码

BCD 码是一种具有十进制权的二进制编码，是一种既能为计算机接收，又基本符合人的十进制数运算习惯的二进制编码。

BCD 码的种类较多，常用的有 8421 码、2421 码、余 3 码和格雷码等，其中最为常用的是 8421BCD 编码。因十进制数有 10 个不同的数码（0~9），必须要用 4 位二进制数来表示，而 4 位二进制数可以有 16 种组合，因此取 4 位二进制数顺序编码的前 10 种，即 0000B~1001B 为 8421 码的基本代码，1010B~1111B 未被使用，如表 1-1 所示。

表 1-1 8421BCD 码表

十进制数	8421BCD 码	十进制数	8421BCD 码
0	0000B	5	0101B
1	0001B	6	0110B
2	0010B	7	0111B
3	0011B	8	1000B
4	0100B	9	1001B

2）ASCII 编码

ASCII（美国信息交换标准代码）是一种较完善的字符编码，现已成为国际通用的标准编码，广泛用于微型计算机与外设的通信。

它是用 7 位二进制数码来表示的，7 位二进制数码共有 128 种组合，包括 96 个图形字符和 32 个控制字符。96 个图形字符包括 10 个十进制数字符、52 个大小写英文字母和 34 个其他字符,这类字符有特定形状,可以显示在显示器上或打印出来。32个控制字符包括回车符、换行符、退格符、设备控制符和信息分隔符等,这类字符没有特定形状,字符本身不能在显示器上显示或打印。ASCII 编码见书后附录。

1.1.2 数在计算机中的表示

计算机中的信息不仅有数据,还有字符、命令,其中数据还有大与小、正数与负数之分,计算机是如何用"0"或"1"来表示这些信息的呢?

数在计算机中的表示形式统称为机器数,机器数有两个基本特点:一是数的符号数值化,通常以"0"代表"+"号,以"1"代表"-"号,并将符号位放在数的最左边;二是机器数的位数受计算机硬件(字长)的限制。例如,N_1=+1011,N_2=-1011,通过 MCS-51 单片机来存储上述两个数,由于 MCS-51 为 8 位单片机,即信息是以 8 为单位进行处理的,且每个存储单元只能存储一个 8 位的二进制数,称为一个字节,如果用一个字节(即 8 位二进制数)来表示上述两个符号数,它们在单片机中可分别表示为 00001011 和 10001011,其中最高位为符号值,其余位为数值位。而把对应于该机器数的算术值叫作真值。

值得注意的是,机器数和真值的面向对象不同,机器数面向计算机,真值面向用户,机器数不同于真值。但真值可以用机器数来表示。

1. 无符号数

即把计算机字长的所有二进制位都用来表示数值。例如,8 位机中的无符号数:
$$00001001B=2^3+2^0=9$$
$$10001001B=2^7+2^3+2^0=137$$

2. 有符号数

计算机中有符号数一般采用原码、反码与补码表示。
使用补码的优点如下:
(1) 使得符号位能与有效数值部分一起参加运算,从而简化运算规则。
(2) 使减法运算转换为加法运算,简化计算机中运算器的线路设计。
对于正数,其原码、反码与补码表示是一致的。
对于负数,除符号位外,将其原码的数值部分求反(即 0 变成 1、1 变成 0),则可求其反码,由反码的最低位加 1 即可求得其补码。
例如,假设字长为 8 位,+10 的原码、反码与补码表示均为 00001010。
-10 的 8 位原码表示为[-10]$_{原}$=10001010。
-10 的 8 位反码表示为[-10]$_{反}$=11110101(负数的反码是原码符号位不变,数值位取反)。
-10 的 8 位补码表示为[-10]$_{补}$=11110110(反码加 1)。

3. 补码运算

两个用补码表示的带符号数进行加减运算时,特点是把符号位上表示正负的"1"和"0"也看成数,与数值部分一同进行运算,所得的结果也为补码形式,即结果的符号位为"0"表示正数,结果的符号位为"1"表示负数。下面分加、减两种情况进行讨论。

两个带符号的数 X 和 Y 相加时，是将两个数分别转换为补码的形式，然后进行补码加运算。所得的结果为和的补码形式，即

$$[X+Y]_{补}=[X]_{补}+[Y]_{补}$$

例 1.1 用补码进行下列运算：

（+18）+（-15）；（-18）+（+15）；（-18）+（-15）

解

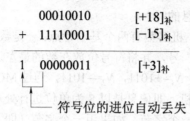

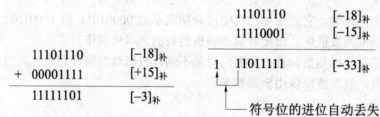

由例 1.1 可知，当带符号的数采用补码形式相加时，可把符号位也当作普通数字一样与数值部分一起进行加法运算，若符号位上产生进位时，则自动丢掉，所得的结果为两数之和的补码形式。

两个带符号数相减，可通过下面的公式进行，即

$$X-Y=X+(-Y)$$

则

$$[X-Y]_{补}=[X+(-Y)]_{补}=[X]_{补}+[-Y]_{补}$$

可见，求$[X-Y]_{补}$，可以用$[X]_{补}$和$[-Y]_{补}$相加来实现。这里关键在于求$[-Y]_{补}$。如果已知$[Y]_{补}$，那么对$[Y]_{补}$的每一位（包括符号位）都按位求反，然后再在末位加1，结果即为$[-Y]_{补}$。

例 1.2 用补码进行 96-19 运算。

解 $X=96$，$Y=19$，则$[X]_{补}=01100000$，$[Y]_{补}=00010011$，那么$[-Y]_{补}=11101101$，故$[X-Y]_{补}=[X]_{补}+[-Y]_{补}$

```
    01100000       [X]补
  + 11101101       [Y]补
  ─────────────
  1 01001101       [+77]补
    ↑
    └─ 符号位的进位自动丢失
```

1.2 微型计算机概述

按照综合性能指标的不同，通用电子计算机可分为巨型机、大型机、中型机、小型机和

微型机,其主要区别在于运算速度、数据存储容量、输入/输出能力、指令系统规模和价格等因素。

巨型计算机是指运算速度快、存储容量大的高性能计算机,其运算速度通常可达每秒上亿次,是针对大气预报、飞行器设计和核物理研究中大批数据运算而设计的。巨型机结构复杂、价格昂贵,主要应用于尖端的科学计算和现代化军事领域中,是反映一个国家计算机技术水平高低的重要标志。

大型机是针对那些要求计算量大、信息流通量大、通信能力高的用户设计的。一般大型机的运算速度为每秒百万次至每秒上亿次,它有比较完善的指令系统、丰富的外部设备和功能强大的软件系统。大型机主要用于大型网站的服务器。

中型机的规模介于大型机和小型机之间。

小型机规模小、结构简单、成本低且操作简便、容易维护,因而得以快速推广。在 20 世纪 60—70 年代间曾掀起了计算机普及应用的浪潮。小型机既可以用于科学计算和数据处理,又可以用于生产过程的自动控制和数据采集及分析处理。

微型机由微处理器、半导体存储器和输入/输出接口组成。微型计算机的出现和发展,掀起了计算机大普及的浪潮,微型机比小型机体积更小、价格更低廉,且通用性强、灵活性好、可靠性高、使用方便。20 世纪 70 年代后期,个人计算机(PC)问世,它以设计先进、功能齐全、软件丰富、价格便宜等原因很快占领了微型机的市场,为计算机渗透到各行各业、进入办公室和家庭开启了方便之门。

1.2.1 微型计算机的硬件

1. 计算机的组成

计算机的硬件组成结构如图 1-1 所示。它由运算器、控制器、存储器、输入设备和输出设备五大部分组成。

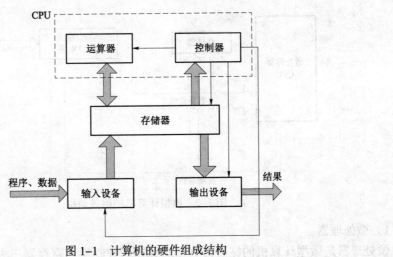

图 1-1 计算机的硬件组成结构

运算器是计算机处理信息的主要部件。控制器产生一系列控制命令,控制计算机各部件自动、协调一致地工作。存储器是存放数据与程序的部件。输入设备用来输入数据与程序,常用的输入设备有鼠标、键盘等。输出设备将计算机的处理结果用数字、图形等形式表示出来，常用的输出设备有显示器、数码管、打印机、绘图仪等。

通常把运算器、控制器、存储器这三部分称为计算机主机，而输入设备、输出设备则称为计算机外设。由于运算器、控制器是计算机进行信息处理的关键部件，所以经常将它们合称为中央处理器 CPU（Central Processing Unit）。

2. 计算机的字长

计算机内所有的信息都是以二进制代码形式表示的。运算器能够并行处理和存储器每次读写操作时能包含的二进制码的位数，称为该计算机的字长。计算机的字长越长，它能代表的数值就越大，能表示的数值有效位数也越多，计算的速度和精度就越高。但是位数越长，用来表示进制代码的逻辑电路也越多，使得计算机的结构变得越庞大，电路变得越复杂，造价也越高。用户通常要根据不同的任务选择不同字长的计算机。

微型计算机的字长有 4 位、8 位、16 位、32 位、64 位等。目前最为广泛学习的主要是 8 位微机和 16 位微机，而当前在市场上购买的主流产品是 32 位微机和 64 位微机。

3. 微型计算机的组成

随着大规模集成电路技术的发展，生产厂商把运算器、控制器集成在一块硅片上，成为独立的芯片，称为微处理器（Micro Processor），也称 CPU 或 MPU。存储器（Memory）也可以集成在独立的芯片上。微处理器芯片、存储器芯片、输入/输出接口（Input/Output Interface，I/O 接口）之间由总线（Bus）连接，就构成了微型计算机（Micro Computer），结构如图 1-2 所示。

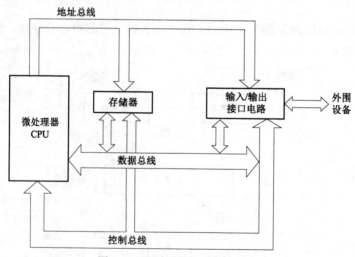

图 1-2 微型计算机的组成结构

1）微处理器

微处理器是微型计算机的核心，它由运算器、控制器和寄存器三大部分组成。

（1）运算器。其主要由算术逻辑单元（Arithmetic and Logic Unit，ALU）构成。ALU 是对传送到微处理器的数据进行算术运算或逻辑运算的部件，能够执行加法、减法运算以及逻辑与、逻辑或等运算。

（2）控制器。其主要包括时钟电路和控制电路。时钟电路产生时钟脉冲，用于微机各部分电路的同步定时。控制电路产生完成各种操作所需的控制信号。

（3）寄存器。CPU 中有多个寄存器，用来存放操作数、地址和运算的中间结果等。

2）存储器

存储器是微型计算机的重要组成部分，计算机有了存储器才具备记忆功能。存储器由许多存储单元组成，在 8 位微机中，每个存储单元存放 8 位二进制代码，8 位二进制代码称为一个字节，即 8 位微机的每个存储单元能存放一个字节（Byte）的代码。如图 1–3 所示，每个方格表示一个存储单元，左列数据表示存储单元地址，右列数据表示对应存储单元里的存储信息或代码。

0000 0000	0110 1100
0000 0001	1010 0011
0000 0010	1110 0101
0000 0011	
0000 0100	
……	
1111 1110	
1111 1111	

图 1–3 存储器单元地址

存储器的一个重要指标是容量。假如存储器有 256 个单元，每个单元存放一个字节代码，那么该存储器容量为 256 B，或 256×8 bit。在容量较大的存储器中，存储容量以 KB、MB 等为单位，1 KB=2^{10} B=1 024 个存储单元，1 MB=2^{20} B=1 024 KB。目前，比 MB 单位更大的还有 GB、TB，1 GB=2^{30} B=1 024 MB，1 TB=2^{40} B=1 024 GB。

微机工作时，CPU 将数码存入存储器的过程称为"写"操作；CPU 从存储器中取数码的过程称为"读"操作。写入存储单元的数码取代了原有的数码，而且在下一个新的数码写入之前一直保留着，即存储器具有记忆数码的功能。在执行读操作后，存储单元中原有的内容不变，即存储器的读出是非破坏性的。

为了便于读、写操作，要对存储器所有单元按顺序编号，这种编号就是存储单元的地址。每个单元都有唯一的地址，如图 1–3 所示。地址用二进制数表示，地址的二进制位数 N 与存储容量 Q 的关系是 $Q=2^N$。例如，在 8086 微机系统中，地址的位数是 20，则存储器的容量为 2^{20} B=1 MB。

3）输入/输出接口

I/O 接口是沟通主机与外部设备的重要部件。外部设备种类繁多，其运行速度、数据形式、电平等级可能存在差异，常常与主机不一致，所以要用 I/O 接口作为桥梁，起到信息转换与协调的作用。例如，打印机打印一行字符需 1 s 左右，而微机输出一行字符只需 1 ms 左右，要使打印机与微机同步工作，必须采用相应的接口芯片来协调连接。

4）总线

总线是在微型计算机各芯片之间或芯片内部各部件之间传输信息的一组公共线路。前者称为系统总线（片间总线），后者称为片内总线。图 1-4 所示为芯片之间的一组系统总线，该总线由 8 根导线组成，可以在芯片之间并行传送 8 位二进制数据。

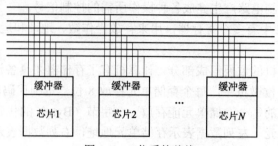

图 1-4 8 位系统总线

微型计算机采用总线结构后，各个芯片之间不需要单独连线，从而大大减少了连线的数量。但是，挂在总线上的芯片不能同时发送数据；否则多个数据同时出现在总线上将发生冲突。也就是说，如果有多个芯片需要发送数据，它们必须分时传送。为了满足这个要求，挂在总线上的各个芯片必须通过缓冲器与总线相连。

三态门是常用缓冲器的一种。单向三态门电路及其真值表如图 1-5（a）所示，控制端 C 为高电平"1"时三态门导通，数据从 A 传送到 B。控制端 C 为低电平"0"时三态门截止，A、B 之间呈现高阻隔离状态。双向三态门电路如图 1-5（b）所示，控制端 $C_1=0$、$C_2=0$ 时三态门截止，A、B 之间呈现高阻状态。$C_1=1$、$C_2=0$ 时门 G_1 导通、门 G_2 截止，数据从 A 传送到 B。$C_1=0$、$C_2=1$ 时，门 G_1 截止、门 G_2 导通，数据从 B 传送到 A。

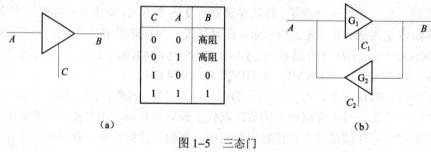

图 1-5 三态门
（a）单向三态门；（b）双向三态门

单向总线的缓冲器由单向三态门构成，双向总线的缓冲器由双向三态门构成。8 位总线的缓冲器由 8 个三态门组成，每个三态门控制芯片的一根引脚。

在某一瞬间，由 CPU 发出的控制信号只接通（使能）一个发送芯片的缓冲器，同时还接通接收芯片的缓冲器，其他缓冲器都处在高阻状态，这就保证了数据传送的正确性。

微型计算机采用总线结构以后，还可以提高扩展存储器芯片及 I/O 接口芯片的灵活性。因为挂在总线上的芯片数量原则上是没有限制的，需要增加芯片时，只需通过缓冲器挂到总线上就行了。但是，总线一次只能传送一个数据，使微机的工作速度受到了限制。

常见的微机采用三总线结构，即数据总线（Data Bus，DB）在芯片之间传送数据信息，地址总线（Address Bus，AB）在芯片之间传送地址信息，控制总线（Control Bus，CB）传送控制信息。有的微机则采用一组总线分时传送地址和数据信息，称为地址/数据分时复用总线。

若将微处理器、存储器、I/O 接口以及简单的 I/O 设备组装在一块印制电路板（PCB）上，则称为单板微型计算机，简称单板机，如 SDK-86、Z-80 等都是常用的单板机。若将微处理器、存储器和 I/O 接口集成在一块芯片上，则称为单片微型计算机，简称单片机，如 MCS-51、MCS-96 系列等都是常见的单片机。

微型计算机与外围设备、电源构成了硬件总体，配合软件一起则构成了微型计算机系统。图 1-6 概括了微处理器、微型计算机、微型计算机系统三者之间的关系。

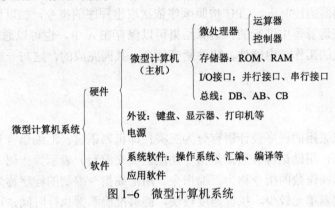

图 1-6 微型计算机系统

1.2.2 微型计算机的软件

计算机要想脱离人的直接控制而自动地操作与运算，还必须要有软件。软件是使用和管理计算机的各种程序（Program），而程序是由一条条的指令（Instruction）组成的。

1. 指令

指令是指控制计算机进行各种操作的命令。指令主要由操作码和操作数两大部分组成。操作码表示该指令执行何种操作，操作数表示参加运算的数据或数据所在存储器单元的地址。

例如，将立即数 29 传送（Move）到累加器 A 的指令称为传送指令，形式为：

　　　　　　　　　MOV　A,#29　　;(A)←29

其中"(A)←29"是用符号表示的该指令功能。

将累加器 A 的内容与立即数 38 相加的指令称为加法（Additive）指令，形式为：

　　　　　　　　　ADD　A,#38　　;(A)←(A)+38

该指令将运算结果送回累加器 A 保存。

其中，操作码"ADD"表示该指令执行加法操作。源操作数"#38"表示参加运算的一个数据，此处为一个立即数。目的操作数 A 表示目的操作数单元（这里 A 是指累加器 ACC），既提供参与运算处理的另一个操作数，同时又作为指令运算结果的存储单元。

2. 程序

为了计算一个数学式，或者要控制一个生产过程，需要事先制定计算机的计算步骤或操作步骤。计算步骤或操作步骤是由一条条指令来实现的。这种一系列指令的有序集合称为程序。

例如，计算 63+56+36+14=?编制的程序如下：

```
MOV  A,#63    ;数 63 送入累加器 A
ADD  A,#56    ;A 的内容 63 与数 56 相加,其和 119 送回 A
ADD  A,#36    ;A 的内容 119 与数 36 相加,其和 155 送回 A
ADD  A,#14    ;A 的内容 155 与数 14 相加,运算结果 169 保存在 A 中
```

为了使计算机能自动进行计算，要预先用输入设备将上述程序输入到存储器存放。计算机启动后，在控制器的控制下，CPU 按照顺序依次取出程序的指令，加以译码和执行。程序中的加法操作是在运算器中进行的。运算结果可以保存在 A 中，也可以通过输出设备输出。如上所述，计算机的工作是由硬件、软件紧密结合，共同完成的，这与一般的数字电路系统不同。

3. 编程语言

编制程序可以采用的程序设计语言分为三类，即机器语言、汇编语言和高级语言。

如前面的例子，用助记符（通常是指令功能的英文缩写）表示操作码，用字符（字母、数字、符号）表示操作数的指令称为汇编指令。用汇编指令编制的程序称为汇编语言程序。这种程序占用存储器单元较少，执行速度较快，能够准确掌握执行时间，可实现精细控制，因此特别适用于实时控制。然而汇编语言是面向机器的语言，不同型号计算机的汇编语言往往是不同的，必须对所用机器的结构、原理和指令系统比较清楚，才能编写出汇编语言程序，且这个程序一般不能通用于其他机器。

高级语言是面向过程的语言，常用的高级语言有 BASIC、FORTRAN、PASCAL 和 C 等。用高级语言编写程序时主要着眼于算法，而不必了解计算机的硬件结构和指令系统，因此易学易用。高级语言是独立于机器的，同一个程序可在其他机器中使用。高级语言适用于科学计算、数据处理等方面，随着机器硬件性能的不断提升，尽可能采用高级语言开发程序是发展趋势。

计算机中只能存放和处理二进制数据，所以无论是汇编语言程序还是高级语言程序，都必须转换成二进制代码形式后才能送入计算机。这种二进制代码形式的程序就是机器语言程序。相应地，二进制代码形式的指令称为机器指令或机器码。

采用汇编语言或高级语言编写的程序又称为源程序，而机器语言程序则称为目标程序。机器语言只有 0、1 两种符号，用它来直接编写程序十分困难。因此，往往先用汇编语言或高级语言编写源程序，然后再转换成目标程序。将汇编语言程序翻译成目标程序的过程称为汇编。实现汇编有两种方法：由编程人员对照指令表，一条一条查找、翻译的称为人工汇编；由计算机自动完成将汇编语言转换为机器语言的称为机器汇编。机器汇编时用到的软件称为汇编程序。高级语言翻译成机器语言的工作只能由计算机完成，转换时所用的软件称为编译程序或解释程序。

汇编指令与机器指令具有一一对应的关系，用汇编语言编写源程序，再经过汇编得到机器指令表示的目标代码，将目标代码存入容量为 256 B 的程序存储器，从地址为 0000 0000 的单元开始存放，如表 1-2 所示。指令机器码第一个字节所在单元的地址（0000 0000、0000 0010、0000 0100、0000 0110）为指令地址。二进制数位数多，书写和识读不便，所以

实际使用中，地址和机器码多以十六进制数表示。

表1-2 存储器中的目标代码

地址	目标代码	汇编语言	备注
0000 0000	0111 0100	MOV A, #63	第1条指令
0000 0001	0011 1111		
0000 0010	0011 0100	ADD A, #56	第2条指令
0000 0011	0011 1000		
0000 0100	0011 0100	ADD A, #36	第3条指令
0000 0101	0010 0100		
0000 0110	0011 0100	ADD A, #14	第4条指令
0000 0111	0000 1110		

4. 软件

软件是指根据解决问题的思想、方法和过程而编写的程序的有序集合。软件按其功能分为应用软件和系统软件两大类。

应用软件是用户为解决某种具体问题而编制的程序，如科学计算程序、自动控制程序、数据处理程序等。随着计算机的广泛应用，应用软件的种类及数量将越来越多。

系统软件用于实现计算机系统的管理、调度、监视和服务等，其目的是方便用户，提高计算机使用效率，扩充系统的功能。系统软件分成以下几类。

1）操作系统

操作系统是控制和管理计算机各种资源、自动调度用户作业程序、处理中断请求的软件。操作系统的作用是控制和管理系统资源的使用，是用户与计算机的接口。流行的操作系统有DOS、UNIX及Windows等。

2）语言处理程序

借助语言处理程序，才能把用各种语言编写的源程序翻译成计算机可以识别和执行的目标程序。语言处理程序分为汇编程序、编译程序和解释程序三类。

汇编程序（Assembler）也称为汇编器，其功能是将汇编语言编写的源程序翻译成机器语言的目标程序，其翻译过程称为"汇编"。

高级语言的处理程序，按其翻译的方法不同，可分为解释程序与编译程序两大类。前者对源程序的翻译采用边解释边执行的方法，并不生成目标程序，称为解释执行，如BASIC语言。后者必须先将源程序翻译成目标程序后，才能开始执行，称为编译执行，如PASCAL、C语言等。

3）标准库程序

为方便用户进行软件开发，通常将一些常用的程序段按照标准的格式预先编制好，组成一个标准程序库，存入计算机中，需要时，由用户选择合适的程序段嵌入自己的程序中，这样既省事又可靠。

4）服务性程序

服务性程序（也称为工具软件）扩大了计算机的功能。它一般包括诊断程序、调试程序等。常用的微机服务软件程序有 Pctools、Debug、Tdebug 等。

总之，软件系统是在硬件系统的基础上，为有效地使用计算机而配备的。没有系统软件，现代计算机系统就无法正常、有效地运行。没有应用软件，计算机就不能发挥效能。

随着大规模集成电路技术的发展和软件逐渐硬化，要明确划分计算机软、硬件界限已经比较困难了。很多操作都可以由软件来实现，也可以由硬件来实现。很多指令的执行都可以由硬件完成，同样也可以由软件来完成。因此，计算机系统的软件与硬件可以互相转化，二者互为补充。软件硬化或固化是大趋势，在微机中已普遍采用固件，即将程序固化在一种存储器（如 EPROM）中组成的部件。固件是一种具有软件特性的硬件，它既有硬件的快速性特点，又有软件的灵活性特点。这是软件和硬件互相转化的典型实例。

1.3 8086/8088 微处理器

1978 年，Intel 公司推出的 8086 微处理器采用 HMOS 工艺技术制造，单一+5 V 供电，芯片内包括 4 万多只晶体管。随后于 1979 年推出成本更低的 8088 芯片（2.9 万只晶体管）。8088 与 8086 相比，除了个别引脚不同外，还将外部的数据信号线降到 8 条，以使 8088 能够获得已开发的 8 位硬件的支持。

8086/8088 采用双列直插式封装（Double In-line Package，DIP），共有 40 个引脚，外部数据总线与地址总线分时复用以减少芯片引脚。8086 微处理器的内存采用分段管理方式，这种管理方式用于对存放在内存中的数据类型区分范围。因此，各种不同类型的数据能集中管理而不会混乱。该芯片内包括 4 万多只晶体管，初始芯片时钟频率为 4.77 MHz，最高时钟达 10 MHz。芯片的内部数据总线和外部数据总线都是 16 位，地址总线为 20 位，可最大寻址 1 MB 的存储空间。

1.3.1 8086/8088 的内部结构

图 1-7 是 8086/8088 的内部结构框图，从中可以看出 8086/8088 微处理器由两个既相互独立又相互配合的重要部件组成，一个是总线接口部件（Bus Interface Unit，BIU），另一个是执行部件（Execution Unit，EU）。

1. 总线接口部件 BIU

1）BIU 的组成

总线接口部件 BIU 由段寄存器、指令指针、指令队列和地址加法器等组成。这些组成部分的含义及用途说明如下：

（1）4 个 16 位的段地址寄存器。

CS 代码段寄存器（Code Segment）：用来存放程序代码段起始地址的高 16 位。

DS 数据段寄存器（Data Segment）：用来存放数据段起始地址的高 16 位。

SS 堆栈段寄存器（Stack Segment）：用来存放堆栈段起始地址的高 16 位。

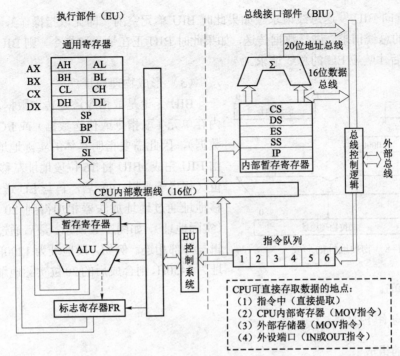

图 1-7 8086/8088 内部结构框图

ES 扩展段寄存器（Extended Segment）：用来存放扩展数据段起始地址的高 16 位。
（2）1 个 16 位的指令指针 IP（Instruction Pointer）。
它用于存放下一条要执行指令的偏移地址（注：不能作为一般寄存器使用）。
（3）20 位地址加法器。
它负责由段地址与偏移地址向 20 位实际物理地址的合成。
（4）指令队列。
指令队列（Queue）用于存放预取指令，采用预取指令的方法将减少微处理器的等待时间，提高运行效率。BIU 取指令与 EU 执行指令时相互独立地并行操作，也称为流水线工作，因此与 8 位微处理器的串行操作（取完指令后再执行）相比，大大提高了运行速度，减少了微处理器的等待时间。8086 的指令队列为 6 B，8088 为 4 B。

2）BIU 的功能
BIU 是负责微处理器内部与外部（存储器和 I/O 接口）信息传递的重要通道。具体地讲，BIU 主要完成以下几个任务。
（1）取指令。
BIU 从内存取出指令送到指令队列（这时 EU 可以取其中的指令来执行）。只要指令队列中不满（6 B 指令队列的 8086 空 2 B 以上，4 B 指令队列的 8088 空 1 B 以上都称为不满），BIU 即通过总线控制逻辑从内存单元中取指令代码往指令队列中送。当 EU 执行转移指令时，指令队列立即清除，BIU 又重新开始从内存中取转移目标处的指令代码送往指令队列。
（2）传送数据。
EU 在执行指令过程中需要内存或 I/O 端口的数据时，BIU 就从外部（内存或 I/O 接口）取数据（读或输入）或把 EU 执行的结果送到外部（写或输出）。当 EU 需要 BIU 访问外部器件时，EU 就向 BIU 发送总线请求。如果此时 BIU 单元空闲（即无取指操作），则 BIU 会立即响应 EU 的总线请求，进行数据传送，如果此时 BIU 正在忙于取指令，则 BIU 在完成当前的取指操作后才响应 EU 的总线请求。

（3）形成物理地址。

BIU 无论是取指令还是传送数据，都必须指示内存单元（取指令或传送数据）或 I/O 端口（传送数据），因此需要指明具体的实际地址，这个任务由 BIU 完成。BIU 将 16 位段地址左移 4 位形成 20 位（相当于乘以 16）后，再与 EU 送来的 16 位偏移地址通过地址加法器相加得到 20 位物理地址（实际地址），如图 1-8 所示，最后通过总线控制逻辑与外部相连。例如，段地址为 1200H，而偏移地址为 2450H，则合成后的 20 位实际地址为 12000H+2450H=14450H。

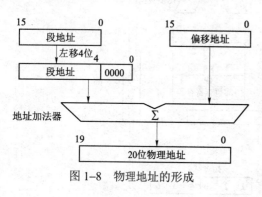

图 1-8 物理地址的形成

2. 执行部件 EU

1）EU 的组成

EU 由通用寄存器、标志寄存器和算术逻辑单元（ALU）组成，下面简要阐述这些组成部分的具体含义及用途。

（1）通用寄存器。

EU 中有 8 个 16 位的通用寄存器，即 AX、BX、CX、DX、BP、SP、SI、DI。其中 AX、BX、CX、DX 既可以作为 16 位寄存器使用，也可以单独拆成两个 8 位寄存器使用，其含义及用途如下。

AX 累加器（Accumulator Register）：AX 一般作为数据寄存器使用，当作为 16 位寄存器使用时，还可以进行按字乘除操作、字的输入/输出及其他字传送操作；当作为 8 位寄存器使用时，可以进行按字节乘除操作、字节输入/输出操作以及十进制运算。

BX 基址寄存器（Base Register）：BX 除可作为 16 位或 8 位的数据寄存器外，还可以放偏移地址。

CX 计数器（Counter）：又称为计数寄存器，CX 除作为通用的数据寄存器外，通常在字符串操作中用于存放字符串初值。

DX 数据寄存器（Data Register）：DX 除了作为通用的数据寄存器外，还可以在乘除运算中用于存放一个乘数的高字或除法中被除数的高字，以及乘法中积的高字或除法中的余数部分。

SP、BP、SI 和 DI 除了作为通用寄存器存放数据外，这 4 个 16 位寄存器还专门用来存放特定段的偏移地址，有时也称其为地址寄存器。

SP 堆栈指针（Stack Pointer）：存放堆栈操作地址偏移量，对应段的段地址存放在 SS 中。

BP 基址指针（Base Pointer）：在有些间接寻址中，用于存放段内偏移地址的一部分或全部，对应段的段地址由 SS 提供。

SI 源变址寄存器（Source Index）：在间接寻址中，用于存放段内偏移地址的一部分或全部,在字符串操作中,指定其存放源操作数的段内偏移地址,也可存放一般的数据。

DI 目标变址寄存器(Destination Index):在间接寻址中,用于存放段内偏移地址的一部分或全部,在字符串操作中,指定其存放目标操作数的段内偏移地址,也可存放一般数据。

(2)标志寄存器 FR(Flag Register)。

8086/8088 内部标志寄存器的内容,又称为处理器状态字(Program Status Word,PSW),其中共有 9 个有效的标志位。可分为两类:一类为状态标志;另一类为控制标志。其中状态标志表示前一步操作执行以后 ALU 所处的状态,后续的操作可以根据这些状态标志进行判断,实现转移;控制标志则可以通过指令标志位设置,用以对某一种特定的功能起控制作用(如中断屏蔽等),反映了人们对微机系统的工作方式的可控制性。

FR 中各标志位如图 1-9 所示,这些标志位的含义如下。

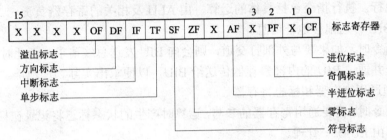

图 1-9 FR 中各标志位

CF(Carry Flag)进位标志:当进行加法运算时结果使最高位产生进位,或在减法产生运算时结果使最高位产生借位,则 CF=1;否则 CF=0。

AF(Auxiliary Carry Flag)辅助进位标志:即半进位标志,当加法运算时,如果低 4 位向高位有进位(即第 4 位向第 5 位进位),或减法运算时,如果低 4 位向高位借位(即第 4 位向第 5 位借位),则 AF=1;否则 AF=0。AF 常用于 BCD 码的加法调整。

PF(Parity Flag)奇偶标志位:运算结果若低 8 位所含 1 的个数为偶数,则 PF=1;否则 PF=0。

ZF(Zero Flag)零标志:当运算结果是有效位数的各位全为 0 时,ZF=1;否则 ZF=0。

SF(Sign Flag)符号标志:当运算结果为负时,SF=1,否则 SF=0;SF 的值就是有符号数的最高位(符号位)。

OF(Overflow Flag)溢出标志:当运算结果超出了其所能表示的范围时,OF=1,表示溢出;否则 OF=0。

DF(Direction Flag)方向标志:串操作的控制方向标志。串操作中,如果 DF=0,则地址递增;若 DF=1,则地址递减。

IF(Interrupt Enable Flag)中断标志:如果 IF=1,则允许微处理器响应屏蔽中断;如果 IF=0,则禁止可屏蔽中断。

TF(Trap Flag)陷阱标志:又称为单步标志位或跟踪标志位。如果 TF=1,则微处理器按单步方式执行指令,执行一条指令就产生一次类型为 1 的内部中断,通常用于程序调试。该标志位没有对应的指令操作,只能通过堆栈操作改变 TF 的状态。

(3)算术逻辑单元(Arithmetic and Logic Unit,ALU)

它是中央处理器(CPU)的执行单元,能实现多组算术运算和逻辑运算的组合逻辑电路,

ALU 是所有中央处理器的核心组成部分，是由与门和或门构成的算术逻辑单元，主要功能是进行二位元的算术运算，如加、减、乘（不包括整数除法）。

2）EU 的功能

EU 是执行指令并对各个硬件部分进行控制的单元，它的主要功能，简单地说，就是执行全部指令。具体地讲，EU 主要完成以下几个任务。

（1）指令译码。

由于 BIU 送到指令队列中的指令代码是没有经过翻译的源代码，因此为了执行指令，首先要由 EU 控制系统将指令翻译成 EU 可直接执行的指令代码。

（2）执行指令。

经过译码之后的指令，通过 EU 的控制系统向各个相关部件发出与指令一致的控制信号，完成指令的执行。执行指令包括具体的运算，由 ALU 及相关的寄存器负责。

（3）向 BIU 传送偏移地址信息。

在执行指令时，如果要与外部打交道，则会向 BIU 发送总线请求，而此时 EU 将会自动算出偏移地址并通过 BIU 的内部暂存器传送给 BIU，以便求出实际物理地址。

（4）管理通用寄存器和标志寄存器。

在执行指令时，需要通用寄存器的参与，运算时产生的状态标志将记录在标志寄存器中，这些寄存器都由 EU 统一管理。

1.3.2　8086/8088 的指令系统

8086 指令系统分为数据传送指令、算术指令、逻辑指令、串处理指令、控制转移指令和处理机控制指令六大类。

1. 指令格式

汇编指令格式如下：

[标号：]操作码 [目的操作数][，源操作数][；注释]

操作码是指明指令操作性质的命令码。CPU 每次从内存取出一条指令，指令中的操作码就告诉 CPU 应执行什么性质的操作。

操作数：是指指令的操作对象。在地址码中可以直接给出操作数本身，也可以指出操作数在存储器中的地址或寄存器地址，或表示操作数在存储器中的间接地址等。

2. 常用汇编指令

1）通用数据传送指令

格式：MOV　dst，src

执行操作：(dst) ← (src)

将源操作数（字节或字）传送至目的地址，即将 src 所指明的数据传送到 dst 指明的位置中去。

2）基本加法指令

格式：ADD　dst，src

执行操作：(dst) ← (dst) + (src)

完成两个操作数相加运算，将结果送到目的操作数（dst）中。注：指令执行完后会影响标志位。

3）带进位的加法指令

格式：ADC dst, src

执行操作：(dst) ← (dst)+(src)+(CF)

完成两个操作数及进位标志（CF）三者相加运算，将结果送到目的操作数（dst）中，对标志位的影响也与 ADD 指令完全相同。

4）加 1 指令

格式：INC DST

操作：(dst) ← (dst)+1

即操作数加 1。

5）基本减法指令

格式：SUB dst, src

操作：(dst) ← (dst)−(src)

将目的操作数（dst）减去源操作数，将差值送到目的操作数中，如果目的操作数不够减，会自动向前借位，并使标志位 CF=1。

6）带借位减法指令

格式：SBB dst, src

操作：(dst) ← (dst)−(src)−(CF)

该指令与 SUB 的操作基本相同，唯一不同的是还需减去借位位（CF）。

7）减 1 指令

格式：DEC DST

操作：(dst) ← (dst)−1

即操作数减 1。

8）乘法指令

格式：MUL src

操作：AX ← (AL)×src（8 位数乘法）或 DX ← (AX)×src（16 位乘法）

无符号乘法指令，完成两个无符号的 8/16 位二进制数相乘的功能，被乘数隐含在累加器 AL/AX 中。

9）除法指令

格式：DIV src

操作：① 8 位除法：AL ← (AX)/src, AH ← (AX)%src

② 16 位除法：AX ← (DX:AX)/src, DX ← (DX:AX)%src

10）逻辑运算指令

逻辑运算指令包括逻辑与（AND）、逻辑或（OR）、逻辑非（NOT）、异或指令（XOR）。

1.4 存 储 器

存储器能够存储微机需要处理的数据和程序，使微机具有了"记忆功能"，从而微机才能脱离人的直接干预而自动地运行。

衡量存储器性能的指标主要有 3 个，即容量、速度和成本。存储器系统的容量越大，表明其能够保存的信息量越多，相应微机系统的功能就越强，因此存储容量是存储器系统的主要指标。在微机运行过程中，CPU 需要与存储器进行大量的信息交换操作，相对于高速的 CPU，存储器的存取速度总要慢 1~2 个数量级，这就影响到微机系统的工作效率，因此，存储器的速度快慢是存储器系统的又一指标。同时，存储器的位成本也是衡量存储器系统的指标。

为了在一个存储器系统中兼顾以上 3 个指标，微机系统中通常采用三级存储器结构，即使用高速缓冲存储器、主存储器和辅助存储器，由这三者构成统一的存储系统。从整体看，其速度接近高速缓存的速度，其容量接近辅存的容量，而位成本则接近廉价慢速的辅存平均价格。

1.4.1 存储器的分类

随着电路和器件的发展，存储器的种类日益繁多，分类的方法也有很多种。

1. 按存储介质分类

按构成存储器的器件和存储介质的不同，存储器主要可分为半导体存储器、光电存储器、磁表面存储器以及光盘存储器等。目前，主存储器大多数情况下采用半导体存储器。

2. 按存取方式分类

按对存储器的存取方式不同，可分为随机访问存储器、只读存储器等。

（1）随机访问存储器。随机访问存储器（Random Access Memory，RAM）又称为读写存储器，它通过指令可以随机地对各个存储单元进行访问，访问所需时间基本固定，而与存储单元地址无关。主存储器主要采用随机访问存储器，用户编写的程序和数据等均存放在 RAM 中。

按照存放信息方式的不同，随机访问存储器又分为静态和动态两种。静态 RAM（SRAM）以双稳态元件作为基本的存储单元来保存信息，因此，其保存的信息在不断电的情况下是不会被破坏的。而动态 RAM（DRAM）依靠电容来存放信息，由于电容放电，其存放的信息会随着时间的流逝而丢失，因此必须定时进行刷新。

（2）只读存储器。只读存储器（Read Only Memory，ROM）是指微机系统在线工作过程中，对其内容只能读出而不能写入的存储器。它通常用来存放固定不变的程序、汉字字型库、字符等不变的数据。

随着半导体技术的发展，只读存储器也出现了不同的类型，如掩膜型只读存储器（Masked ROM，MROM）、可编程序只读存储器（Programmable ROM，PROM）、可擦除可编程只读存储器（Erasable PROM，EPROM）、电可擦除可编程只读存储器（Electrical EPROM，EEPROM）及闪速存储器（Flash Memory）。

3. 按在微机中的作用分类

按在微机中的作用不同，可分为主存储器（内存）、辅助存储器（外存）、缓冲存储器等。

主存储器速度快,但容量较小,位价格较高。辅助存储器速度慢,容量较大,位价格较低。缓冲存储器用在两个不同工作速度的部件之间,在交换信息过程中起缓冲作用。

4. 按易失性分类

按照存储器的易失性不同,可分为易失性存储器和非易失性存储器。例如,半导体存储器(SRAM、DRAM),停电后信息会丢失,属易失性存储器;而磁带和磁盘等磁表面存储器,属非易失性存储器。

综上所述,存储器分类如图1-10所示。

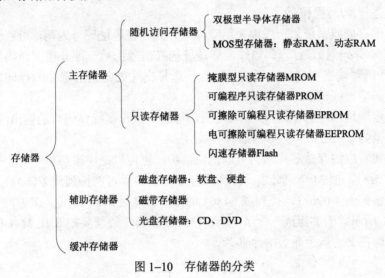

图1-10 存储器的分类

1.4.2 存储器的结构

通常一个存储器系统由以下几个部分组成。

1. 基本存储单元

一个基本存储单元可以存放一位二进制信息,其内部具有两个稳定的且相互对立的状态,并且能够在外部对其状态进行识别和改变。比如,作为双稳态元件的触发器,其内部具有"0"与"1"两个对立的状态,并且这两个状态可由外部识别或改变,因而它可以用来作为一种基本存储单元。不同类型的基本存储单元,决定了由其所组成的存储器件的类型不同。

2. 存储体

一个基本存储单元只能保存一位二进制信息,若要存放 $M×N$ 个二进制信息,就需要用 $M×N$ 个基本存储单元,它们按一定的规则排列起来,由这些基本存储单元所构成的阵列,称为存储体或存储矩阵。例如,8K×8表示存储体中一共有8K个存储单元,每个存储单元存放8位数据。

微型计算机系统的内部存储器是按字节组织的,每个字节由8个基本的存储单元构成,能存放8位二进制信息,CPU把这8位二进制信息作为一个整体进行处理。一般情况下,在

$M \times N$ 的存储矩阵中，$N=8$ 或 8 的倍数及分数，对应微机系统的字长，而 M 则表示了存储体的大小，由此决定了存储系统的容量。

3. 地址译码器

由于存储器系统是由许多存储单元构成的，每个存储单元一般存放 8 位二进制信息，为了加以区分，必须给这些存储单元分配不同的地址。CPU 要对某个存储单元进行读/写操作时，必须先通过地址总线，向存储器系统发出所需访问存储单元的地址码。地址译码器的作用就是用来接收 CPU 送来的地址信号并对它进行译码，选择与此地址码相对应的存储单元，以便对该单元进行读/写操作。

容量较大的存储器系统，一般都采用双译码方式。将地址码分为两部分：一部分送行译码器（又称为 X 译码器），行译码器输出行地址选择信号；另一部分送列译码器（又称为 Y 译码器），列译码器输出列地址选择信号。行列选择交叉处即为所选中的存储单元，这种方式的特点是译码输出线较少。

例如，假定地址信号为 10 位，分为两组，每组 5 位，则行译码后的输出线为 $2^5=32$ 根，列译码输出线也为 $2^5=32$ 根，共 64 根译码输出线。

双译码方式对应的存储芯片结构可以是位结构，也可以是字段结构。对于位结构的存储芯片，容量为 $M \times 1$，把 M 个记忆单元排列成存储矩阵（尽可能排列成方阵）。

比如，位结构是 4 096×1，排列成 64×64 的矩阵。地址码共 12 位，X 方向和 Y 方向各 6 位，如图 1–11 所示。若要组成一个 M 字×8 位的存储器，就需要把 8 片 $M \times 1$ 的存储芯片并列连接起来，即在 Z 方向上重叠 8 个芯片。

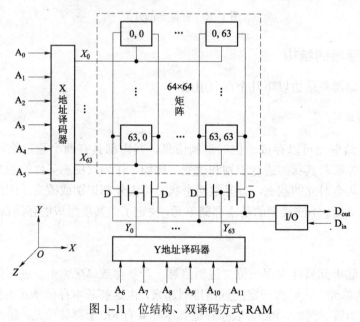

图 1–11 位结构、双译码方式 RAM

4. 片选与读/写控制

片选信号用以实现芯片的选择。对于一个芯片来讲，只有当片选信号有效时，CPU 才能对其进行读/写操作。一个存储器可能由多个存储芯片组成,在对存储器进行地址选择时,必须先进行片选,然后在选中的芯片中选择与地址相对应的存储单元。片选信号一般由地址译码器的输出及一些控制信号组成,而读/写控制则用来控制对芯片的具体操作,区分是读操作还是写操作。

5. I/O 电路

I/O 电路位于系统数据总线与被选中的存储单元之间,用来控制数据的读出与写入,必要时还可包含对 I/O 信号的驱动及放大处理等功能。

6. 其他外围电路

为了扩充存储器系统的容量,常常需要将几片 RAM 或 ROM 芯片的数据线并联后与双向的数据线相连,这就要用到三态输出缓冲器。对不同类型的存储器系统,有时还需要一些特殊的外围电路,如动态 RAM 中的预充电及刷新操作控制电路等,这也是存储器系统的重要组成部分。

1.4.3 静态 RAM 存储器芯片 Intel 2114

Intel 2114 是一种 1K×4 的静态 RAM 芯片,另外常用的静态 RAM 芯片还有 Intel 6116、Intel 6264、Intel 62256 等。

1. Intel 2114 的内部结构

图 1–12 所示为 Intel 2114 静态 RAM 存储器芯片的内部结构框图,它由下列几个主要部分组成。

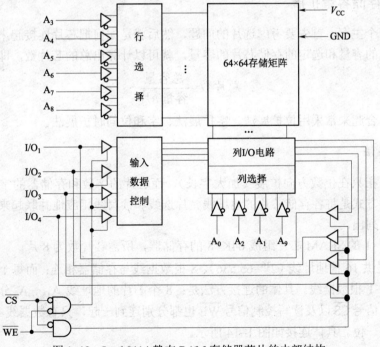

图 1–12 Intel 2114 静态 RAM 存储器芯片的内部结构

存储矩阵：Intel 2114 内部排列了 64×64 的矩阵式存储单元，共有 4 096 个存储单元电路。

地址译码器：Intel 2114 的内部存储容量为 1K，需要地址译码器的输入为 10 根线，采用两级译码方式，其中 6 根用于行译码，4 根用于列译码。

I/O 控制电路：分为输入数据控制电路和列 I/O 电路，用于对数据的输入/输出进行缓冲和控制。

2. Intel 2114 的外部引脚

如图 1–13 所示，Intel 2114 为双列直插式分装芯片，共有 18 个引脚，其功能定义如下。

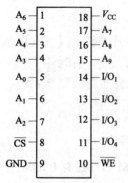

图 1–13　Intel 2114 引脚排列

$I/O_1 \sim I/O_4$：4 根数据输入/输出信号引脚，是微机系统数据总线与存储器芯片中各单元之间的数据传输通道。

$A_0 \sim A_9$：10 根地址信号输入引脚。

$\overline{WE}$：读/写控制信号输入引脚，低电平写有效。当 $\overline{WE}$ 为低电平时，使输入三态门导通，数据由数据总线通过输入数据控制电路写入被选中的存储单元；当 $\overline{WE}$ 为高电平时，则输出三态门打开，从所选中的存储单元读出数据，通过列 I/O 电路送到数据总线。该引脚通常接微机系统控制总线的 $\overline{WR}$。

$\overline{CS}$：片选信号输入引脚，低电平有效，只有当该引脚有效，即芯片被选中工作时，才能对相应的存储器芯片进行读/写操作。该引脚通常接微机系统高位地址的译码器输出端。

V_{CC}：+5 V 电源。

GND：地。

1.4.4　存储容量扩展

要组成一个主存，首先要考虑选片的问题，然后就是如何把芯片连接起来的问题。根据存储器所要求的容量和选定的存储芯片的容量，就可以计算出总的芯片数，即

$$总片数 = \frac{总容量}{容量/片}$$

将多片组合起来常采用位扩展法、字扩展法、字和位同时扩展法。

1. 位扩展法

位扩展是指只在位数方向扩展（加大字长），而芯片的字数和存储器的字数是一致的。位扩展的连接方式是将各存储芯片的地址线、片选线和读写线相应地并联起来，而将各芯片的数据线单独列出。

如用 64K×1 的 SRAM 芯片组成 64K×8 的存储器，所需芯片数为 8 片。

CPU 将提供 16 根地址线（2^{16}=65 536）、8 根数据线与存储器相连；而每个存储芯片仅有 16 根地址线、1 根数据线。具体的连接方法是：8 个芯片的地址线 $A_{15} \sim A_0$ 分别连在一起，各芯片的片选信号 $\overline{CS}$ 以及读写控制信号 $\overline{WE}$ 也都分别连到一起，只有数据线 $D_7 \sim D_0$ 各自独立，每片代表一位。具体连接如图 1–14 所示。

当 CPU 访问该存储器时，其发出的地址和控制信号同时传给 8 个芯片，选中每个芯片的同一单元，相应单元的内容被同时读至数据总线的各位，或将数据总线上的内容分别同时写入相应单元。

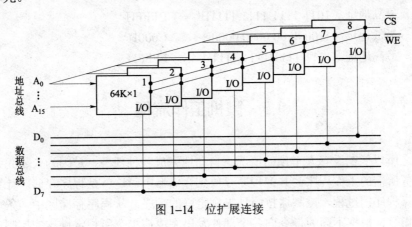

图 1-14 位扩展连接

2. 字扩展法

字扩展是指仅在字数方向扩展，而位数不变。字扩展将芯片的地址线、数据线、读写线并联，由片选信号来区分各个芯片。

例如，用 16K×8 的 SRAM 组成 64K×8 的存储器，所需芯片数为 $\frac{64K \times 8}{16K \times 8} = 4$ 片。

CPU 将提供 16 根地址线、8 根数据线与存储器相连；而存储芯片仅有 14 根地址线、8 根数据线。4 个芯片的地址线 $A_{13} \sim A_0$、数据线 $D_7 \sim D_0$ 及读写控制信号 $\overline{WE}$ 都是同名信号并联在一起；高位地址线 A_{15}、A_{14} 经过一个地址译码器产生 4 个片选信号 $\overline{CS_i}$，分别选中 4 个芯片中的一个。具体连接如图 1-15 所示。

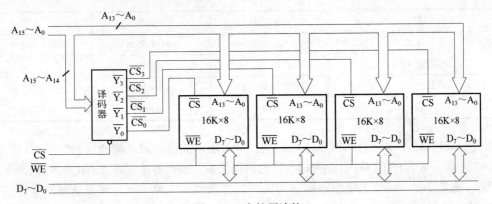

图 1-15 字扩展连接

在同一时间内 4 个芯片中只能有一个芯片被选中。当 $A_{15}A_{14}=00$ 时，选中第一片；当 $A_{15}A_{14}=01$ 时，选中第二片，……。4 个芯片的地址分配如下：

第一片　最低地址　0000 0000 0000 0000B　　　0000H
　　　　最高地址　0011 1111 1111 1111B　　　3FFFH

第二片	最低地址	0100 0000 0000 0000B	4000H
	最高地址	0111 1111 1111 1111B	7FFFH
第三片	最低地址	1000 0000 0000 0000B	8000H
	最高地址	1011 1111 1111 1111B	BFFFH
第四片	最低地址	1100 0000 0000 0000B	C000H
	最高地址	1111 1111 1111 1111B	FFFFH

1.5 微机工作流程

计算机之所以能在没有人干预的情况下自动地完成各种任务，是因为人事先为它编制了完成这些任务所需的工作程序，并把程序存放到存储器中，这就是程序存储。计算机的工作过程就是执行程序的过程，控制器按照预先规定好的顺序，从程序存储区中一条一条地取出指令并分析指令，根据不同的指令向各个部件发出完成该指令所规定操作的控制信号，这就是程序控制。

下面以"10+20 求和运算，结果送存储器 30 单元"的操作过程为例，说明所需的工作步骤。

首先，从微处理器的指令系统中查找出完成此任务的相关指令，见表 1-3，并编写汇编语言源程序如下：

```
MOV  AL,10      ;AL=10
ADD  AL,20      ;AL=AL+20=10+20=30
MOV  [30],AL    ;AL 送 30 单元
HLT             ;系统暂停
```

表 1-3 指令说明表

功能	助记符	机器码	说明
立即数 m 送 AL	MOV AL, m	01110100 m	双字节指令
AL 内容加立即数 n	ADD AL, n	00110100 n	结果在 AL 中
AL 内容送入以 M 为地址的存储单元	MOV [M], AL	01010011 M	双字节指令
停止操作	HLT	01000011	单字节指令

其次，对上述汇编语言源程序进行汇编，将其翻译成机器码。翻译过程一般通过汇编程序 MASM 和连接程序 LINK 自动完成，称为机器汇编；另一种为手工汇编，通过查指令系统表实现，见表 1-3，可将上述程序翻译为以下的机器码（这种手工汇编方法对简单程序可以采用，实际中通常采用机器汇编）：

```
MOV  AL,10    ; ——→ 01110100  00001010 ——→ 740AH
ADD  AL,20    ; ——→ 00110100  00010100 ——→ 3414H
MOV  [30],AL  ; ——→ 01010011  00011110 ——→ 531EH
HLT           ; ——→ 01000011           ——→ 43H
```

再次，将机器码依次存入从指定存储单元开始的程序存储区中，如图 1-16 所示，指定

从 00H 单元开始存放。以上步骤都是在人的参与下完成的，即程序存储。

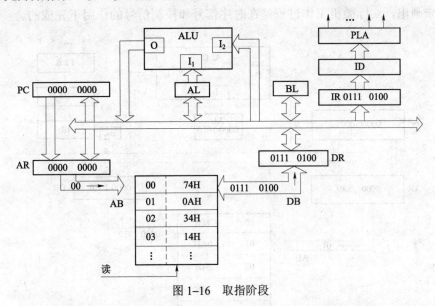

图 1-16 取指阶段

最后，就可以启动微机，自动运行，实施程序控制，具体步骤如下。

1）取指令阶段

将微机接通电源，复位电路，使程序计数器 PC（也称为指令指针 IP）的内容自动置入程序存放的首地址。不同型号微机的 PC 初值可能不同，即程序的起始地址不同，它指出了第一条指令所在的存储单元地址。在本例中设 PC=00H。在时钟脉冲作用下，CPU 开始取指令，工作过程如图 1-16 所示。

（1）PC 的内容 00H 送地址寄存器 AR，然后它的内容自动加 1 变为 01H，指向下一个字节。AR 把地址码 00H 通过地址总线送至存储器，经存储器内部的地址译码器译码后，选中 00H 单元。

（2）CPU 内的控制电路发出存储器读命令，并施加存储器的输出允许端。

（3）将存储器 00H 单元的内容 74H 输出到数据总线上，并把它送至数据寄存器 DR。

（4）由于指令的第一个字节必然是操作码，故 CPU 发出有关控制信号，将其送到指令译码器进行译码，准备进入执行阶段。

2）执行指令阶段

经指令译码后，CPU 了解操作码 74H 的功能是将紧跟其后的操作数送累加器 AL，故发出相关控制信号，以执行这条指令，其工作过程如图 1-17 所示。

（1）将 PC 的内容 01H 送地址寄存器 AR，然后它的内容自动加 1 变为 02H，指向下一个字节。AR 把地址码 01H 通过地址总线送至存储器，经存储器内部的地址译码器译码后，选中 01H 单元。

（2）CPU 内的控制电路发出存储器读命令，并施加到存储器的输出允许端。

（3）将存储器 01H 单元的内容 0AH 输出到数据总线上，并把它送至数据寄存器 DR。

（4）通过前面的指令译码，CPU 已经知道这是送往累加器 AL 的操作数，故把它送到累加器 AL。

至此，第一条指令执行完毕。在图 1-17 中，为了清楚地说明内部的信息流向，相关控制信号均未画出，实际微机工作过程是在时序信号和控制信号的作用下完成的。

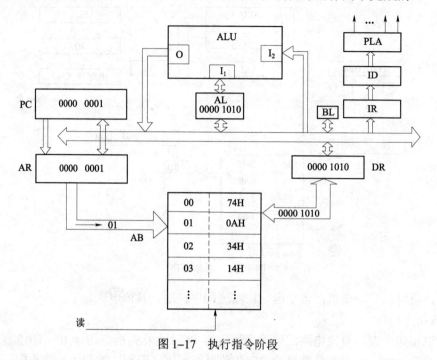

图 1-17 执行指令阶段

CPU 紧接着取第二条指令，过程与前面的分析类似，简述如下。

PC 的内容 02H 送至 AR，PC 的内容加 1 变为 03H。AR 把地址码 02H 通过地址总线送至存储器，选中 02H 单元，CPU 发出存储器读命令，02H 单元的内容 34H 被读到数据寄存器 DR。

CPU 知道这是操作码，故把它送到指令译码器，经译码后，CPU 识别出这是加法指令，一个加数在累加器 AL 中，另一个加数是紧跟其后的操作数，故发出执行该指令的相关控制信号，执行过程如下。

PC 的内容 03H 送至 AR，PC 的内容自动加 1 变为 04H。AR 把地址码 03H 通过地址总线送至存储器，选中 03H 单元，CPU 内的控制电路发出存储器读命令，通过数据总线把 03H 单元的内容 14H 送至 DR。CPU 已经知道这是与累加器 AL 的内容相加的一个操作数，故把它和累加器 AL 的内容 0AH 同时送入算术逻辑单元 ALU，由 ALU 完成 0AH+14H 的操作，结果送到累加器 AL。至此，第二条指令执行完毕，CPU 紧接着进行第三条指令的取指，过程如下。

PC 的内容 04H 送至 AR，PC 的内容自动加 1 变为 05H。AR 把地址码 04H 通过地址总线送至存储器，选中 04H 单元，CPU 内的控制电路发出存储器读命令，通过数据总线把 04H 单元的内容 53H 送至 DR。CPU 知道这是操作码，故把它送到指令译码器，经译码后，CPU 识别出这是把 AL 中的内容写到存储器中的操作，这个存储单元的地址就是紧跟在操作码后面的操作数，执行过程如下。

PC 的内容 05H 送至 AR，PC 的内容自动加 1 变为 06H。AR 把地址码 05H 通过地址总线送至存储器,选中 05H 单元,CPU 内的控制电路发出存储器读命令,通过数据总线把 05H 单元的内容 1EH 送至 DR。CPU 已经知道这是存储单元的地址,故把它送到 AR,AR 把地址码 1EH 通过地址总线送至存储器,经存储器内部的地址译码器译码后,选中 1EH 单元。CPU 发出存储器写命令,通过数据总线把 AL 中的内容写入 1EH 单元。

从以上分析可知,微机工作的过程就是不断地取指令、执行指令的循环过程。在执行指令的过程中,又细分为指令译码、取操作数、执行运算、传送运算结果等。

1.6 输入/输出接口

对于不同的应用场合,可为微机配置不同的外部设备,以扩展系统功能。然而,外部设备的差异很大,各自的功能不同,工作速度也不同。因此,外部设备与 CPU 连接时,不像 CPU 与存储器相连那样简单。存储器功能单一,品种有限,其存取速度基本上可以和 CPU 的工作速度相匹配,这些就决定了存储器可以通过总线和 CPU 相连,即直接将存储器挂在系统总线上。但是,外部设备的功能却是多种多样的,可以是单一的输入设备或输出设备,也可以既作为输入设备又作为输出设备,还可以作为检测设备或控制设备。从信息传输的形式来看,一个具体的设备,它所使用的信息可能是数字式的,也可能是模拟式的。而非数字式信号则必须通过转换才能送到计算机总线。从信息传输的方式来看,有些外设的信息传输是并行的,有些外设的信息传输是串行的。串行设备只能接收和发送串行信息,而 CPU 却只能接收和发送并行信息。这样,就必须通过接口完成串行信息与并行信息的相互转换,才能实现外设与 CPU 之间的通信。此外,外设的工作速度通常也比 CPU 的速度要低得多,而且各种外设的工作速度又互不相同,这也要求通过接口电路对输入/输出过程起一个缓冲和联络的作用。

为了使 CPU 能适应各种各样的外设,就需要在 CPU 与外设之间增加一个接口电路,由它完成相应的信号转换、速度匹配、数据缓冲等功能,以实现 CPU 与外设的连接,完成相应的输入/输出操作。值得注意的是,加入 I/O 接口以后,CPU 就不再直接对外设进行操作,而是通过接口来完成。

1.6.1 接口功能

1. CPU 与 I/O 设备之间的信号

CPU 和外部设备之间传输的信息有以下几类。

(1) 数据信息。CPU 和外部设备交换的基本信息就是数据。数据信息大致分为数字量、模拟量和开关量 3 种形式。

① 数字量。它是指由键盘、磁盘机等输入的信息,或者主机送给打印机、显示器及绘图仪器的信息,是以二进制数、BCD 码或 ASCII 码表示的数据及字符,通常是 8 位或 16 位的。

② 模拟量。当微机系统应用于实时控制时,多数情况下的输入信息就是现场的连续变化的物理量,如温度、湿度、位移、压力、流量等。这些物理量一般通过传感器先变成电压

信号，再经过模/数（A/D）转换，才能送到微机系统进行处理。处理之后，微机输出的数字量要经过数/模（D/A）转换，变为模拟信号后经功率放大才能用于控制现场。

③ 开关量。它是指两种状态量，如开关的闭合与断开、阀门的打开和关闭、电机的运转与停止、LED 灯的亮与灭，可以用二进制数来表示这两个不同的状态。

上述这些数据信息，其传输方向通常是双向的，可以由外设通过接口传递给微机系统，也可以由微机系统通过接口传递给外设。

（2）状态信息。状态信息反映了当前外设所处的工作状态，是由外设通过接口传往 CPU 供其查询。例如，用"准备好"（READY）信号来表明输入设备是否准备就绪，用"忙"（BUSY）信号表示设备是否处于空闲状态等。

（3）控制信息。控制信息是 CPU 通过接口发送给外设的，用于控制外设的工作。常见的有：启动（START）信号，用于启动一个外设工作；选通（STROBE）信号，往外设送入一个数据等。控制信息往往随着外设的具体工作和电路原理的不同而有不同的含义。

一般来说，数据信息、状态信息和控制信息各不相同，应该分别传送。但在微型计算机系统中 CPU 通过接口和外设交换信息时，只有输入指令（IN）和输出指令（OUT），所以状态信息、控制信息也被看成是广义的数据信息，即状态信息作为一种输入数据，而控制信息则作为一种输出数据，它们都是通过数据总线来传送的。但在接口电路中，这 3 种信息要分别进入不同的寄存器。具体地说，CPU 送往外设的数据或者外设送往 CPU 的数据存放在接口的数据寄存器中，从外设送往 CPU 的状态信息存放在接口的状态寄存器中，而 CPU 送往外设的控制信息则要存放到接口的控制寄存器中。

2. 接口电路的功能

接口的作用是在系统总线和外部设备之间架起一座桥梁，以实现 CPU 与外部设备之间的信息传输。为完成以上任务，接口应具备的常用功能如下。

（1）端口寻址功能。接口中通常包含一组寄存器，当 CPU 与外设之间进行数据传送时，不同的信息进入不同的寄存器。把 I/O 接口中能被 CPU 直接访问的寄存器或某些特定器件称为 I/O 端口（Port）。

一个接口可能含有一个或几个端口。其中，用来存放来自 CPU 和内存的数据或外设送往 CPU 和内存的数据的端口称为数据端口，简称数据口。用来存放外设或接口本身当前工作状态的端口，称为状态口。CPU 通过对状态口的访问可以检测并了解外设或接口当前的状态。用来存放 CPU 发出的控制外设或接口执行具体操作命令的端口，称为控制口。一般来讲，数据端口可读、可写，状态端口只读，而控制端口只写。微机和外部设备通过接口的 I/O 端口进行沟通。微机系统中往往有多个外设，一个外设中也可能与 CPU 传送多种信息（如数据信息、状态信息、控制信息），而 CPU 在同一时间里只能与一个端口交换信息，因此需要通过接口的地址译码电路对端口进行寻址。CPU 要访问接口中的某一端口，需要先通过地址总线输出端口地址，一般用高位地址经地址译码选中接口芯片，用低位地址选择具体要访问的端口，只有被选中的端口才能与 CPU 交换信息。

（2）输入/输出功能。接口要根据送来的读/写信号决定当前进行的是输入操作还是输出操作，并且随之能从总线上接收从 CPU 送来的数据和控制信息，或者将数据或状态信息送到总线上。

（3）数据缓冲功能。输入/输出接口是挂在系统总线上的，应具备缓冲的功能。接口中一般都设置有数据寄存器或锁存器，以解决高速的主机与低速的外设之间的速度匹配问题，避免因主机与外设的速度不匹配而丢失数据。输入时要缓冲，输出时要锁存、驱动等。

（4）信号转换功能。外设提供的数据、状态和控制信号可能与微机的总线信号不兼容，所以接口电路应进行相应的信号转换。信号转换包括 CPU 信号与外设信号间的逻辑关系、时序匹配、并串转换和电平转换等。微机输入/输出的信号大多采用 TTL 电平，高电平+5V 代表逻辑"1"，低电平 0 V 代表逻辑"0"。如果外设的信号不是 TTL 电平，那么在这些外设与微机连接时，I/O 接口电路要完成电平转换的工作。

（5）可编程功能。接口电路大多由可编程接口芯片组成，可以在不改变硬件电路的情况下，只要修改接口程序就可以改变接口的工作方式，提高了接口的灵活性和可扩充性。

（6）联络功能。当接口从总线上接收一个数据或者把一个数据送到总线上以后，能发出一个就绪信号，以通知 CPU 数据传输已经完成，从而准备进行下一次传输。在接口设计中，常常要考虑对错误的检测问题，如传输错误和覆盖错误等，如果发现有错，则对状态寄存器中的相应位进行置位以便提供 CPU 查询。此外，一些接口还可根据具体情况设置其他的检测信息。

（7）中断管理功能。作为中断控制器的接口，应该具有发送中断请求信号和接收中断响应信号的功能，而且还有发送中断类型码的功能。此外，如果总线控制逻辑中没有中断优先级管理电路，那么，接口还应该具有中断优先级管理功能。

对于某个接口，未必全部具备上述功能，但必定具备其中的某几个。当然，由于使用场合和作用不同，也可能具备更多的功能，比如某些接口具有复位功能，在接收到复位信号后能使接口本身以及所连的外设复位，并进入初始化的工作状态。

3．I/O 端口的编制方式

微机系统中每个 I/O 端口都有一个地址，称为端口地址。I/O 端口的编制方法有两种，即统一编址和独立编址。

（1）统一编址。统一编址又称为存储器映像编址，把每一个端口视为一个存储单元，将它们和存储单元联合在一起编排地址，即 I/O 端口和存储器使用统一的地址空间。这样，可利用访问内存的指令去访问 I/O 端口，而不需要专门的 I/O 指令。CPU 采用存储器读写控制信号，并经地址译码控制来确定是访问存储器还是访问 I/O 端口。

统一编址的特点是简化了指令系统，无须专门的 I/O 指令，但 I/O 端口地址占用了一部分存储器地址空间，如 MCS–51 系列单片机就是采用的统一编址。

（2）独立编址。独立编址方式是指 I/O 端口的地址空间和存储器的地址空间是独立的、分开的，即端口地址不占用存储器的地址空间。微机系统中 I/O 端口数较存储单元数少很多，所以 I/O 端口地址空间小于存储器地址空间，CPU 只需用地址总线的低位部分对 I/O 端口寻址，如个人计算机（PC 机）仅使用 $A_9 \sim A_0$ 对 I/O 端口进行寻址。通过控制总线的 $\overline{IO}/M$ 或 $IO/\overline{M}$ 来确定 CPU 到底要访问内存空间还是 I/O 空间。为确保控制总线发出正确的信号，系统提供了专用的输入/输出指令（IN 和 OUT）来实现数据传送。

采用独立 I/O 端口编址方式的微处理器有 Intel 8086/8088、Zilog Z80 等。

不同微机系统可能采用不同的 I/O 端口编址方式，因此设计微机接口时，需要先明确该系统采用的是何种端口编址方式，只有正确寻址才能正确地实现信息交换。

4. 接口与系统总线的连接

由于接口电路位于 CPU 与外设之间，因此，它必须同时满足 CPU 和外设信号的要求。从结构上看，可以把一个接口分为两个部分，一部分用来和 I/O 设备相连，另一部分用来和系统总线相连。与 I/O 设备相连的部分与设备的传输要求和数据格式有关，因此，不同的接口其结构互不相同，如串行接口和并行接口的差别就很大。但是，与系统总线相连的部分其结构则非常类似，因为它们面对的是同一总线。

图 1-18 是一个典型的 I/O 接口和系统总线的连接框图。为了支持接口逻辑，连接时通常有总线收发器和相应的逻辑电路，其中，逻辑电路把相应的控制信号翻译成联络信号，如果接口部件内部带有总线驱动电路且驱动能力足够时，则可以省去总线收发器。另外，系统中还必须有地址译码器，以便将总线提供的地址码翻译成对接口的片选信号，同时，一般还要用 1~2 位低地址结合读/写信号来实现对接口内部端口的寻址。

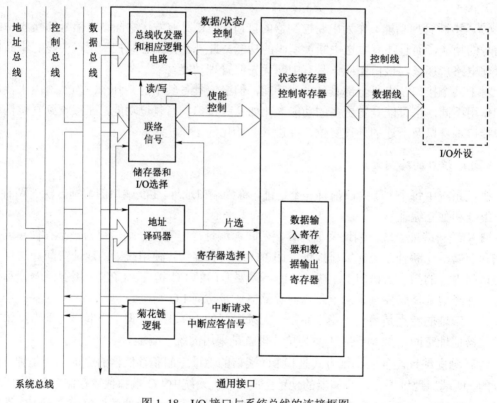

图 1-18 I/O 接口与系统总线的连接框图

1.6.2 数据传输控制方式

输入/输出操作对微机来讲是必不可少的。由于外设的工作速度相差很大，对接口的要求也不尽相同，因此，对 CPU 来讲，输入/输出数据的传输控制方式就是一个较复杂的问题，应根据不同的外设要求选择不同的传输控制方式以满足传输数据的要求。一般来说，CPU 与外设之间传输数据的控制方式有 3 种，即程序方式、中断方式和 DMA 方式。这 3 种控制方式控制传输的机制各不相同，但要完成输入/输出操作都需要有相应的接口电路的支持。

1. 程序方式

程序方式就是指用程序来控制输入/输出数据的方式。显然，这是一种软件控制方式。根据程序控制的方法不同，又可分为无条件传送方式和条件传送方式，其中后者也称为查询方式。

1）无条件传送方式

当利用程序来控制 CPU 与外设交换信息时，如果可以确信外设总是处于"准备好"的状态，无须任何状态查询，就可以直接进行信息传输，这种方式称为无条件传送方式。

无条件传送方式下的程序设计比较简单，由于很难保证外设在每次传送时都准备好，因此该方法的应用场合也很少，一般只能用在一些简单外设的操作上，如开关、七段数码管显示等。

2）条件传送方式

条件传送方式也称为查询方式，是一种软件控制方式，但使用的场合较无条件方式多。一般外设在传输数据的过程中都可以提供一些反映其工作状态的信号。如对输入设备来讲，它需提供"准备好"（READY）信号，READY=1 表示输入数据准备好；反之未准备好。对输出设备来讲，则需提供"忙"（BUSY）信号，BUSY=1 表示其正在忙，不能接收 CPU 送来的数据，只有当 BUSY=0 时才表示其空闲，这时 CPU 可以启动它进行输出操作。

查询式传输即用程序来查询设备的相应状态，若状态不符合传输要求则等待，只有当状态信号符合要求时，才能进行相应的传输。对输入设备就是查询 READY，对输出设备就是查询 BUSY。根据接口电路的不同，状态信号的提供一般有两种方式。对简单接口电路，可以直接将状态信号接至数据线的某位，通过对该位的检测即可得到相应的状态。对专用或通用接口芯片则可通过读该芯片的状态字，检测状态字的某些位即可得到相应的状态。

以输入为例，查询式传输的程序流程如图 1-19 所示。输出的情况类似，只是将查询 READY 信号变成查询 BUSY 信号。

查询方式的优点是硬件开销小、使用简便。但由于 CPU 需不断地读取并检测状态字，若外设未准备好，则需要等待，这将占用 CPU 的大量时间，降低了 CPU 的工作效率，尤其当系统中有多台设备时，对某些设备的响应较慢，从而影响了整个系统响应的实时性。因此，该方式适用于外设不多且实时性要求不高的微机系统。

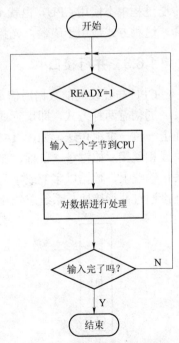

图 1-19 查询式传输的程序流程框图

2. 中断方式

由于某个事件的发生，CPU 暂停当前正在执行的程序，转而执行处理该事件的一个程序，该程序执行完成后，CPU 接着执行被暂停的程序，这个过程称为中断。

在中断（Interrupt）方式下，外设在完成数据传送的准备工作后，主动向 CPU 提出传送请求，CPU 暂停原执行的程序，转去执行数据传送工作，从而将 CPU 从重复的查询工作中解放出来，只有当设备提出需要服务的申请时才为其服务，而在其他情况下可以执行其他程序。加入中断系统以后，CPU 与外设处在并行工作中，因此，大大提高了 CPU 的工作效率，尤其是对多外设且实时响应要求较高的系统，中断方式是一种最佳的工作方式，也是当前计算机处理输入/输出的主流程控制方式。

与查询方式相比，中断方式减少了 CPU 的等待时间，使外设和 CPU 在一定程度上可以并行工作，提高了 CPU 的工作效率。但是在中断方式下，仍然是通过 CPU 执行程序来实现数据的传送，CPU 每执行一次中断服务子程序，可以完成一次数据传输。在此期间，一系列的保护和恢复现场工作、中断调用和返回工作也要花费 CPU 的时间，这无疑影响了 CPU 的传输效率。对于那些配有高速外部设备，如磁盘、光盘的微机系统，CPU 将频繁处于中断工作状态，影响了微机系统整体的效率，而且还有可能丢失高速设备传送的信息。

3. DMA 方式

DMA（Direct Memory Access）方式是指外设利用专门的接口电路 DMA 控制器，直接和存储器进行批量数据传输的控制方式。DMA 控制器代替 CPU 对数据传输过程进行具体管理，数据不需要经过 CPU，而在内存和外设之间直接传输，因此传输效率大大提高。

它具有中断方式的优点，即在外设准备数据阶段，CPU 与外设能并行工作。由于在数据传送过程中不使用 CPU，也就不存在保护现场、恢复现场等烦琐操作，因此数据传送速度很高。这种方式适用于磁盘、光盘等高速设备大批量数据的传送。

1.6.3 并行接口

CPU 与外设间的数据通信是通过接口来实现的。

通信有两种方式，即串行通信和并行通信。串行通信（串行传送）就是数据在一条传输线上一位一位地传送，如图 1-20（a）所示。在串行传送方式下，外设通过串行接口与系统总线相连接，如键盘、鼠标、显示器、调制解调器等。并行通信（并行传送）就是同时在多条传输线上，数据以字节或字为单位进行传送，如图 1-20（b）所示。在并行传送方式下，外设通过并行接口与系统总线相连接，如并口打印机等。

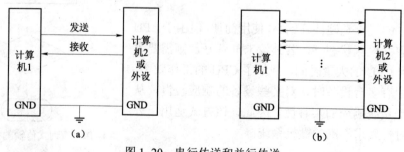

图 1-20 串行传送和并行传送
（a）串行通信；（b）并行通信

这两种通信方式相比较，串行通信能够节省传输线，特别是数据位数很多和远距离数据传送时，这一优点更为突出。

需要指出的是，这里所说的串行、并行传送都是指接口与 I/O 设备之间，或多个 I/O 设备之间的数据传送方式，而不是指接口与 CPU 之间的数据传送方式。

图 1-21 所示为典型的并行接口和外设连接框图。其中的并行接口是一个双通道的并行接口，包括输入缓冲寄存器、输出锁存寄存器、控制寄存器和状态寄存器。其中，控制寄存器用来接收 CPU 对它的控制命令，状态寄存器提供各种状态供 CPU 查询，输入缓冲寄存器和输出锁存寄存器用来实现输入和输出。

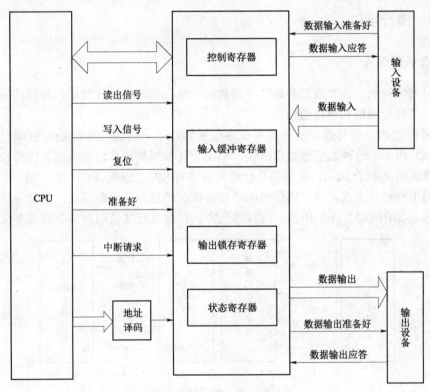

图 1-21 并行接口和外设接口

并行接口通常应具有以下 3 个方面的功能。

（1）实现与系统总线的连接，提供数据的输入/输出功能，这是并行接口电路最基本的功能。

（2）实现与 I/O 设备的连接，具有与 I/O 设备进行应答的同步机构，保证有效地进行数据的接收/发送。

（3）有中断请求与处理功能，使得数据的输入/输出可以采用中断的方法来实现，这一功能对于需要采用中断传输的 I/O 设备是必需的。

根据并行接口的功能可知，在接口电路中应该有数据锁存器和缓存器，以便于数据的输入/输出。同时，应有状态和控制命令的寄存器，以便于 CPU 与接口电路之间用应答的方式来交换信息，同样也便于接口电路与外设之间传送信息。接口电路中还要有译码与控制电路以及中断请求触发器、中断屏蔽触发器等，以解决时序配合问题并能实现各种控制，保证 CPU

能正确可靠地与外设交换信息。

CPU 与外设之间数据的并行传送可以采用无条件传送、查询方式和中断传送等方式。采用的传送方式不同，其接口电路也不同。常用的接口电路有两大类。一类是不可编程的接口电路，如 74LS244/245、74LS273/373 等。其特点是电路简单、使用方便；缺点是使用不灵活，一旦硬件连接以后，功能很难改变。另一类是可编程接口，其特点是使用灵活，可在不改变硬件的情况下，通过软件编程来改变电路的功能。随着大规模集成电路技术的发展，出现了许多通用的可编程的并行接口电路芯片，如 Intel 8255 等。其通用性强，使用灵活，且具有多种输入/输出工作方式，可以通过程序来设置。

1.6.4 串行接口

1. 串行通信概述

计算机与计算机、计算机与外设之间的数据交换称为通信。计算机与外设的通信有两种基本方式，即并行通信和串行通信。

并行通信也叫并行传送，就是同时在多条传输线上，信息的各位数据被同时传送，如图 1-22（a）所示。这种通信方式速度快，但由于传输线数较多、成本高，仅适合近距离通信。通常传送距离小于 30 m，常用的并行通信协议有 SPP、EPP、ECP 等。当距离大于 30 m 时，多采用串行通信方式，串行通信也叫串行传送，信息的各位数据在一条传输线上被一位一位地传送，如图 1-22（b）所示。这种通信方式相对并行通信而言，具有以下优点。

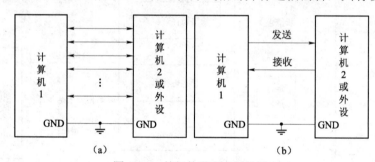

图 1-22 并行传送和串行传送
（a）并行通信；（b）串行通信

（1）传输距离长，可达到数千公里。
（2）长距离内串行数据传送速率会比并行数据传送速率快，串行通信的通信时钟频率较并行通信更容易提高。
（3）抗干扰能力强，串行通信信号间的相互干扰完全可以忽略。
（4）通信成本低。
（5）传输线既传送数据又传送联络信息。

在串行通信中，数据是在两个设备（计算机与计算机或计算机与外部设备）之间进行传送的，按照数据传送方向，串行通信可分为单工、半双工和全双工 3 种制式。

在单工制式下，通信线的一端为发送器，另一端为接收器，数据只能按照一个固定的方向传送，如图 1-23（a）所示。

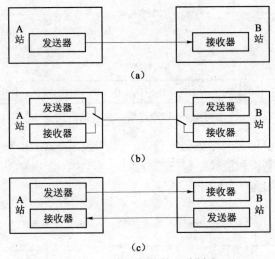

图 1-23 串行通信的 3 种制式
(a) 单工；(b) 半双工；(c) 全双工

在半双工制式下，系统的每个通信设备都由一个发送器和一个接收器组成，如图 1-23 (b) 所示。那么数据能从 A 站传送到 B 站，也可以从 B 站传送到 A 站，但不能同时在两个方向上传送，即只能一端发送、一端接收。收发开关一般由软件方式切换。

在全双工制式下，系统的每端都有发送器和接收器，可以同时发送和接收，即数据可以在两个方向上同时传送，如图 1-23 (c) 所示。

在实际应用中，尽管多数串行通信接口电路具有全双工功能，但一般情况下，还是工作在半双工制式下，这是因为该用法简单、实用。

2. 串行通信的分类

串行通信按照串行数据的时钟控制方式不同，可以分为同步通信和异步通信。

同步通信采取连续串行传送数据的通信方式，一次通信只传输一帧信息，且要求发送端和接收端保持严格同步的时钟；异步通信中数据通常以字符为单位组成字符帧传送，字符帧由发送端按帧一个个地发送，接收端也是按帧一个个地接收，发送端和接收端分别由各自独立的时钟（互不同步）来控制数据的发送和接收。

串行通信的数据是按位进行传送的，每秒钟传送二进制数码的位数称为波特率，被作为指标用于衡量数据传输的速度，波特率越高，数据传输速度越快。国际上规定的标准波特率系列为 110 b/s、300 b/s、600 b/s、1 200 b/s、1 800 b/s、2 400 b/s、4 800 b/s、9 600 b/s、19 200 b/s。但是，波特率和字符实际传输速率不同，字符实际传输速率是指每秒所传输的数据帧的帧数，和数据帧格式有关。异步通信与同步通信中所采用的数据帧格式有很大区别。

异步通信的数据帧由起始位、数据位、可编程校验位和停止位组成，如图 1-24 所示。

异步通信的波特率范围通常是 50～9 600 b/s。异步通信的优点是字符帧长度不受限制，通信双方不需要传送同步时钟。缺点是因字符帧中包含了起始位和停止位，从而降低了有效数据的传输速率。

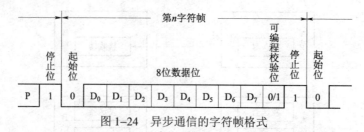

图1-24 异步通信的字符帧格式

异步通信的数据帧中只含一个数据字符,而同步通信的数据帧通常由若干个数据字符构成,由同步字符、数据字符和校验字符三部分组成,其中,同步字符可以采用统一的标准格式或由用户自行约定,如图1-25所示。

图1-25 同步通信的字符帧格式

同步通信的波特率通常可达5 600 b/s及以上,但是为了保证传输数据的正确性,通信双方要求保持做到时钟的严格同步,所以同步通信一般用于传输数据量大、传送速率要求较高的场合。

3. 异步串行通信接口

串行通信接口的种类和型号很多,能够完成异步通信的硬件电路称为UART(Universal Asynchronous Receiver/Transmitter,通用异步接收器/发送器),而能够完成同步通信的硬件电路称为USRT(Universal Synchronous Receiver/Transmitter,通用同步接收器/发送器),既能够完成异步通信又能完成同步通信的硬件电路,称为USART。

异步串行通信接口常见的接口标准有RS-232接口、RS-422接口和RS-485接口等。其中RS-232C是由美国电子工业协会(EIA)1962年公布,1969年修订而成,是使用最早、应用最多的一种异步串行通信总线标准。RS-232C接口适用于设备之间的通信距离不大于15 m,传输速率最大为20 KB/s的应用场合。例如,CRT显示器、打印机与CPU的通信,MCS-51单片机与PC机的通信。RS-422接口由RS-232接口发展而来,是为弥补RS-232的不足而提出的。为改进RS-232通信距离短、速率低的缺点,RS-422定义了一种平衡通信接口,将传输速率提高到10 Mb/s,传输距离延长到4 000英尺(速率低于100 Kb/s时),并允许在一条平衡总线上连接最多10个接收器(单机发送、多机接收)。随后在RS-422基础上制定了RS-485标准,增加了多点、双向通信能力,即允许多个发送器连接到同一条总线上。RS-485/422最大的通信距离约为1 219 m,最大传输速率为10 Mb/s,传输速率与传输距离成反比,在100 Kb/s的传输速率下,才可以达到最大的通信距离。

RS-232C标准规定数据帧的第一位为起始位,数据帧的最后一位为停止位,数据位数可以是5、6、7、8位再加一位奇偶校验位。两个数据帧之间写"1"表示空,如图1-26所示。

RS-232C也规定了电气标准,逻辑"0"对应+5~+15 V电平,逻辑"1"对应-5~-15 V电平,这与TTL电路所采用的逻辑标准完全不同,所以RS-232C不能与TTL电平直接相连,

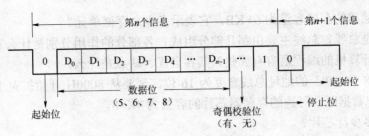

图 1-26　RS-232C 数据帧格式

使用时必须进行电平转换,否则将损坏 TTL 电路,常用的电平转换电路有 MAX232,该芯片是美信(MAXIM)公司专为 RS-232 标准串口设计的单电源电平转换芯片,使用+5 V 单电源供电,可以实现 RS-232 电平和 TTL 电平的相互转换,如图 1-27 所示。

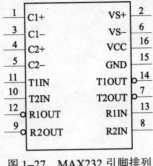

图 1-27　MAX232 引脚排列

本 章 小 结

微型计算机的主机由微处理器、存储器、I/O 接口和总线组成,在此基础上再加上外部设备、电源就构成了微型计算机的硬件部分,再加上系统软件、应用软件等软件部分就构成了微机系统。这里的微机结构是学习的重点,其中微处理器是构成微型计算机的核心,它由运算器、控制器和寄存器等组成。

由于存储器能够存储数据和程序,使微机具有了记忆功能,微机才能脱离人的直接干预而自动地工作。

习　　题

1.1　微型计算机系统主要由哪些部分组成?各部分的功能是什么?
1.2　微处理器由哪些部分组成?各部分的功能是什么?
1.3　微型计算机中常用的存储器有哪些类型?
1.4　静态 RAM 与动态 RAM 的区别是什么?它们分别适用于哪些场合?
1.5　PROM、EPROM、EEPROM 分别代表什么?

1.6 某存储器的存储容量为 64 KB，它表示多少个存储单元？
1.7 什么是总线？总线主要由哪几部分组成？各部分的作用分别是什么？
1.8 微型计算机的编程语言有哪些？其各自优、缺点是什么？
1.9 有某 8 位 CPU 的地址总线宽度为 16 位，现要从 8000H 开始扩充 16 KB 的 RAM 存储器作为用户数据区，可选的存储器芯片的容量为 4K×8。
（1）需要多少片芯片？
（2）写出每个芯片的地址范围。
（3）画出 CPU 与该存储器的连接逻辑图。
1.10 简述 CPU 执行程序的过程。

第 2 章 单片机硬件系统

与通用微型计算机比较，单片机在一块芯片上集成了微机的 5 个主要部件，即运算器、控制器、存储器、输入接口和输出接口，具有体积小、功能强、可靠性好、容易扩展、使用简单、价格便宜等特点，是专为智能仪表、自动控制等嵌入式应用设计的专用微型计算机。本章首先讲述单片机及单片机应用系统的基本概念；然后介绍 MCS–51 单片机的组成结构，包括 CPU、存储器、I/O 口及外部引脚；最后说明 MCS–51 单片机的最小系统及时序。

2.1 单片机概述

近年来单片机技术得到了突飞猛进的发展，以单片机为核心设计的各种智能化电子设备，周期短、成本低、易于更新、维修方便，已成为电子设计中最为普遍的应用手段。

2.1.1 单片机及单片机应用系统

1. 单片微型计算机

单片微型计算机简称单片机，是指集成在一块芯片上的微型计算机，也就是把组成微型计算机的主要功能部件，包括中央处理器（CPU）、随机访问存储器（RAM）、只读存储器（ROM）、基本输入/输出接口电路、定时器/计数器、中断、串行口等部件集成在一块芯片上，从而实现微型计算机的基本功能。单片机内部结构如图 2–1 所示。

虽然单片机只是一个硬件芯片，但无论从组成还是逻辑功能上来看，都具有微机系统的特性。与通用微型计算机相比，单片机体积小巧，可以嵌入到应用系统中作为指挥决策中心。在实际应用中，单片机通常很难直接和被控对象进行电气连接，必须外加各种扩展接口电路、外部设备、被控对象等硬件和软件，才能构成一个单片机应用系统。

2. 单片机应用系统

单片机应用系统是以单片机为核心，配以输入、输出、显示、控制等外围电路和软件，能实现一种或多种功能的实用系统。单片机应用系统是由硬件和软件组成，硬件是应用系统的基础，软件是在硬件的基础上对其资源进行合理调配和使用，从而完成应用系统所要求的任务，二者相互依赖、缺一不可，单片机应用系统的组成如图 2–2 所示。

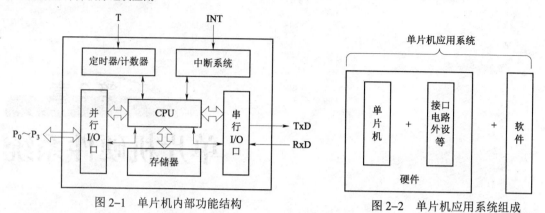

图 2-1 单片机内部功能结构　　　　图 2-2 单片机应用系统组成

所以，必须从硬件和软件两个角度来深入了解单片机，并将二者有机结合起来，才能设计出具有特定功能的单片机应用系统。

2.1.2 单片机的特点与应用

一块单片芯片就是一台具有一定规模的微型计算机，再加上必要的外围器件，就可以构成一个完整的计算机硬件系统。

1. 单片机的特点

单片机主要用于控制领域，用以实现各种参数的测量和控制，又称为微控制器（Micro Control Unit，MCU）。也可以嵌入到电子产品中，构成嵌入式应用系统，又称为嵌入式微控制器（EMCU）。其特点如下。

（1）价格低、功耗低、性价比高。高性能、低价格是单片机最显著的特点，使单片机应用系统的性价比大大高于一般微机系统。

（2）体积小、重量轻、易于产品集成化。其能组装成各种测控设备及智能仪器仪表。

（3）结构简单、可靠性高、应用范围广。单片机芯片是按工业应用环境要求设计的，抗干扰性强，能适应各种恶劣的环境，单片机应用系统的可靠性比一般微机系统高得多。

（4）控制功能强、易于扩展成应用系统。单片机采用面向控制的指令系统，实时控制功能特别强。CPU 可以直接对 I/O 口进行输入/输出操作，并且有很强的位处理能力，能有效地完成各类控制任务。

2. 单片机的应用领域

与巨大体积和高成本的通用计算机相比，单片机以其体积小、结构紧凑、高可靠性以及高抗干扰能力和高性价比等特点，广泛应用于人们生产生活的各个领域，成为现代电子系统中最重要的智能化工具。它主要应用于以下领域。

（1）工业自动化控制。工业自动化控制是最早采用单片机的领域之一，如各种测控系统、过程控制、机器人控制、机电一体化设备控制等。

（2）智能仪器仪表。采用单片机的智能化仪表大大提升了仪表的档次，强化了功能，如数据处理和存储、故障诊断、联网群控等。

（3）新型家用电器。家用电器升级换代，普遍采用单片机智能化控制取代传统的电子线路控制，提高档次，如洗衣机、空调、电冰箱、电视机、电饭煲、微波炉、DVD 机、录像机、激光唱片等。

（4）办公自动化设备。现代办公室使用的大量办公设备多数嵌入了单片机，如打印机、复印机、传真机、考勤机、计算机中的键盘译码、磁盘驱动等外设。

（5）商业营销设备。在商业营销中广泛使用的电子秤、收款机、条形码阅读器、IC 卡刷卡机、出租车计价器以及商场保安系统、空气调节系统、冷冻保险系统等都采用了单片机控制。

（6）通信电子产品。调制解调器、程控交换机、手机等。

（7）汽车电子产品。现代汽车的集中显示系统、动力监测控制系统、自动驾驶系统、通信系统和运行监视器等都离不开单片机。

另外，其他领域，如航空航天、国防军事、尖端武器等领域；单片机也应用在导航控制系统、鱼雷制导系统、智能武器设备、飞机导航系统中。

2.1.3 单片机的发展趋势

单片机自问世以来，经过 30 多年的发展，已从最初的 4 位机发展到 8 位机、16 位机，直至 32 位机，同时体积更小、集成度更高、功能更强大。如今，单片机正朝多功能、高速度、低功耗、低价格以及大存储及结构兼容方向发展，主要表现在以下几个方面。

（1）高集成度。单片机会将各种功能的 I/O 口和一些典型的外围电路集成在芯片内，使其功能更加强大。

（2）高性能。单片机从单 CPU 向多 CPU 方向发展，因而具有了并行处理的能力，如 Rock-well 公司的单片机 6500/21 和 R65C29 采用了双 CPU 结构，其中每一个 CPU 都是增强型的 6502。

（3）低功耗。目前，市场上有一半的单片机产品已 CHMOS 化，这类单片机具有功耗小的优点，许多单片机可以在 2.2 V 电压下运行，有的能在 1.2 V 甚至 0.9 V 电压下工作，功耗为 μW 级。

（4）高性价比。随着单片机的应用越来越广泛，各单片机厂家会进一步改进单片机的性能，从而增强产品的竞争力。同时，价格也是各厂家竞争的一个重要方面。所以，更高性价比的单片机会逐渐占据市场主流。

2.1.4 单片机的分类

单片机的制造商很多，主要有 Intel、Motorola、TI、Atmel、LG、Philip 等公司。目前，单片机正朝着高性能、多品种方向发展，近年来 32 位单片机已进入了实用阶段。

目前有两种结构的单片机体系：一种是单总线结构，如 Intel 公司、Motorola 公司和 Zilog 公司的系列产品；另一种是双总线哈佛结构，如 Microchip 公司的 PICX 系列产品和 Atmel 公司的 AVR 系列产品。单总线结构的单片机大多是复杂指令集计算机（CISC），而双总线哈佛结构的单片机大多是精简指令集计算机（RISC）。

1. MCS-51 系列单片机

从 20 世纪 70 年代初期开始，Intel 公司开始研发单片机产品。MCS-48 和 MCS-51 系列产品奠定了 Intel 公司在单片机领域的主导地位。随后，Philip 公司和 Atmel 等公司对 MCS-51 产品做了进一步的发展，丰富了产品的型号和种类，提高了产品的功能和速度，增强了 MCS-51 产品的主导地位。

Atmel 公司推出的 AT89C51 是一种带 4 KB 闪速存储器（Flash）的低电压、高性能 CMOS 工艺 8 位微处理器。采用高密度非易失存储器制造技术，将多功能 8 位 CPU 和闪速存储器 （Flash）组合在单个芯片中，与工业标准的 MCS-51 指令集和输出引脚兼容，为很多嵌入式 控制提供了一种灵活且价廉的解决方案。

虽然目前单片机的种类很多，但使用最广泛的应属 MCS-51 系列单片机。基于这一事实，本书以应用最广泛的 MCS-51 系列 8 位单片机（8031、8051、8751 等）为主要研究对象，讲述典型单片机 AT89C51 的硬件结构、工作原理、功能部件、软件编程及应用系统设计。

MCS-51 系列单片机可分为 51 子系列和 52 子系列，并以芯片型号的最末位数字作为标志。其中 51 子系列是基本型，而 52 子系列属增强型。52 子系列功能增强的具体方面为：① 片内 ROM 从 4 KB 增加到 8 KB；② 片内 RAM 从 128 B 增加到 256 B；③ 定时器/计数器从 2 个增加到 3 个；④ 中断源从 5 个增加到 6 个。

注意：MCS-51、8051、AT89C51 之间的区别与联系。MCS-51 是个泛称，指的是采用 51 内核的一类单片机，区别于 ARM 内核、X86 内核等。8051 是 MCS-51 系列中比较简单的一款单片机，片内含有 4 KB 的只读存储器 ROM。AT89C51 是由 Atmel 公司生产的，与 8051 引脚完全兼容，片内含有 4 KB 的闪速存储器（Flash）。

2. Microchip 公司的 PIC 系列单片机

Microchip 公司是全世界最大的 8 位单片机生产商之一，由于 PIC 系列单片机进入我国较晚，开发工具和资料不如 MCS-51 系列多，在应用的普及上不如 MCS-51 单片机。PIC 系列单片机在国外有广泛的应用，在我国的使用也在日益增多。

PIC12C5xx 和 PIC16C5x 系列的单片机是 PIC 单片机中的低端产品，其中 PIC16C5x 系列因其价格较低，且具有完善的开发手段，因此在国内应用最为广泛；而 PIC12C5xx 是世界上第一个 8 脚低价位单片机，可用于一些对单片机体积要求较高的简单控制领域，应用前景十分广阔。PIC16Cxx 系列是 PIC 的中档产品，品种丰富、性价比高，指令周期可达 200 ns，增加了中断功能、带 A/D、内部 EEPROM 数据存储器、多种系统时钟选择、比较输出、捕捉输出、PWM 输出、I²C 和 SPI 接口、异步串行通信、模拟电压比较器及 LCD 驱动等。其封装从 8 脚到 68 脚，可用于电子产品设计中。PIC17Cxx 系列是 PIC 系列 8 位单片机中的高档产品，适用于高级复杂系统的开发，其性价比在中档位单片机的基础上增加了硬件乘法器，指令周期可达 160 ns，是 8 位单片机中性价比最高的机种之一，可用于高、中档产品的开发，如电动机的控制、音调合成等。

3. TI 公司的 MSP430 系列单片机

TI 公司的 MSP430 系列单片机，是目前内部集成闪速存储器（Flash）产品中功耗最低的。在 3 V 工作电压下其工作电流低于 350 μA/MHz，待机模式仅为 1.5 μA/MHz，且具有 5 种节电模式。该系列单片机的工作温度范围为 -140 ℃～85 ℃，可满足工业应用要求。MSP430 单片机可广泛地应用于煤气表、水表、电子电度表、医疗仪器、火警智能探头、通信产品、家庭自动化产品、便携式监视器及其他低功耗产品。由于其功耗极低，可设计出只需要两块电池就可以使用长达 10 年的仪表应用产品。

4. Atmel 公司的 AVR 系列单片机

Atmel 公司推出的基于增强精简指令的 AVR 系列单片机，其中 ATtiny、AT90 与 ATmega 分别对应低、中、高档产品。高档 ATmega 系列单片机已非常具有竞争力，ATmega8、ATmega48 的价格已接近 AT89C51，但在性能和集成的功能部件上远优于 AT89C51，在国内也正得到广泛的应用。大多数 AVR 单片机除了具有 8051 的基本功能，如定时器/计数器、中断、串行口以外，还有以下特点。

（1）AVR 单片机在一个时钟周期内执行一条指令，因此处理速度在 1 MHz 时钟频率时，大约为 1 MIPS（每秒执行百万条指令）。其结构设计和指令系统特别适合 C 语言应用，Atmel 公司为 AVR 单片机保留的 GCC 开发工具端口，为 AVR 单片机的应用提供了极大的便利。

（2）以 ATmega8 为例，片内集成了看门狗定时器，具有单独的看门狗振荡时钟。内部集成了低供电电压检测复位电路。片内包括 10 位 8 通道的 A/D 转换器，有内部基准电压。有 PWM 输出，可用于 A/D 转换。所有的 I/O 口都配置了片内上拉电阻，可以在程序中使能，可以设置为三态门，I/O 口有 20 mA 以上的电流驱动能力，足以直接点亮 LED 灯。支持在线编程 ISP，已有厂商提供计算机并口的下载编程器，且价格低廉，使开发十分便利。支持包括休眠在内的 5 种节电模式，在休眠模式下，最小的耗电流可低至 0.5 μA。

（3）高档产品 ATmega128 在片内具有 128 KB 的 Flash 存储器，4 KB 的 EEPROM 和 4 KB 的 RAM，这种单片机已在数据采集系统、医疗仪器等复杂的单片机系统中得到很好的应用。

5. ADI 公司的 ADμC 系列单片机

ADμC 系列是 AnalogDevice（简称 ADI）公司出品的高性能单片机，该系列单片机充分发挥了 ADI 公司在 A/D 转换器上的技术优势，将高性能的 A/D 转换器集成到单片机内，方便了单片机在数据采集系统中的应用。ADμC8xx 系列包含 ADμC812、ADμC816、ADμC824、ADμC834 等芯片，均采用 8051 的内核和兼容的指令集，主要区别在于 A/D 和 D/A 转换器的分辨率不同、存储容量的大小不同等。

ADμC824 是含有 24 位 A/D 和 12 位 D/A 的单片机，是一个完整的数据采集系统芯片。ADμC824 基于 8051 的内核，指令集与 8051 兼容；片内有 8 KB Flash 程序存储器、640 B 的 EEPROM 数据存储器、256 B 数据 RAM、可扩展 64 KB 程序存储器和 16 MB 数据存储器。3 个 16 位的定时器/计数器；26 根可编程 I/O 口线；12 个中断源，2 个优先级。

ADμC824 可采用 3 V 或 5 V 电压工作，具有正常、空闲和掉电 3 种工作模式。片内还有一个通用串行口，一个与 I²C 兼容的串口和 SPI 串口，一个看门狗定时器，一个电源监视器，片内温度传感器，两个激励电流源。非常适合应用于智能传感器、数据采集系统。

6. Motorola 公司的 68HC 系列单片机

Motorola 是最大的 8 位单片机生产厂商之一，单片机生产部分现已转移到 Freescale（飞思卡尔）公司。其拥有 8 位、16 位和 32 位几十个系列的单片机，其中 8 位机主要有 68HC05、68HC08 和 68HC11 等系列。Motorola 单片机的功能强，进入我国的时间也很早，在单片机应用领域有很高的威望，但由于初期开发工具价格较高，影响了普及率。

2.2 MCS-51 单片机的结构

如上一节所述，MCS-51 系列单片机分为 51 和 52 两个子系列，包括 8051、8751、8052、8752 等典型产品型号。它们的结构基本相同，主要差别仅在于片内存储器、定时器/计数器、中断源的配置有所不同，其中 52 子系列在这些资源的数量方面都高于 51 子系列，具体资源差别见表 2-1。

表 2-1 MCS-51 系列单片机分类表

子系列	片内 ROM 形式			片内 ROM 容量	片内 RAM 容量	寻址范围	功能部件数量			
	无	ROM	EPROM				计数器	并行口	串行口	中断源
51 子系列	8031	8051	8751	4 KB	128 B	2×64 KB	2×16	4×8	1	5
	80C31	80C51	87C51	4 KB	128 B	2×64 KB	2×16	4×8	1	5
52 子系列	8032	8052	8752	8 KB	256 B	2×64 KB	3×16	4×8	1	6
	80C32	80C52	87C52	8 KB	256 B	2×64 KB	3×16	4×8	1	6

考虑到产品的典型性和代表性，下面以典型的 AT89C51 单片机为例，介绍其组成结构，如图 2-3 所示。

AT89C51 单片机内部含有 8 位的 CPU，片内振荡器，4 KB Flash 程序指令存储器，128 B RAM，21 个特殊功能寄存器，32 根 I/O 口线（分为 4 组：P_0、P_1、P_2 和 P_3 口），可寻址各 64 K 的外部数据、外部程序存储空间，2 个 16 位的定时器/计数器，5 个中断源，1 个全双工串行口。

2.2.1 单片机的内部结构

由图 2-3 可知，单片机的基本组成和一般微型计算机相似，它是微型计算机的单片化。除 128 B 的片内数据存储器、4 KB 的程序存储器、中断、串行口、定时器/计数器模块外，还有 4 组 I/O 口（$P_0 \sim P_3$），其余部分构成了中央处理器 CPU。CPU、存储器、I/O 口这三部分由片内总线紧密地联系在一起，组成了单片机完整的内部结构。

1. CPU 的结构

单片机内部结构中最核心的部分就是 CPU，它是单片机的大脑和心脏。CPU 的主要功能是产生各种控制信号，控制存储器、输入/输出端口的数据传送、数据运算、逻辑运算等处理。CPU 由运算器和控制器两大部分组成，与普通微机不同，单片机 CPU 中的运算器内包含有一个专用于位数据操作的布尔处理机（位处理器）。

1）运算器

由图 2-3 可见，单片机的运算器以 8 位的算术逻辑单元 ALU 为核心，还包括通过总线挂在其周围的累加器 ACC、寄存器 B、程序状态字寄存器 PSW 以及布尔处理机。

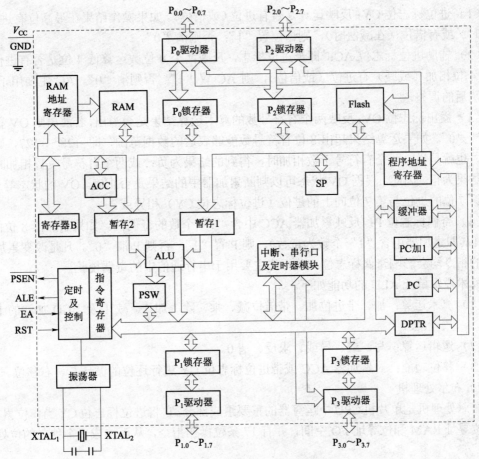

图 2-3 单片机组成结构

算术逻辑单元 ALU 用来完成单字节二进制数的四则运算和逻辑运算。累加器 ACC 是一个 8 位的寄存器,它是 CPU 中工作最频繁的寄存器,在算术逻辑类操作时,累加器 ACC 往往在运算前暂存一个操作数,而运算后又保存结果。寄存器 B 用于乘法和除法操作,对于其他指令,它只能作为一个暂存器使用。状态字寄存器 PSW 用来存放数据运算的状态特征,其各位含义如下:

程序状态字寄存器 PSW

D_7	D_6	D_5	D_4	D_3	D_2	D_1	D_0
CY	AC	F_0	RS_1	RS_0	OV	—	P

PSW 寄存器各位的功能见表 2-2。对用户来讲,经常用到的是以下 4 位。

表 2-2 PSW 寄存器各位的功能

位功能	符号	位地址	位功能	符号	位地址
进位标志	CY	PSW.7	用户标志	F_0	PSW.5
辅助进位标志	AC	PSW.6	寄存区选择(MSb)	RS_1	PSW.4
溢出标志	OV	PSW.2	寄存区选择(LSb)	RS_0	PSW.3
奇偶标志	P	PSW.0	保留	—	PSW.1

（1）进位标志位 CY：反映运算是否有进位（或借位）。如果操作结果在最高位有进位（在加法时）或有借位（在减法时），则该位置"1"；否则清"0"。

（2）辅助进位标志位 AC：即半进位标志，反映两个 8 位数运算低 4 位是否有进位，如果低 4 位相加（或减）有进位（或借位），则 AC 置"1"；否则清"0"。AC 主要用于 BCD 码加法后的调整。

（3）溢出标志位 OV：反映两个有符号数的算术运算结果是否溢出，若溢出则 OV 置"1"；否则清"0"。如果运算结果超出 8 位有符号数能够表达的数据范围，即 $-128 \sim +127$，则产生溢出。也就是说，两个有符号正数相加时，得到的结果为负；或两个有符号负数相加时，得到的结果为正。因此，根据 OV 状态可以判断累加器中的结果是否正确。OV 的状态等于第 6 位向第 7 位的进位与第 7 位向上的进位（进位标志位 CY）相异或。

（4）奇偶标志位 P：反映累加器 ACC 中含"1"个数的奇偶性。如果累加器 8 位的模 2 和是 1（即累加器中含"1"个数为奇数），则 P 置"1"；否则 P 清"0"。凡是改变累加器内容的指令均会影响奇偶标志位。此标志主要用于串行通信中的奇偶校验。

算术逻辑单元 ALU 的功能如下。

（1）算术运算：加、带进位加、带借位减、乘、除、加 1、减 1 及 BCD 加法的十进制调整。

（2）逻辑运算：与、或、异或、求反、清 0。

（3）移位功能：对累加器 ACC 或带进位标志位 CY 进行逐位的循环左、右移位。

2）布尔处理机

布尔处理机是单片机 CPU 中运算器的重要组成部分。它将进位标志位 CY 当作位累加器，具有位寻址 RAM 和位寻址 I/O 空间，并有 17 条位操作指令，从而构成一个独立的位处理机使用。

与字节操作指令类似，大部分位操作均围绕着位累加器 C 完成。位操作指令允许直接寻址内部数据 RAM 里的 128 个位和特殊功能寄存器里的位地址空间。对任何可直接寻址的位，布尔处理机可执行置位、取反、等于 1 转移、等于 0 转移、等于 1 转移并清 0、送入/取自位累加器 C 的位操作。在任何可寻址的位（或该位内容取反）与累加器 C 之间，可执行逻辑与、逻辑或操作，其结果送回到位累加器 C。

布尔处理机给用户提供了丰富的位操作功能，用户在编程时可以利用位操作指令方便地设置标志位，或编程代替复杂的硬件逻辑电路。

3）控制器

控制器是 CPU 的大脑中枢，它包括定时与控制电路、指令寄存器 IR、指令译码器 ID、程序计数器 PC、数据指针 DPTR、堆栈指针 SP、RAM 地址寄存器、16 位地址缓冲器等。它的功能是对逐条指令进行译码，并通过定时和控制电路在规定的时刻发出各种操作所需的内部和外部控制信号，协调各部分的工作。下面简单介绍其中主要部件的功能。

（1）程序计数器 PC：用于存放下一条将要执行指令的地址。当 CPU 要取指令时，PC 的内容就会出现在地址总线上；取出指令后，PC 的值会自动加 1，即指向下一条指令，以保证程序按顺序执行。此外，PC 的内容也可以通过指令修改，从而实现程序的跳转运行。系统复位后，PC 的内容会被自动赋为 0000H，这表明复位后 CPU 将从程序存储器的首地址处的指令开始运行。

(2) 堆栈指针 SP：用来指示堆栈的起始地址。8051 单片机的堆栈位于片内 RAM 中，而且属于"向上增长型"堆栈，复位后 SP 被初始化为 07H，使得堆栈实际由 08H 单元开始。必要时可以给 SP 装入其他值，重新指定栈底位置。堆栈中数据操作规则是"先进后出"，每往堆栈中压入一个数据，SP 的值自动加 1，随着数据的压入，SP 的值将越来越大，当数据从堆栈弹出时，SP 的值将越来越小。

(3) 指令寄存器 IR：用于暂存待执行的指令，等待译码。

(4) 指令译码器 ID：对指令寄存器中的指令进行译码，将指令转变为执行此指令所需的一种或几种电平信号。CPU 根据译码器输出的电平信号使定时控制电路产生执行该指令所需要的各种控制信号。

(5) 数据指针 DPTR：它是一个 16 位寄存器，由高字节寄存器 DPH 和低字节寄存器 DPL 组成，用来存放 16 位数据存储器的地址，以便对片外 64 KB 的数据 RAM 区进行访问。

2. 存储器空间

单片机存储器结构的主要特点是程序存储器和数据存储器的寻址空间是独立的。对 MCS-51 系列单片机而言，它有 4 个物理上相互独立的存储器空间，即内部程序存储器、外部程序存储器、片内数据存储器和片外数据存储器，如图 2-4 所示。

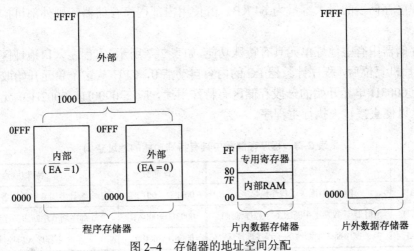

图 2-4 存储器的地址空间分配

程序存储器（只读存储器）用于存放程序代码和数据表格。Atmel 和 Philip 公司开发了一系列基于 MCS-51 内核的单片机，某些型号的单片机片内具有一定的程序存储器容量。片外还可以扩展程序存储器，但使用中的内部、外部程序存储器合起来的总容量不会超过 64 KB，如 AT89C51 片内有 4 KB 的 Flash 程序存储器（AT89C52 为 8 KB）。

片内数据存储器（随机访问存储器）用于存放数据，当片内数据存储器不够用时，需要扩展片外数据存储器。AT89C51 片内有 128 B 的数据存储器（AT89C52 为 256 B），片外可扩展 64 KB 数据存储器空间。

由图 2-4 可知，单片机存储器空间的配置方法与一般微机不同。一般微机只有一个统一的地址空间，在这个统一的空间中任意分配程序存储器和数据存储器地址，但单片机系统实际上存在 3 个独立的地址空间。片内、片外的程序存储器在同一地址空间，它们的地址从

0000H～FFFFH 是连续的。片内、片外的数据存储器各占一个地址空间，其中片内数据存储器地址为 00H～FFH，而片外数据存储器地址为 0000H～FFFFH。因此，从逻辑地址来看，MCS-51 系列单片机有 3 个独立的存储器空间，即程序存储器、片内数据存储器和片外数据存储器。

1）程序存储器

如 2.1 节所述，对于 8051 和 8751 单片机，程序存储器由片内和片外两部分组成，若使用片内程序存储器，则必须占用最低 4 KB 地址，即 0000H～0FFFH。这时片外扩展的程序存储器地址应由 1000H 开始向后编址。

单片机引脚提供了 $\overline{EA}$ 信号，使得用户可以对使用片内还是片外程序存储器做出选择：若 $\overline{EA}$ 引脚保持高电平（接 V_{CC}），在地址小于 4K 时，CPU 访问内部程序存储器，在地址大于 4K 时（对 8052 来说则是 8K），CPU 访问外部程序存储器。此时，用户既可以使用内部程序存储器，也可使用外部程序存储器。由于片内到片外程序存储器的总线扩展是自动进行的，所以地址空间是连续的。若 $\overline{EA}$ 引脚保持低电平（接 GND），CPU 访问外部程序存储器，无法访问内部程序存储器。显然，对 8031 来说，由于不含片内程序存储器，所以使用中 $\overline{EA}$ 引脚必须接地。

由于程序计数器 PC 是 16 位的寄存器，使得程序储存器可使用 16 位地址，这就决定了外部扩展程序存储器的最大容量为 64 KB。若使用内部程序存储器，则外部可扩充最大容量为 60 KB。

程序存储器中有些地址单元具有特殊功能，如表 2-3 所示。主程序入口地址区是 0000H～0002H，单片机复位后，程序计数器 PC 的内容自动清 0，CPU 从这个单元开始取指令并执行程序。由于 0003H 单元开始的一段存储区有特殊用途，应在 0000H～0002H 单元中存放一条跳转指令，以便直接转去执行主程序。

表 2-3 程序存储器中具有特殊功能的地址空间

地址范围	特殊功能	地址范围	特殊功能
0023H～002AH	串行中断服务子程序地址区	000BH～0012H	定时器/计数器 0 中断服务子程序地址区
001BH～0022H	定时器/计数器 1 中断服务子程序地址区	0003H～000AH	外部中断 0 中断服务子程序地址区
0013H～001AH	外部中断 1 中断服务子程序地址区	0000H～0002H	主程序入口地址区

中断服务子程序入口地址为 0003H～002AH，这 40 个单元被均匀地分为 5 段，固定用于存放 5 个中断服务子程序入口地址。中断响应后，按中断源的不同，CPU 自动跳转到各中断服务子程序的入口地址去执行程序。由于 8 个单元通常难以存下完整的中断服务子程序，因此需要在该区域存放一条转移指令，以便中断响应后 CPU 通过该区域找到中断服务子程序的实际地址。

外部程序存储器通常由 ROM、EPROM、EEPROM 和 Flash ROM 等组成，单片机访问外部程序存储器时，至少需要提供两类信号：一类是地址信号，用于确定选中某个存储单元；另一类是控制信号，通常接在外部程序存储器的数据允许输出端 $\overline{OE}$ 和片选端 $\overline{CE}$。

由于单片机无专门的地址总线和数据总线，一般用 P_2 口输出高 8 位地址，而用 P_0 口分时输出低 8 位地址和 8 位数据，并用地址锁存允许 ALE 引脚信号把低 8 位地址锁存在地址锁存器中，而程序存储器输出允许 $\overline{PSEN}$ 引脚往往与存储器芯片的数据允许输出端 $\overline{OE}$ 相连，关于这个信号的有关说明及使用将在后面作详细介绍。

CPU 可以通过 MOVC 指令编访 64K 程序存储器空间，此外没有其他指令能更改程序存储器中的内容，即向程序存储器执行写入操作，所以，单片机的程序存储器在系统运行过程中是只读的。另外，由于程序存储器和数据存储器在物理上相互独立，CPU 的指令工作不能从程序存储器空间转到数据存储器空间，这与普通微机系统不同。

2）片外数据存储器

单片机的片外数据存储器由随机访问存储器 RAM 组成。片外最大可拓展 64 KB 的 RAM 用于存储数据。实际使用时，应尽量充分利用片内数据存储器，只有在实时数据采集和处理等数据存储量较大的情况下，才需要在片外拓展数据存储器，最常采用的是静态 RAM 存储器芯片。

访问片外数据储存器，可以用 16 位的数据存储器地址指针 DPTR，同样由 P_2 口输出高 8 位地址，由 P_0 口输出低 8 位地址，用地址锁存允许 ALE 控制地址锁存。但与程序存储器不同，数据存储器的内容既可以读也可以写。在时序上产生相应的 $\overline{RD}$ 和 $\overline{WR}$ 信号，并以此来控制存储器的读和写操作。也可以用 8 位地址访问片外数据存储器，并不会与片内数据存储器空间重叠，因为单片机指令系统中专门设置了访问片外数据存储器的 MOVX 指令，使得这种操作既区别于访问程序存储器的 MOVC 指令，也区别于访问片内数据存储器的 MOV 指令。这种指令的区别是由时序和相应控制信号的区别作为保证的。显然，当片外数据存储器不超过 256 B 时，使用 8 位地址即可，若片外数据存储器较大，超出 256 B，则应在使用 8 位地址前预先设置 P_2 口的内容，以确定高 8 位地址，然后再用 8 位地址指令执行对该页面内某存储单元的操作。

3）片内数据存储器

掌握单片机片内数据存储器的地址空间分配是十分重要的，在后面学习指令系统和程序设计时将会频繁地使用到。

如图 2-4 所示，片内数据存储器地址为 00H~FFH。这 256 B 的地址空间可分为两部分：低 128 B 的普通 RAM 区，地址为 00H~7FH，即 0~127；高 128 B RAM 区，即特殊功能寄存器（SFR）区，地址为 80H~FFH（C52 子系列单片机增加的 128 B 普通 RAM 区地址也为 80H~FFH），即 128~255。

与一般微机相比，MCS-51 系列单片机的寄存器以 RAM 形式存在，而没有物理上独立的寄存器阵列。那些与 CPU 直接有关或表示 CPU 状态的寄存器如堆栈指针 SP、累加器 ACC、程序状态寄存器 PSW 等则归并于特殊功能寄存器 SFR 之中。

（1）低 128 B RAM 区。

对于 8051 单片机内部低 128 B 的普通 RAM，CPU 为其提供了丰富的操作指令，它们均可按字节操作。既可以作为数据缓冲区，也可以在其中开辟堆栈，还可以利用其提供的工作寄存器区进行数据的快速存取。

① 工作寄存器区。在低 128 B RAM 区的 00H~1FH 区域，划分出 4 组，每组有 8 个工作寄存器，均用 R_0~R_7 表示，共 32 个工作寄存器。它们可用来暂存运算的中间结果，以提高运算速度；可以用作计数器，在指令作用下加 1 或者减 1；可以用其中的 R_0、R_1 存放 8 位地址，去访问 256 个地址中的某一个存储单元。但它们不能组成寄存器对，即不能合并起来

当作 16 位地址指针使用。

工作寄存器共有 4 组，程序状态寄存器 PSW 中的 RS_1、RS_0 两位的状态，决定了 CPU 当前使用的是哪一组工作寄存器，具体如表 2-4 所示。当需要快速保护现场时，CPU 只要执行一条指令，就可以改变 PSW 中的 RS_1、RS_0，完成当前一组工作寄存器的切换，这就为保护寄存器内容提供了极大的方便。

表 2-4 工作寄存器的地址分配与 RS_1、RS_0 的关系

RS_1	RS_0	工作寄存器组	$R_0 \sim R_7$ 占用地址
0	0	0 组	00H~07H
0	1	1 组	08H~0FH
1	0	2 组	10H~17H
1	1	3 组	18H~1FH

② 位寻址区。在低 128 B RAM 区中，地址为 20H~2FH 的 16 B 单元，既可以像普通 RAM 单元按字节进行操作，也可以对其中每个单元的 8 位二进制数按位进行操作。这 16 B 共有 128 个二进制位，每位都分配一个地址，编址为 00H~7FH，如表 2-5 所示。

表 2-5 位寻址区与位地址

字节地址	位地址							
	D_7	D_6	D_5	D_4	D_3	D_2	D_1	D_0
2FH	7FH	7EH	7DH	7CH	7BH	7AH	79H	78H
2EH	77H	76H	75H	74H	73H	72H	71H	70H
2DH	6FH	6EH	6DH	6CH	6BH	6AH	69H	68H
2CH	67H	66H	65H	64H	63H	62H	61H	60H
2BH	5FH	5EH	5DH	5CH	5BH	5AH	59H	58H
2AH	57H	56H	55H	54H	53H	52H	51H	50H
29H	4FH	4EH	4DH	4CH	4BH	4AH	49H	48H
28H	47H	46H	45H	44H	43H	42H	41H	40H
27H	3FH	3EH	3DH	3CH	3BH	3AH	39H	38H
26H	37H	36H	35H	34H	33H	32H	31H	30H
25H	2FH	2EH	2DH	2CH	2BH	2AH	29H	28H
24H	27H	26H	25H	24H	23H	22H	21H	20H
23H	1FH	1EH	1DH	1CH	1BH	1AH	19H	18H
22H	17H	16H	15H	14H	13H	12H	11H	10H
21H	0FH	0EH	0DH	0CH	0BH	0AH	09H	08H
20H	07H	06H	05H	04H	03H	02H	01H	00H

③ 用户 RAM 区。在低 128 B RAM 区中，地址为 30H~7FH 的 80 B 单元为用户 RAM 区，这个区只能按字节存取，在此区内用户可以设置堆栈和存储中间数据。

单片机的堆栈限制在低 128 B RAM 区中，由于堆栈指针 SP 为 8 位寄存器，所以原则上

堆栈可由用户分配在片内 RAM 的任意区域,只要对堆栈指针 SP 赋予不同的初值就可以指定不同的堆栈区域。但在具体应用时,堆栈区的设置应和 RAM 的分配统一考虑。工作寄存器和位寻址区是固定的,接下来需要指定堆栈区域。由于 MCS-51 系列单片机复位以后,SP 为 07H,栈顶与 1 区的工作寄存器重叠,因此用户初始化程序需要对 SP 设置初值,一般设在 30H 以后的范围为宜。MCS-51 系列单片机的堆栈是向上生长的,若 SP=40H,则 CPU 执行一条调用指令或响应中断,PC 低字节保护到 41H,PC 高字节保护到 42H,此时 SP 的内容会自动修改为(SP)=42H。

综上,建议的低 128 B RAM 区地址空间分配情况如表 2-6 所示。

表 2-6 低 128 B RAM 区地址空间分配表

地址	区域	寻址方式
7FH ~ 30H	数据缓冲区及堆栈区单元	只能字节寻址
2FH ~ 20H	位寻址区（位地址:00H~7FH）	可位寻址（128 bit）可字节寻址（16 B）
1FH ~ 00H	工作寄存器 3 组 工作寄存器 2 组 工作寄存器 1 组 工作寄存器 0 组	只能字节寻址 4 组工作寄存器 R_0~R_7

（2）高 128 B RAM 区（特殊功能寄存器区）。

在 80H~FFH 的高 128 B RAM 区中,离散地分布了 21 个特殊功能寄存器（SFR）,所以这个区域又称为特殊功能寄存器区。在 MCS-51 单片机中,除程序计数器 PC 和 4 组工作寄存器区外,其余 21 个寄存器都存于 SFR 区域中。虽然其中的空闲单元占了很大比例且无定义,用户不能对这些单元进行读/写操作,但这些单元却是单片机后来功能增加的预留空间。

特殊功能寄存器反映了 MCS-51 单片机的工作状态,实际上是单片机的状态字和控制字寄存器,可分为两类:一类是与单片机的引脚有关;另一类用于控制单片机的内部功能。单片机中的一些中断屏蔽及优先级控制,不是采用硬件优先链方式,而是用程序在特殊功能寄存器中设定。定时器/计数器、串行口的控制字等全部以特殊功能寄存器出现,这就使得单片机有可能把 I/O 口与 CPU、存储器集成在一起,从而达到普通微机中多个芯片连接在一起的效果。

表 2-7 所示为特殊功能寄存器的分布及功能说明。与单片机引脚有关的特殊功能寄存器是 P_0~P_3,它们实际上是 4 个锁存器,每个锁存器附加上相应的一个输出驱动器和一个输入缓存器就构成了一个并行口,共有 4 组并行口,可提供 32 根 I/O 线,每根线都是双向的,并且具有第二功能。其余用于单片机内部控制的寄存器,如累加器 ACC、寄存器 B、程序状态字 PSW、堆栈指针 SP、数据地址指针 DPTR 等,其功能前面已有讲述,而另一些寄存器的功能将在后面有关章节介绍。

表 2-7 SFR 的名称及其分布

特殊功能寄存器名称	符号	字节地址	位地址							
寄存器 B	B	F0H	F7H	F6H	F5H	F4H	F3H	F2H	F1H	F0H
累加器	ACC	E0H	E7H	E6H	E5H	E4H	E3H	E2H	E1H	E0H
程序状态字寄存器	PSW	D0H	D7H	D6H	D5H	D4H	D3H	D2H	D1H	D0H
中断优先级寄存器	IP	B8H	BFH	BEH	BDH	BCH	BBH	BAH	B9H	B8H
P_3 口锁存器	P_3	B0H	B7H	B6H	B5H	B4H	B3H	B2H	B1H	B0H
中断允许寄存器	IE	A8H	AFH	AEH	ADH	ACH	ABH	AAH	A9H	A8H
P_2 口锁存器	P_2	A0H	A7H	A6H	A5H	A4H	A3H	A2H	A1H	A0H
串口数据缓冲器	SBUF	99H								
串口控制寄存器	SCON	98H	9FH	9EH	9DH	9CH	9BH	9AH	99H	98H
P_1 口锁存器	P_1	90H	97H	96H	95H	94H	93H	92H	91H	90H
定时器/计数器 1（高字节）	TH_1	8DH								
定时器/计数器 0（高字节）	TH_0	8CH								
定时器/计数器 1（低字节）	TL_1	8BH								
定时器/计数器 0（低字节）	TL_0	8AH								
定时器/计数器方式寄存器	TMOD	89H								
定时器/计数器控制寄存器	TCON	88H	8FH	8EH	8DH	8CH	8BH	8AH	89H	88H
电源控制寄存器	PCON	87H								
数据指针（高字节）	DPH	83H								
数据指针（低字节）	DPL	82H								
堆栈指针	SP	81H								
P_0 口锁存器	P_0	80H	87H	86H	85H	84H	83H	82H	81H	80H

需要注意的是，在 SFR 区中，有 11 个专用寄存器（字节地址可被 8 除尽）的二进制位是可位寻址的。

对于增强型 52 子系列单片机，在 51 子系列配置的基础上还新增了一个与特殊功能寄存器地址重叠的片内数据存储空间，地址也为 80H～FFH，其配置如图 2-5 所示。需要注意的是，这一块存储空间与特殊功能寄存器的地址重合，需从寻址方式的不同对其进行区分：内部 RAM 的高 128 B 必须用寄存器间接寻址方式寻址，而特殊功能寄存器必须用直接寻址方式寻址。

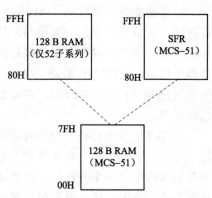

图 2-5 MCS-51 单片机片内 RAM 配置

3. I/O 口的特点

在图 2-3 所示的组成结构图中，只能表示出 4 个双向通道 P_0～P_3 口的 32 根引脚，而没有像一般微机如 8086 那样明确表示出地址线和数据线。在访问片外存储器时，低 8 位地址和数据由 P_0 口分时传送，高 8 位地址由 P_2 口传送；P_3 口具有第二功能。其余情况下，这 4

个口的每一位均可作为双向的 I/O 端口使用。

4 个通道口都具有一种特殊的线路结构,每个口都包含一个锁存器,即特殊功能寄存器 $P_0 \sim P_3$、一个输出驱动和两个(P_3 口为 3 个)三态缓冲器。这种结构在输出时可以锁存,即在重新输出新的数据之前,口上的数据一直保持不变。但对输入信号是不锁存的,所以外设输入的数据必须保持到取数指令执行(数据读取)完毕为止。为了叙述方便,以下把 4 个端口和其中的锁存器(即特殊功能寄存器)都笼统地表示为 $P_0 \sim P_3$。

1) P_0 口

图 2-6 是 P_0 口其中一位的结构,它包括一个输出锁存器、两个三态缓冲器、一个输出驱动电路和一个输出控制电路。其中输出驱动电路由一对 FET(场效应管)组成,其工作状态受输出控制电路的控制。

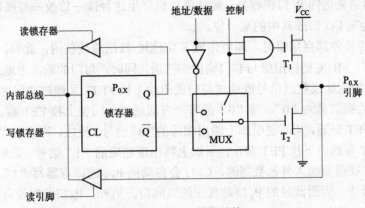

图 2-6　P_0 口的位结构

P_0 口既可以作为通用的 I/O 口进行数据的输入和输出,也可以作为单片机系统扩展时的低 8 位地址和数据线分时使用。在 CPU 控制信号的作用下,多路数据开关 MUX 分别接通锁存器反相输出和地址/数据反相输出。

(1) P_0 口作为通用 I/O 口使用时,CPU 使对应的控制信号为"0",MUX 把输出级与锁存器 $\overline{Q}$ 接通。同时,因与门输出为"0",使上拉场效应管 T_1 处于截止状态,因此输出级是漏极开路的开漏电路。此时,P_0 口具有输出、读引脚、读锁存器 3 种工作方式。

① 输出方式。单片机执行写 P_0 口指令时,P_0 口工作于输出方式,此时,数据经内部总线送入锁存器存储。如果写入的数据为"0",则该锁存器反相输出端 $\overline{Q}$ 为"1",使得下拉场效应管 T_2 导通,从而在引脚 $P_{0\cdot x}$ 上输出低电平;如果写入的数据为"1",则该锁存器反相输出端 $\overline{Q}$ 为"0",使得下拉场效应管 T_2 截止,因为 T_1 也处于截止状态,所以引脚上输出状态未定,既不是高电平也不是低电平,但若在口线上加一个上拉电阻,即可在引脚上可靠输出高电平,上拉电阻的阻值一般为 100 Ω~10 kΩ。

② 读引脚方式。单片机执行读 P_0 口指令时,P_0 口工作于读引脚的输入方式,此时,引脚 $P_{0\cdot x}$ 上数据经下面的三态缓冲器进入内部总线,并送至累加器。但引脚上的外部信号既加在下面的三态缓冲器的输入端,又加在下拉 FET 的漏极,假定在此之前曾输出锁存过数据"0",下拉 FET 则是导通的,这样引脚上的电位就始终被钳位在 0 电平,则输入高电平无法读入。因此,作为通用 I/O 口使用时,P_0 口是一个准双向口,即输入数据时应先向锁存器写

入"1",使下拉 FET 截止,然后方可作高阻抗输入。在复位时,P_0 口的锁存器的值为 0FFH,所以,对用户而言,P_0 口用作普通 I/O 口时可以直接用作输入口。

③ 读锁存器方式。上一点所述为读引脚方式,即数据由引脚输入的情况。但在有些情况下,为了避免读错引脚上电平的可能性,单片机中还提供了一类"读锁存器"操作。这里采用读锁存器方式而不是读引脚方式,主要是由于引脚电平可能会受前次输出指令的影响而改变(取决于外电路)。例如,用一根口线去驱动一个晶体管的基极,则向此口线写"1"时晶体管导通,并把引脚上的电平拉低,这时若从引脚上读取数据,会把数据错读为"0"。读锁存器方式的特点是:先通过上面的三态缓冲器将锁存器 Q 端数据读入 CPU,在 ALU 中进行运算(对读入的数据进行修改),然后再将结果送回端口。例如,执行指令"ANL P_1, A"时,则先把 P_1 口锁存器的内容读入 CPU,然后与累加器 A 的内容按位进行逻辑"与"操作,最后把"与"的结果送回 P_1 口锁存器。能使单片机产生这种读—修改—写操作的指令,其目的操作数一般为某 I/O 口或其中的某一位。

(2)P_0 口连接外部存储器时,即可作低 8 位地址/数据总线使用,此时,CPU 使对应的控制信号为"1",MUX 把输出级与非门输出端接通,同时,与门的输出由地址/数据端决定。可以看出,输出的地址或数据信号既通过与门去驱动下拉 FET,又通过非门去驱动上拉 FET。例如,若地址/数据信息为"0",该"0"信号一方面通过与门使上拉 FET 截止,另一方面经反相器使下拉 FET 导通,从而使引脚上输出相应的"0"信号。反之,若地址/数据信息为"1",将会使上拉 FET 导通而下拉 FET 截止,引脚上将出现相应的"1"信号。此时,两个 FET 工作于推挽方式。在需要输入外部数据时,CPU 会自动向 $P_{0.x}$ 的锁存器写"1",保证 $P_{0.x}$ 引脚的电平不会被误读,因而此时的 P_0 口是真正的双向口。另外,P_0 口此时没有漏极开路问题,因此不必外接上拉电阻。

综上所述,P_0 口作通用 I/O 口使用时只是一个准双向口,且要加上拉电阻;P_0 作低 8 位地址/数据总线使用时是真正的双向口,且可以不加上拉电阻。一般情况下,若 P_0 作低 8 位地址/数据总线使用时,就不能再作为通用 I/O 口使用。

复位时,P_0 口锁存器均置"1",8 根引脚可当一般输入线使用。

2)P_2 口

图 2-7 是 P_2 口其中一位的结构,与 P_0 口相比,其输出驱动电路和输出控制电路有所不同。其中,在输出驱动电路部分,P_2 有内部上拉电阻,实际中的上拉电阻是由作阻性元件使用的场效应管 FET 组成的,可分为固定部分和附加部分,其附加部分是为加速输出有"0~1"的跳变过程而设置的。对于 P_1、P_2、P_3 口,输出级结构是相同的。这种驱动部分接有内部上拉电阻,使 $P_1 \sim P_3$ 口输出时能驱动 3 个 LSTTL 输入,而不必外接提升电阻就可以驱动任何 CMOS 输入。

P_2 口既可以作为通用的 I/O 口进行数据的输入和输出,也可以作为单片机系统扩展时的高 8 位地址线使用。在 CPU 控制信号的作用下,多路数据开关 MUX 分别接通锁存器输出和地址输出。

(1)P_2 口作为通用 I/O 口使用时,CPU 使对应的控制信号为"0",MUX 把输出级与锁存器输出端接通,构成一个准双向口。与 P_0 口类似,P_2 口作为通用 I/O 口使用时,也具有输出、读引脚、读锁存器 3 种工作方式;不同的是 P_2 口内部有上拉电阻,不需要外接上拉电阻。在此具体分析过程省略,可参照 P_0 口分析过程。

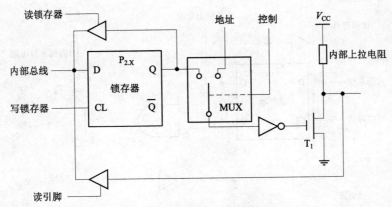

图 2-7 P_2 口的位结构

（2）单片机系统进行扩展时，P_2 口可作高 8 位地址线使用，此时，CPU 使对应的控制信号为 "1"，MUX 把输出级与地址端接通，此时，输出的高 8 位地址通过非门去驱动 FET。例如，若地址信息为 "0"，经反相器后输出 "1"，使 FET 导通，从而使引脚上输出相应的 "0" 信号；反之，若地址信息为 "1"，经反相器后输出 "0"，使 FET 截止，因内部有上拉电阻，引脚上将出现相应的 "1" 信号。所以，P_2 口作高 8 位地址线使用时，是真正的双向口。

综上所述，P_2 口每根口线既可以作地址输出，也可以作通用 I/O 口。作通用 I/O 口时是准双向口，输出时有锁存功能，输入时要先向锁存器写 "1"；P_2 作高 8 位地址总线使用时是真正的双向口。例如，P_2 口可以作为高 8 位程序计数器（PCH）输出（程序地址），高 8 位数据指针（DPH）输出或者作一般的数据输入与输出使用。但一般来说，若 P_2 口已外接程序存储器，由于访问外部存储器的操作不断，P_2 不断送出高 8 位地址，故这时 P_2 口不可能再作通用 I/O 口使用。只有在仅连接片外数据存储器的系统时，可视访问外部存储器的频繁程度或扩充片外数据存储器容量的大小，在一定限度内作一般 I/O 使用。这要结合外部存储器执行时序具体分析。

复位时，8 个锁存器的状态均为高电平，可以当作一般输入线使用。

3）P_3 口

P_3 口是一个双功能口，第一功能和 P_0、P_2 口一样可作为通用 I/O 口，每位可定义为输入或输出，且是一个准双向口。P_3 口工作于第二功能时，各位的定义见表 2-8。

表 2-8 P_3 口各位第二功能

引脚	名称	作用	引脚	名称	作用
$P_{3.7}$	$\overline{RD}$	片外数据存储器读选通	$P_{3.3}$	$\overline{INT_1}$	外部中断 1
$P_{3.6}$	$\overline{WR}$	片外数据存储器写选通	$P_{3.2}$	$\overline{INT_0}$	外部中断 0
$P_{3.5}$	T_1	计数器 1 外部输入	$P_{3.1}$	TxD	串行输出通道
$P_{3.4}$	T_0	计数器 0 外部输入	$P_{3.0}$	RxD	串行输入通道

图 2-8 是 P_3 口其中一位的结构，它比 P_0 和 P_2 口多了选择输出功能和替代输入功能的部分。

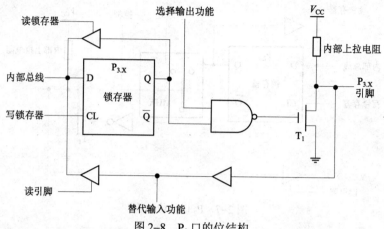

图 2-8 P₃ 口的位结构

P_3 口实现第一功能作通用输入/输出口时，CPU 使"选择输出功能"端保持高电平，这时与非门对锁存器 Q 端是畅通的，P_3 口的输出状态完全由锁存器 Q 端决定。此时，与 P_0 和 P_2 口相似，P_3 口也具有输出、读引脚、读锁存器 3 种工作方式。但在读引脚方式时，相应位的输出锁存器和选择输出功能端都应置"1"，以使场效应管 T_1 截止，这样，$P_{3.X}$ 引脚不会被钳制在低电平，而是把外部设备送来的信号正确输进来。所以，P_3 口作通用 I/O 口时也是一个准双向口。

同理，P_3 口实现第二功能作专用信号输出时（如送出 $\overline{WR}$、$\overline{RD}$ 等信号），则该位的锁存器应置"1"，使与非门对选择输出功能端是畅通的。但对第二功能输入而言，相应的输出锁存器和选择输出功能端都应置"1"。实际上，由于 MCS-51 系列单片机所有口锁存器在上电复位时均置为"1"，自然满足了上述条件，所以用户不必做任何工作，就可以直接使用 P_3 口的第二功能。而在确信某一引脚第二功能可提供的信号不同（或不会发生）时，该引脚才可作 I/O 线使用，这同一般准双向口的 I/O 引脚使用方法相同。

图 2-8 下面的输入通道中有两个缓冲器，第二功能的专用输入信号取自第一个缓冲器输出端，通用输入信号取自"读引脚"缓冲器的输出端。

4）P_1 口

P_1 口是一个标准的准双向口，组成应用系统时，它往往作通用的 I/O 口使用。图 2-9 是

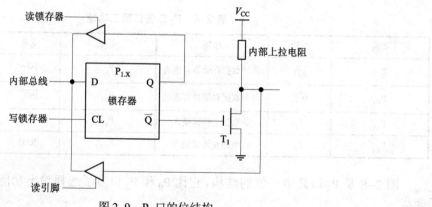

图 2-9 P₁ 口的位结构

P_1 口其中一位的结构。因为 P_1 口没有第二功能,所以位结构图中没有输出控制电路,而是由一个输出锁存器、两个三态缓冲器和一个输出驱动电路组成。但是在 8052 单片机中,$P_{1.0}$ 和 $P_{1.1}$ 是多功能的,除作一般双向 I/O 口使用外,$P_{1.0}$ 还用作定时器/计数器 2 的外部输入端,并以标识符 T_2 表示;$P_{1.1}$ 作为定时器/计数器 2 的外部控制输入,以 T2EX 表示。

综上所述,可对组成一般单片机应用系统时的各个并口分工如下。

P_0 口:地址低 8 位与数据线分时使用口或 I/O 口。

P_1 口:按位可编程的输入/输出口。

P_2 口:PC 高 8 位、DPTR 高 8 位或 I/O 口。

P_3 口:双功能口,第二功能定义如表 2-8 所示,若不用第二功能,可作通用 I/O 口。

注意:设计开发单片机应用系统时,端口经常用来进行系统的扩展。例如,实现单片机和存储器及输入/输出接口的连接,也可以直接利用端口进行单片机和外设间的信息传送,这就必须考虑端口的负载能力。一般 P_1、P_2、P_3 口的输出能驱动 3 个 LSTTL 负载,P_0 口的输出能驱动 8 个 LSTTL 负载。它们可直接驱动固态继电器工作。对 COMS 输入而言 P_1、P_2、P_3 口无须外加上拉电阻就可直接驱动,而 P_0 口需外加上拉电阻。

新型 8x51 单片机产品的端口 I/O 驱动能力有较大提高,如 Atmel 公司的 AT89C51、AT89C52 等产品,其端口输出电流高达 20 mA,可以直接驱动 LED 显示。

2.2.2 外部引脚及功能

设计单片机应用系统时,往往需要对存储器和 I/O 接口加以扩展,为保证准确连接和正常工作,就需要熟悉和了解单片机的引脚信号。

MCS-51 系列单片机的封装形式与制造工艺有关,采用 HMOS 制造工艺的 51 单片机一般采用 40 根引脚的双列直插式封装(DIP)结构。AT89C51 单片机的外部引脚排列如图 2-10 所示,4 个并行口共有 32 根引脚,可分别用作地址线、数据线和 I/O 线,另外还有 4 根控制信号线、2 根时钟信号线、2 根电源线。其功能说明如下。

1. 并行 I/O 口(P_0~P_3 口)引脚

P_0:是一个 8 位漏极开路的双向 I/O 通道。在访问片外存储器时用作低 8 位地址及数据总线(此时内部上拉电阻有效)。在程序检测时也用作输出指令字节(此时外接需要上拉电阻)。P_0 能接 8 个 LSTTL 输入。

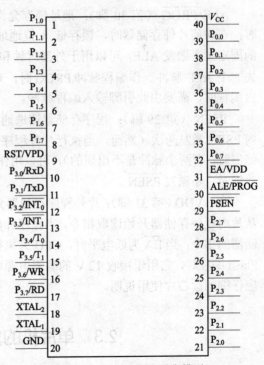

图 2-10 AT89C51 引脚排列

P_1:是一个带内部上拉电阻的 8 位双向 I/O 通道。在 8051 或 8751 的程序检测中,它接收低 8 位地址字节。P_1 能吸收或供给 3 个 LSTTL 输入,不用外接上拉电阻即可驱动 MOS 输入。

P₂：是一个内部上拉电阻的 8 位双向 I/O 通道。在访问片外存储器时，它提供高 8 位地址。在 8051 或 8751 的程序检查中，它也能接收高位地址和控制信号。P₂ 能吸收或供给 3 个 LSTTL 输入，不用外接上拉电阻即可驱动 MOS 输入。

P₃：是一个带内部上拉电阻的 8 位双向 I/O 通道。它还能用于实现第二功能。P₃ 能够吸收或供给 3 个 LSTTL 输入，不用外加电阻即可驱动 MOS 输入。

2. 电源及时钟信号引脚

V_{CC}（第 40 脚）：+5 V 电源引脚。

GND（第 20 脚）：接地引脚，也常用 V_{SS} 表示。

$XTAL_1$（第 19 脚）和 $XTAL_2$（第 18 脚）：外接晶振的两个引脚，具体使用方法详见书中 2.3.2 小节。

3. 控制信号引脚

RST/VPD（第 9 脚）：复位/备用电源引脚。作复位端时，在此引脚上输入满足复位时间要求的高电平，将使单片机复位；由于有一个内部的下拉电阻，只需要在该端和 V_{CC} 端之间加一个电容，便可以做到简单的上电复位；单片机的复位方法与电路详见 2.3.1 小节。作备用电源端时，可利用该引脚外接的+5 V 备用电源为单片机片内 RAM 供电，保证片内 RAM 信息不丢失，以便电压恢复正常后单片机能正常工作。

ALE/$\overline{PROG}$（第 30 脚）：地址锁存允许输出/编程脉冲输入。作地址锁存允许输出 ALE 时，在访问片外存储器时，锁存低 8 位地址；在不访问片外存储器时，以时钟振荡频率 1/6 的固定频率激发 ALE，可以用于外部时钟和定时；然而在每一次访问片外数据存储器时会丢失一个 ALE 脉冲。作编程脉冲 $\overline{PROG}$ 时，对含有 EPROM 的单片机（如 87C51 型）进行片内编程时，需要由此引脚输入编程脉冲。

$\overline{PSEN}$（第 29 脚）：程序存储器读选通输出。从片外程序存储器取数时，每个机器周期内 $\overline{PSEN}$ 激发两次（然而，当执行片外程序存储器的程序时，$\overline{PSEN}$ 在每次访问片外数据存储器时，有两个脉冲是不出现的），可以用作片外 ROM 的使能信号。从片内程序存储器读取数据时，不激发 $\overline{PSEN}$。

$\overline{EA}$/VDD（第 31 脚）：片外程序存储器允许访问/编程电源输入。当 $\overline{EA}$ 为高电平时，CPU 从片内程序存储器开始读取指令，当程序计数器超过 0FFFH 时，将自动转向执行片外程序存储器的指令；当 $\overline{EA}$ 为低电平时，CPU 只执行片外程序存储器指令。对 AT89C51 而言，当对 Flash 编程时，它用于接收 12 V 的编程电源电压（V_{DD}）。注意，不同芯片有不同的编程电压，应仔细阅读芯片使用说明。

2.3 单片机的复位、时钟与时序

单片机只是一个硬件芯片，通常情况下，它不能独立工作，要想使其能够正常运行，必须对其供电，并提供时钟、复位等信号，这些基本的外围电路就构成了单片机最小系统。单片机供电简单，只需要单一的+5 V 电源即可，所以下面就先介绍单片机最小系统中的复位电路与时钟电路。另外，为了解单片机的工作原理，本节最后还会介绍 CPU 时序的概念。

2.3.1 复位与复位电路

单片机在开机时需要复位，以便使 CPU 及其他功能部件处于一个确定的初始状态，并从这个状态开始工作，单片机应用程序必须以此作为设计的前提。另外，在单片机工作过程中，如果出现死机，也必须对单片机进行复位，使其重新开始工作。如前所述，在 MCS-51 单片机的 RST 引脚持续给出两个机器周期的高电平就可以完成复位。单片机复位以后，P_0~P_3 口输出高电平，SP 指针重新赋值为 07H，其他特殊功能寄存器和程序计数器 PC 数据被清零。复位后各内部寄存器初值见表 2-9，表中的 x 表示可以是任意值。

表 2-9 单片机复位后内部寄存器初值

特殊功能寄存器	初始状态	特殊功能寄存器	初始状态
ACC	00H	TMOD	00H
B	00H	TCON	00H
PSW	00H	TH_0	00H
SP	07H	TL_0	00H
DPL	00H	TH_1	00H
DPH	00H	TL_1	00H
P_0~P_3	0FFH	SCON	00H
IP	xxx00000B	SBUF	不定
IE	0xx00000B	PCON	0xxxxxxxB

单片机复位后，程序计数器 PC=0000H，即指向程序存储器 0000H 单元，使 CPU 从首地址重新开始执行程序。

只要 RST 一直保持高电平，单片机就会循环复位。RST 由高电平变为低电平后，单片机从 0000H 地址开始执行程序。单片机复位后不影响内部 RAM 的状态，包括工作寄存器 R_0~R_7。

常见的复位电路有上电复位、手动复位、带看门狗监视的复位等。

（1）上电复位。电路如图 2-11 所示，在通电瞬间，由于 C_R 通过 R_R 充电，在 RST 端出现正脉冲，单片机自动复位。C_R、R_R 随 CPU 时钟频率而变化，可采用经验值或通过实验调整。若采用 6 MHz 时钟，C_R 为 22 μF，R_R 为 1 kΩ，便能可靠复位。

（2）手动复位。电路如图 2-12 所示，分为电平方式手动复位和脉冲方式手动复位两种。电路中的电阻、电容参数和 CPU 采用的时钟频率有关，由实验调整。在实际的单片机应用系统中，外部扩展的芯片也可能需要初始复位，若与单片机的复位端相连，将影响复位电路中的 RC 参数。

（3）带看门狗的复位。电路如图 2-13 所示，借助看门狗芯片（WDT）实现可靠复位，在单片机受到干扰使程序不能正常运行（飞车）时自动产生复位信号。当 CPU 正常工作时，定时复位看门狗中的计数器，使得计数值不超过某个特定值；当 CPU 不能正常工作时，由于看门狗中的计数器不能被复位，其计数会超过这个特定值，从而产生复位脉冲，使得单片机系统复位，确保 CPU 恢复正常工作状态。

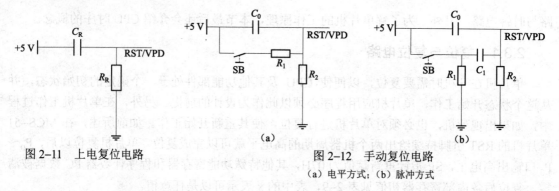

图 2-11 上电复位电路　　　　　图 2-12 手动复位电路
（a）电平方式；（b）脉冲方式

以 Dallas 公司的看门狗芯片 DS1232 为例说明其原理。DS1232 可以提供高电平和低电平两种复位信号，可以产生上电复位和手动复位，可以监视电源电平，当电平低于一定值时产生复位信号，可以监视软件运行状态，当程序运行出现飞车时，产生复位信号。DS1232 引脚排列如图 2-14 所示。

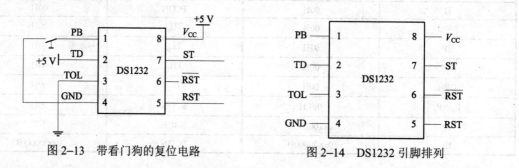

图 2-13 带看门狗的复位电路　　　　　图 2-14 DS1232 引脚排列

TD：WDT 定时器超时周期设置，接地为 150 ms，悬空为 600 ms，接 V_{CC} 为 1.2 s。

TOL：电源电平监测阈值 5% 或 10% 选择，接地为 5%，接 V_{CC} 为 10%。

ST：WDT 定时器复位信号输入。在选定的超时周期内，在 ST 引脚产生一下降沿信号时，就复位 WDT 定时器；若在选定的超时周期内在 ST 引脚没有产生一下降沿信号，就产生复位信号输出。

PB：从该引脚接一开关接地，构成手动复位开关。开关闭合时，PB 接地，产生复位输出信号。

硬件设计方面，由于 MCS-51 系列单片机需要高电平复位信号，将 DS1232 的 RST 接单片机的 RST，将 TD 和 TOL 接 V_{CC}，PB 通过一开关接地，ST 接单片机的某个 I/O 引脚。RST 与 V_{CC} 之间接一上拉电阻。

软件设计方面，在程序的主循环中和运行耗时较长的函数中，要保证在设定的超时周期内在 ST 引脚得到一个脉冲信号。

2.3.2 时钟电路

单片机执行指令的过程可分为取指令、分析指令和执行指令 3 个步骤，每个步骤又由许多微操作组成，这些微操作必须在一个统一的时钟控制下才能按照正确的顺序执行。

MCS-51 的时钟可以由两种方式产生：一种是内部振荡方式；另一种是外部振荡方式，如图 2-15 所示。

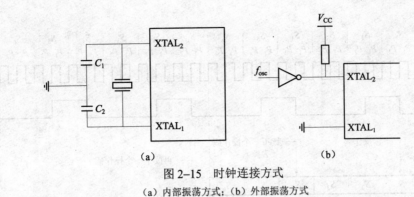

图 2–15 时钟连接方式
(a) 内部振荡方式；(b) 外部振荡方式

其中，$XTAL_1$ 为芯片内部振荡电路（单级反相放大器）输入端，$XTAL_2$ 为芯片内部振荡电路输出端。若采用内部方式，则利用芯片内部反相器和电阻组成的振荡电路，在 $XTAL_1$、$XTAL_2$ 引脚上外接定时元件，如晶振和电容组成的并联谐振回路，则在内部可产生与外加晶体同频率的振荡时钟。一般晶体可以在 0～24 MHz 任选，晶振越高，则系统的时钟频率也越高，单片机运行速度也就越快。MCS-51 单片机在通常情况下时钟振荡频率为 6～12 MHz。电容 C_1、C_2 在 5～30 pF 选择。若采用外部振荡方式，此时把 $XTAL_1$ 接地，振荡频率由 $XTAL_2$ 引脚提供。当整个单片机系统已有时钟源或者在多机系统中为取得时钟同步，才考虑使用外部方式。

2.3.3 单片机时序

单片机内部振荡器或外部振荡器产生的振荡信号的频率称为振荡频率，用 f_{osc} 表示，它是 CPU 时序的基础。时序单位从小到大依次为相位、状态、机器周期、指令周期。振荡频率 f_{osc} 的一个周期称为一个相位，用 P 表示；两个相位构成一个状态，用 S 表示，其中前一个相位记为 P_1，后一个相位记为 P_2；6 个状态构成了一个单片机的基本操作周期，即机器周期，用 T 表示，其中的 6 个状态依次用 S_1～S_6 表示。所以，一个机器周期包含 12 个振荡周期，如图 2–16 所示。综上，也就是说，相位 P、状态 S 和机器周期 T 之间的换算关系为 $T=6S=12P$。一般情况下，算术和逻辑操作发生在 P_1 期间，而内部寄存器到寄存器传输发生在 P_2 期间。

由于内部时钟信号在外部是无法观察到的，所以画出了外部 $XTAL_2$ 的振荡信号和 ALE（地址锁存允许）信号供参考。如图 2–16 所示，一个机器周期包含 12 个振荡周期，编号为 S_1P_1～S_6P_2，每一相位持续一个振荡周期，每一个状态持续两个振荡周期。在每个机器周期中，ALE 信号两次高电平有效，一次在 S_1P_2 和 S_2P_1 期间，另一次在 S_4P_2 和 S_5P_1 期间。

执行一条单周期指令时，在 S_1～S_3 期间读入操作码并把它锁存到指令寄存器中。如果是一条双字指令，第二字节在同一机器周期的 S_4～S_6 期间读出。如果是一条单字节指令，在 S_4～S_6 期间仍有一个读操作，但这时读出的字节（下一条指令的操作码）是不加处理的，而且程序计数器也不加 1。不管是上述哪一种情况，指令都在 S_6P_2 期间执行完毕。图 2–16（a）、（b）分别显示了单字节单周期指令和双字节单周期指令的时序。

绝大多数的 MCS-51 指令是在一个周期内执行的。只有 MUL（乘）和 DIV（除）指令需用 4 个周期来完成。通常在每一个机器周期中，从程序储存器中取两个字节码，仅在执行

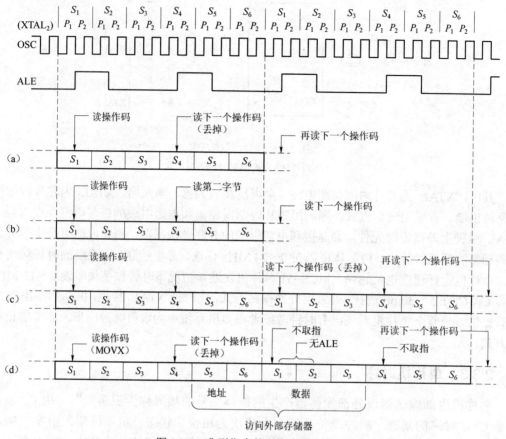

图 2-16 典型指令的取指/执行时序
(a) 单字节单周期指令，如"INC A"；(b) 双字节单周期指令，如"ADD A, #data"；
(c) 单字节双周期指令，如"INC DPTR"；(d) MOVX 指令（单字节双周期）

MOVX 指令时是例外。MOVX 是一条单字节、双周期指令，用于访问片外数据存储器中的数据。执行 MOVX 指令时，仍在第一个机器周期的 $S_1 \sim S_3$ 期间读入其操作码，而在 $S_4 \sim S_6$ 期间也执行读操作，但读入的下一个操作码不予处理（因为 MVOX 是单字节指令）。由第一机器周期的 S_5 开始，送出片外数据存储器的地址，随后读或写数据，直到第二个机器周期的 S_3 结束，此期间不产生 ALE 有效信号。而在第二机器周期 S_4 期间，由于片外数据存储器已被选址和选通，所以也不产生取指操作。图 2-16 (c)、(d) 显示了通常的单字节双周期和 MOVX 指令的时序。

2.3.4 工作流程

单片机的工作过程实质上是执行用户编制程序的过程，通常程序指令的机器码事先已固化到存储器中，其工作过程就是周而复始地重复"取指令"和"执行指令"的过程。

假设机器码 74H、08H 已经存放在 2000H 开始的存储单元中，对应指令"MOV A, #08H"，表示将 08H 这个值送入累加器 A。并假设单片机运行过程中，(PC)=2000H，接下来的取指令和执行过程如下：

1. 取指令

（1）将 PC 的内容 2000H 送入地址寄存器，然后 PC 的内容自动加 1，变为 2001H，指向下一个指令字节。

（2）地址寄存器中的内容 2000H 通过地址总线送到存储器，经地址译码选中 2000H 单元。

（3）CPU 通过控制总线发出读命令。

（4）被选中单元 2000H 的内容 74H 读出，经内部数据总线送到指令寄存器。至此取指令过程结束，进入执行指令过程。

2. 执行指令

（1）指令寄存器中的内容经指令译码器译码，分析该指令是传送命令，把一个指令字节送累加器 A。

（2）PC 的内容 2001H 送地址寄存器，然后 PC 的内容自动加 1，变为 2002H，指向下一个指令字节。

（3）地址寄存器中的内容 2001H 通过地址总线送到寄存器，经地址译码选中 2001H 单元。

（4）CPU 通过控制总线发出读命令。

（5）被选中单元 2001H 的内容 08H 读出，经内部数据总线送至累加器 A。

至此本指令执行结束。PC=2002H，机器又进入下一条指令的取指令过程。一直重复上述过程，直到程序中的所有指令值执行完毕，这就是单片机的基本工作过程。

3. 程序转移

下面分析图 2-17 所示程序计数器 PC 管理程序执行次序的流程。假设下列程序的机器码已经存放于首地址为 2000H 和 2200H 的存储区中。

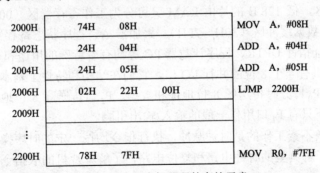

图 2-17 程序机器码的存储示意

单片机工作过程中，（PC）=2000H。CPU 将 PC 的内容 2000H 作为地址送到存储器，从存储器 2000H 单元中取回第一条指令的第一个字节 74H，送入指令寄存器。同时，PC 自动加 1，使（PC）=2001H。由于该指令是双字节指令，CPU 又将 2001H 作为地址送到存储器，从 2001H 单元中取回指令的第二个字节 08H，送入指令寄存器，同时，PC 自动加 1，使（PC）=2002H。第一条指令（MOV A, 08H）的机器码全部取回控制器后，CPU 对指令译码并执行这条指令。此时，PC 的内容已是按顺序排列的下一条指令（ADD A，#04H）的首地址 2002H。

第一条指令执行完后，CPU 又将 PC 的内容 2002H 作为地址，从 2002H 单元中取回第二条指令的第一个字节，同时，每取一个字节，PC 自动加 1。在执行第二条指令时，PC 的内容是第三条指令的首地址，(PC)=2004H。

于是，在程序计数器 PC 的管理下，CPU 按照程序的顺序一条一条地执行指令。

有时，程序需要跳转，即不再按照顺序执行。这就需要在程序中安排转移指令（JMP）、调用子程序指令（CALL）或返回指令（RET）等。这些指令将下一条要执行的指令首地址直接置入 PC 中。例如，图 2-17 所示程序中第四条指令（LJMP 2200H）就是一条无条件转移指令。CPU 取回这条指令并开始执行时，(PC)=2009H。然而，"LJMP 2200H" 的功能是将跳转地址 2200H 直接置入 PC，故该指令执行后，(PC)=2200H。于是，CPU 将 2200H 作为地址，从 2200H 单元中取出指令（MOV R0，#7FH）继续执行。这就实现了程序转移。

本 章 小 结

本章以 AT89C51 为主线介绍 MCS-51 系列单片机的硬件结构及工作特性，单片机由一个 8 位 CPU、一个片内振荡器及时钟电路、4 KB ROM（8051 有 4 KB 掩膜 ROM，8751 有 4 KB EPROM，8031 片内无 ROM）、128 B 片内 RAM、21 个特殊功能寄存器、两个 16 位定时器/计数器、4 个 8 位并行 I/O 口、一个串行输入/输出口和 5 个中断源等电路组成。芯片共有 40 个引脚，除了 32 个 I/O 引脚外，还有 6 个控制引脚：地址锁存允许 ALE，片外程序存储器读选通 $\overline{PSEN}$，复位 RST，内外 ROM 选择 $\overline{EA}$，时钟输入 $XTAL_1$、$XTAL_2$，以及电源和地引脚。

AT89C51 单片机片内有 256 B 的数据存储器，它分为低 128 B 的片内 RAM 区和高 128 B 的特殊功能寄存器区，低 128 B 的片内 RAM 又可分为工作寄存器区（00H～1FH）、位寻址区（20H～2FH）和数据缓冲区（30H～7FH）。累加器 A、程序状态寄存器 PSW、堆栈指针 SP、数据存储器地址指针 DPTR、程序计数器 PC 等均有着特殊的用途和功能。

AT89C51 单片机有 4 个 8 位的并行 I/O 口，它们在结构和特性上基本相同。当片外扩展 RAM 和 ROM 时，P_0 口分时传送低 8 位地址和数据，P_2 口传送高 8 位地址，P_3 口常用于第二功能，通常情况下只有 P_1 口用作一般的输入/输出引脚。

指挥单片机有条不紊工作的是时钟脉冲，执行指令均按一定的时序操作。须掌握机器周期、时序等概念，了解典型的时钟电路和复位电路，了解单片机的取指令和执行指令的工作流程。

习 题

2.1 什么是单片机？什么是单片机系统？
2.2 单片机内部由哪几部分组成？各有什么功能？

2.3 PC 是什么寄存器？作用是什么？
2.4 程序状态寄存器 PSW 各位的含义是什么？如何确定当前的工作寄存器组？
2.5 堆栈指针 SP 的作用是什么？在堆栈中存取数据时的原则是什么？
2.6 片内 RAM 中低 128 B 单元划分为哪几个主要部分？各有什么功能？
2.7 8051 单片机有多少个特殊功能寄存器？它们分布在什么地址范围？
2.8 当单片机外部扩展存储器时，4 个 I/O 口各起什么作用？
2.9 8051 单片机引脚 ALE 的作用是什么？当单片机不外接存储器时，ALE 上输出的脉冲频率是多少？
2.10 什么是复位？单片机复位电路有哪几种？
2.11 分别画出单片机的内部、外部时钟电路接法。
2.12 什么是时钟周期？什么是机器周期？什么是指令周期？当振荡频率为 12 MHz 时机器周期是多少？
2.13 以"ADD A，#80H"指令为例，说明单片机的工作流程。

第 3 章

单片机指令系统

单片机能够按照人们的意愿工作，是因为人们给了它相应命令。这些命令是由 CPU 所能识别的指令组成的，指令是使计算机完成某一指定功能的指示和命令，CPU 所支持的全部指令的集合称为指令系统，它是表征 CPU 性能的重要指标之一，指令系统越丰富，说明 CPU 的功能越强。

程序设计是单片机应用系统设计的一个重要方面。本章首先学习程序设计语言、汇编指令格式，然后详细介绍 MCS-51 单片机的寻址方式、指令系统和常用伪指令，并通过实例来讲解 MCS-51 单片机汇编语言程序设计的方法。

3.1 程序设计概述

3.1.1 程序设计语言

单片机程序设计语言有 3 类，即机器语言、汇编语言和高级语言。

（1）机器语言（Machine Language）是指用机器码编写程序，能够成为 CPU 直接执行的机器级语言。机器码是由一串二进制代码"0"和"1"组成的二进制数据，执行速度快。但是可读性差，程序的设计、输入、修改和调试都很麻烦。

（2）汇编语言（Assembly Language）是指用指令助记符代替机器码的汇编程序。汇编语言的结构很简单，执行速度快，程序易优化，编译后占用存储空间小，是单片机应用系统开发中最常用的程序设计语言。只有熟悉单片机的指令系统，并具有一定的程序设计经验，才能编写出功能复杂的应用程序。

（3）高级语言（High-Level Language）是在汇编语言的基础上用高级语言来编写程序，如 PL/M-51、Franklin C51、MBASIC-51 等。程序可读性强，通用性好，适用于不熟悉单片机指令系统的用户。缺点是实时性不高，编译后占用存储空间较大。

采用汇编语言程序设计进行单片机应用系统软件开发的步骤大致如下。

（1）分析需求。在熟悉汇编语言指令格式和特点的基础上，通过分析单片机应用系统的功能需求，明确对程序设计的具体要求，并设计出算法。

（2）画程序流程图。在编写较复杂的程序前，画出程序流程图是十分必要的。程序流程图是根据控制流程设计的，它可以使程序清晰、结构合理，按照基本结构编写程序，便于调试。

（3）分配内存工作区及有关端口地址。根据程序区、数据区、暂存区、堆栈区等预计所占空间大小，对片内、外存储区进行合理分配，并确定每个区域的首地址。另外，还要考虑扩展部件的 I/O 端口地址，便于程序使用。

（4）编制汇编源程序。从单片机支持的指令系统中选择合适的指令，采用正确的寻址方式编写源程序。在通过语法检查之后进行汇编，将源程序转化为目标程序。

（5）仿真调试程序。在开发软件工具的帮助下，进行程序的调试运行，检测程序功能的正确性，并修改可能的逻辑错误。

（6）固化程序。在开发工具系统的帮助下，将目标程序固化到程序存储器中，完成单片机应用系统软件的开发。

3.1.2 汇编指令格式

MCS-51 指令系统中的每一条指令都有两种表述方式，即机器语言指令和汇编语言指令。

（1）机器语言指令。采用二进制编码表示的指令，也称为目标代码，是 CPU 能够直接识别和执行的指令。

（2）汇编语言指令。采用助记符、符号和数字来表示的指令，它与机器指令是一一对应的。由于机器指令难以记忆，因此实际中常采用汇编指令。

指令的第一个属性是它的空间特性，不同指令翻译成机器码后所占用存储空间的字节数不一定相同。按照所占字节个数，MCS-51 单片机指令可分为 3 种，即单字节指令、双字节指令、三字节指令，格式如下：

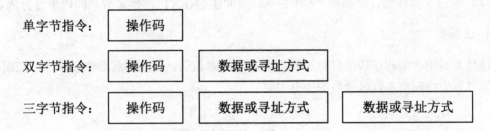

指令的另一个属性是它的时间特性，即指令执行时消耗的机器周期数，有单周期指令、双周期指令和四周期指令。

MCS-51 指令系统具有 111 条指令，操作码有 44 种。其中，单字节指令 49 条，双字节指令 45 条，三字节指令 17 条；单周期指令 64 条，双周期指令 45 条，四周期指令 2 条。

MCS-51 汇编语言指令格式如下：

[标号：]操作码 [目的操作数][，源操作数][；注释]

方括号[]表示该项是可选项，可缺省。每个字段之间要用分隔符分开。标号与操作码之间用"："隔开，操作码与操作数之间用空格隔开，操作数与注释之间用"；"隔开，如果操作数有两个以上，则在操作数之间用"，"隔开（乘法和除法指令除外）。例如：

```
LOOP: ADD  A, #10H        ;(A)←A+10H
```

1. 标号

标号是用户定义的一个符号，表示指令或数据的存储单元地址。标号由 1~8 个字符组成；第一个字符必须是英文字母；不能使用汇编语言已经定义的符号，如指令助记符、伪指令助记符、寄存器名称等；一旦使用了某标号定义的地址单元，在程序的其他地方就不能随意修改这个定义，也不能重复定义。

2. 操作码

操作码是每一条指令必须有的，用来表示指令的性质或功能，如 ADD 表示加法操作、MOV 表示传送操作。

3. 操作数

操作数是指令的操作对象，操作数可以是一个数（立即数），也可以是一个数据所在的存储单元地址。可以有以下几种情况。

（1）无操作数项：操作数隐含在操作码中，如 RET 指令，其操作是固定的，即从堆栈中将程序计数器的值弹出，让程序返回断点处继续执行，因而指令不需要操作数；或者无操作数，如 NOP 指令。

（2）有一个操作数：如指令"INC A"将累加器 A 的值加 1。

（3）有两个操作数：如指令"ADD A, #23H"将数 23H 与累加器 A 中的数相加，结果存在 A 中，操作数之间以逗号分隔，前者称为目的操作数，后者称为源操作数。

（4）有三个操作数：如指令"CJNE A, #00H, NEXT"；操作数之间以逗号分隔。

4. 注释

注释是对指令或程序段的解释说明，以方便阅读和调试，注释前必须加分号，汇编程序在汇编过程中将忽略本行分号后的所有内容。

3.2 寻址方式

寻址方式就是寻找或获得操作数的方式。MCS-51 单片机有 7 种寻址方式。对后面使用的符号约定见表 3-1。

表 3-1 指令系统中的符号约定说明

R_n	工作寄存器	$n=0\sim7$
R_i	工作寄存器	$i=0\sim1$
direct	单元地址	单字节无符号数
#data	数据	单字节数据
#data16	数据	双字节数据
addr11	地址	11 位地址

续表

addr16	地址	16位地址
bit	地址	位空间单元地址
rel	偏移量	单字节有符号值
( )	直接寻址	给定对象（寄存器、SFR、单元地址）的内容
←	单向传递	将源数据传送给目的数据
↔	数据交换	将源数据与目的数据交换

1. 立即寻址

在立即寻址方式中，操作数直接出现在指令中。指令的操作数可以是 8 位或 16 位数。操作数前面加 "#"，称为立即数。

```
MOV  A,#2FH        ;(A) ←2FH
ADD  DPTR,#2040H   ;(DPTR) ←2040H
```

指令执行结果：（DPTR）=2040H。DPTR 是数据存储器地址指针，由两个特殊功能寄存器 DPH 和 DPL 组成。立即数的高 8 位送 DPH，低 8 位送 DPL，所以（DPH）=20H、（DPL）=40H。

注意：数字前冠以#号，表示立即数。而直接寻址方式时，地址操作数前没有任何符号。注意与 x86 指令系统相区别。

2. 直接寻址

在直接寻址方式中，操作数所在的存储单元地址直接出现在指令中，这一寻址方式可以进行内部存储单元访问。如：

```
MOV A,45H   ;(A) ←(45H)
```

此时内部 RAM 的 45H 单元的内容是操作数。

可用于直接寻址的空间是：内部 RAM 的低 128 B（包括可位寻址区）、特殊功能寄存区（SFR）。

对特殊功能寄存器区，必须用直接寻址方式寻址。使用特殊功能寄存器时，不需要给出单元地址，而是使用特殊功能寄存器的名字，如累加器 A、程序状态寄存器 PSW 等。

这些特殊功能寄存器的名字具有地址含义。当然，直接使用它们的地址也是一样的效果。例如：

```
MOV A,P1
```

指令执行结果是：将特殊功能寄存器 P_1 的内容传送给 A。

3. 寄存器寻址

用某个寄存器存放操作数，即指令中的操作数为某个寄存器的内容。例如：

```
MOV  A,R0   ;(A) ←(R0),寄存器 R0 的内容是操作数
ADD  A,R5   ;(A) ←(A)+(R5),寄存器 R5 的内容是操作数
```

使用寄存器寻址方式时，工作寄存器在指令中以 R_n 的形式出现，$n=0\sim7$，由 PSW 中的 RS_0 和 RS_1 两位确定是哪一组工作寄存器。

4. 寄存器间接寻址

在寄存器间接寻址方式中，指定工作寄存器中的内容是操作数的地址，该地址对应存储单元的内容才是操作数。可见，这种寻址方式中工作寄存器实际上是地址指针。寄存器名前用间接符@表示寄存器间接寻址。

注意：用某个工作寄存器 R_i 存放操作数的地址，i 的值只能是 0 或 1，即用于这种寻址方式的工作寄存器只有 R_0 和 R_1。例如：

```
MOV A,@R1    ;(A) ←((R1))
```

此时 R_1 的内容是操作数的地址。若 R_1 的内容为 34H，内部 RAM 的 34H 单元的内容是 56H，该指令的功能是将 56H 送入累加器 A。

使用 R_0 和 R_1 可以寻址外部数据寄存器一个页面空间的单元，页面即是指 256 B 的区域，使用前要用 P_2 指定页面号。而使用 DPTR 可以寻址外部数据寄存器 64 KB 空间的单元（0000H~FFFFH）地址空间的任一单元。例如：

```
MOVX A,@DPTR    ;(A) ←((DPTR))
```

对于 8052 系列单片机，其内部 RAM 的高 128 B 地址与特殊功能寄存器地址重合。内部 RAM 的高 128 B 必须用寄存器间接寻址方式寻址，而特殊功能寄存器必须用直接寻址方式寻址。靠寻址方式的不同来区别这两个空间。

5. 变址寻址

变址寻址方式是以程序指针 PC 或数据指针 DPTR 为基址寄存器，以累加器 A 作为变址寄存器，两者内容相加（即基地址+偏移量）形成 16 位的操作数地址，变址寻址方式主要用于访问固化在程序存储器中的某个字节。

变址寻址方式有以下两类。

（1）用程序指针 PC 作为基地址，A 的内容作为变址，形成操作数地址：

```
MOVC A,@A+PC    ;(A) ←((A)+(PC))
```

注意：使用 PC 作基址寄存器时，基址不是数组首地址，而是由当前指令的位置决定。
例如，执行下列指令：

地址	目标代码	汇编指令
2100	7406	MOV A,#06H
2102	83	MOVC A,@A+PC
2103	00	NOP
2104	00	NOP
⋮	⋮	⋮
2109	32	DB 32H

当执行到指令"MOVC A,@A+PC"时，当前 PC=2103H、A=06H，因此@A+PC 指示的地址是 2109H，该指令的执行结果是（A）=32H。

（2）用数据指针 DPTR 作为基地址，A 的内容作为变址，形成操作数地址：

```
MOVC A,@A+DPTR ;(A) ←((A)+(DPTR))
```

例如，执行下列指令：

```
        MOV   A,#01H
        MOV   DPTR,#TABLE
        MOV   A,@A+DPTR
TABLE:  DB    41H
        DB    42H
```

上面程序中，变址偏移量（A）=01H，基地址为表的首地址 TABLE，指令执行后将地址为 TABLE+01H 的程序存储器单元的内容传送给 A，执行结果是（A）=42H。

6. 相对寻址

相对寻址主要用于跳转指令，以程序计数器 PC 的当前值作为基地址，与指令中的第二字节给出的相对偏移量 rel 相加，所得和即为程序要转移的目标地址。相对偏移量 rel 是一个用补码表示的 8 位有符号数，程序的转移范围在相对 PC 当前值的−128～+127 内。

```
SJMP rel    ;(PC) ← (PC)+2+rel
```
相对寻址的操作对象只能是 PC，所以指令中就省略了。例如：
```
SJMP 08H    ;双字节指令
```
设 PC=2000H 为本指令的地址，则 PC 的当前值为 2002H，转移的目标地址为：
(2000H+02H)+08H=2000AH

7. 位寻址

对内部 RAM 的可位寻址空间及特殊功能寄存器中的可寻址位采用位寻址方式。位寻址是按位进行的操作，而上述的其他寻址方式都是按字节进行的操作。MSC-51 单片机中，操作数不仅可以按字节为单位进行操作，也可按位进行操作。例如：
```
MOV  C,3AH   ;目的操作数累加器 C 为位地址,故源操作数也必为位地址
SETB 3DH     ;将内部 RAM 位寻址区中的 3DH 位置 1
```
设内部 RAM 27H 单元的内容是 00H，执行"SETB 3DH"指令后，由于 3DH 对应着内部 RAM 27H 的第 5 位，因此该位变为 1，也就是 27H 单元的内容变为 20H。

特殊功能寄存器中的可寻址位在指令中的表示方法见表 3-2。

表 3-2 可寻址位的表示方法

使用位地址	SETB D5H	位地址 D_5
使用位名称	SETB F0	位名称 F_0
使用单元地址加位数	SETB D0.5	PSW 的单元地址 D_0
专用寄存器名称加位数	SETB PSW.5	PSW 中的第 5 位

3.3 指 令 系 统

MCS-51 单片机的指令系统根据功能可分为数据传送类、逻辑操作类、算术运算类、位操作类和控制转移类。学习指令系统需要掌握指令格式、指令功能、助记符，了解指令执行

周期、字节长度和机器代码。

3.3.1 数据传送类指令

数据传送类指令是指令系统中最基本且使用最频繁的一类指令,如图 3-1 所示。数据传送类指令分为两类:一类是单纯的数据传送,即把源操作数传送到目的操作数而源操作数保持不变,表示为源操作数→目的操作数;另一类是数据交换,即源操作数和目的操作数内容相互交换,表示为源操作数↔目的操作数。而按作用区域可将数据传送类指令分为内部数据传送指令、外部数据传送指令、程序存储数据传送指令。

数据传送指令一般不影响标志位,只有堆栈操作可以直接修改程序状态字 PSW,对目的操作数为 A 的指令将影响奇偶标志 P 位。

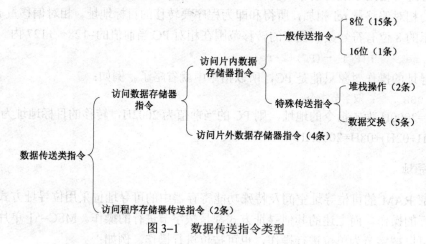

图 3-1 数据传送指令类型

1. 内部数据传送指令

MOV <目的操作数>,<源操作数>

用助记符 MOV 表示在工作寄存器、累加器 A 和内部 RAM 单元间传送字节数据,如图 3-2 所示。这类指令可选的寻址方式多,代码效率高,使用方便灵活。

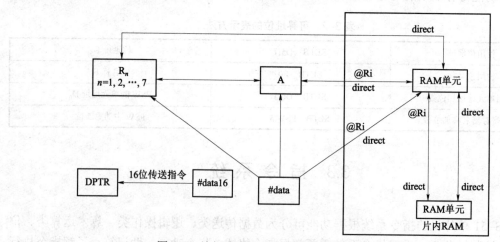

图 3-2 访问片内 RAM 的一般传送指令操作关系

（1）立即数送累加器 A 或片内数据存储器（R_n、内部 RAM、SFR）：

```
MOV  A,#data              ;(A)←#data
MOV  direct,#data         ;(direct)←#data
MOV  @Ri,#data            ;((Ri))←#data
MOV  Rn,#data             ;(Rn)←#data
```

（2）片内数据存储器（R_n、内部 RAM、SFR）与累加器 A 之间的数据传送：

```
MOV  A,direct             ;(A)←(direct)
MOV  A,@Ri                ;(A)←((Ri))
MOV  A,Rn                 ;(A)←(Rn)
MOV  direct,A             ;(direct)←(A)
MOV  @Ri,A                ;((Ri))←(A)
MOV  Rn,A                 ;(Rn)←(A)
```

（3）片内数据存储器中 R_n、内部 RAM、SFR 之间的数据传送：

```
MOV  direct2,direct1      ;(direct2)←(direct1)
MOV  direct,@Ri           ;(direct)←((Ri))
MOV  direct,Rn            ;(direct)←(Rn)
MOV  @Ri,direct           ;((Ri))←(direct)
MOV  Rn,direct            ;(Rn)←(direct)
```

其中，A 是累加器，是一个特殊功能寄存器（SFR），因此它表示直接地址；direct 表示直接地址；#data 表示立即数；@Ri 表示寄存器间接寻址，@符号表示间接寻址；((Ri)) 表示把立即数送到由 R_i 寄存器的内容所指出的 RAM 单元中去。

（4）目标地址传送：

```
MOV  DPTR,#data16         ;(DPTR)←#data16
```

这是唯一的操作对象为双字节数据的传送指令。

2. 数据交换指令

用助记符 XCH 表示累加器 A 与内部 RAM 之间的字节或半字节交换。

（1）字节交换指令：

```
XCH  A,direct             ;(A)↔(direct)
XCH  A,@Ri                ;(A)↔((Ri))
XCH  A,Rn                 ;(A)↔(Rn)
```

（2）半字节交换指令：

```
XCHD A,@Ri                ;(A_{3~0})↔((Ri)_{3~0})
```

3. 堆栈操作指令

堆栈操作指令有以下两种形式。

（1）进栈指令：

```
PUSH direct               ;(SP)←(SP)+1;(先指针加 1)
                          ;(SP)←(direct)(再压栈)
```

先将堆栈指针 SP 的内容加 1，然后将直接地址 direct 中的内容送到 SP 所指的内部 RAM 单元。

（2）出栈指令：

```
POP  direct      ;(direct)←(SP)(先弹出)
                 ;(SP)←(SP)-1(再指针减1)
```

先将 SP 所指的 RAM 单元的内容送到直接地址 direct 所指向的单元，然后堆栈指针 SP 的内容减 1。SP 始终指向栈顶。

使用堆栈时，一般需重新设定 SP 的初始值。因为系统复位或上电时，SP 的值为 07H，而 07H 是 CPU 工作寄存器区的一个单元地址，为了不占用寄存器区的 07H 单元，一般应在需要使用堆栈前由用户给 SP 设置初值（栈底），但应注意不能超出堆栈的深度。

堆栈操作指令一般用于中断处理过程中，若需要保护现场数据（如内部 RAM 单元的内容），可使用入栈指令，中断处理过程执行完后，再使用出栈指令恢复现场数据。

4. 外部数据传送指令

用助记符 MOVX 表示累加器 A 与外部 RAM 之间的数据传送。外部 RAM 各单元之间以及外部 RAM 与内部 RAM 之间的数据传送只能通过累加器 A 间接完成。外部 RAM 只能使用寄存器间接寻址。

外部 RAM 与累加器 A 之间的数据传送指令：

```
MOVX  A,@DPTR     ;(A)←((DPTR))
MOVX  A,@Ri       ;(A)←((Ri))
MOVX  @DPTR,A     ;((DPTR))←(A)
MOVX  @Ri,A       ;((Ri))←(A)
```

5. 从 ROM 中读取数据指令

用助记符 MOVX 表示从 ROM 中读取数据到累加器 A：

```
MOVX  A,@A+PC     ;(PC)←(PC)+1,(A)←((A)+(PC))
MOVX  A,@A+DPTR   ;(A)←((A)+(DPTR))
```

这两条指令使用变址寻址方法，其机器码分别为 83H 和 93H。

常用 MOVC 指令和 MOVX 指令实现查表程序。当表格数据存放在程序存储器中时，用 MOVC 指令；当表格数据存放在片外数据存储器中时，用 MOVX 指令。

3.3.2 逻辑操作类指令

逻辑操作类指令有单操作数指令和双操作数指令。单操作数指令以累加器 A 为操作对象，主要有清零、取反及移位指令。双操作数指令包括与、或及异或。

1. 累加器清零及取反指令

```
CLR  A        ;(A)←0,清零
CPL  A        ;(A)←!(A),累加器取反
```

2. 移位指令

```
RL    A              ;累加器左环移
RLC   A              ;累加器带进位左环移
RR    A              ;累加器右环移
RRC   A              ;累加器带进位右环移
SWAP  A              ;交换累加器 ACC 的高低半字节内容
```

移位指令示意图如图 3-3 所示。

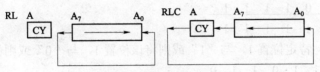

图 3-3 移位指令示意图

程序设计中的移位有两种类型,即逻辑移位和算术移位。两者的左移位操作是相同的,移出的高位丢弃,低位补零,相当于整数的乘 2 操作。逻辑右移时,移出的低位丢弃,高位补零。算术右移时,移出的低位丢弃,高位以符号位填充。MCS-51 单片机的循环移位只有加入进位位 CY,才能实现逻辑移位或算术移位。

3. 逻辑与指令

```
ANL   A,#data        ;(A)←(A)∧#data
ANL   A,direct       ;(A)←(A)∧(direct)
ANL   A,@Ri          ;(A)←(A)∧((Ri))
ANL   A,Rn           ;(A)←(A)∧(Rn)
ANL   direct,A       ;(direct)←(direct)∧(A)
ANL   direct,#data   ;(direct)←(direct)∧#data
```

4. 逻辑或指令

```
ORL   A,#data        ;(A)←(A)∨#data
ORL   A,direct       ;(A)←(A)∨(direct)
ORL   A,@Ri          ;(A)←(A)∨((Ri))
ORL   A,Rn           ;(A)←(A)∨(Rn)
ORL   direct,A       ;(direct)←(direct)∨(A)
ORL   direct,#data   ;(direct)←(direct)∨#data
```

5. 逻辑异或指令

```
XRL   A,#data        ;(A)←(A)⊕#data
XRL   A,direct       ;(A)←(A)⊕(direct)
XRL   A,@Ri          ;(A)←(A)⊕((Ri))
XRL   A,Rn           ;(A)←(A)⊕(Rn)
```

```
XRL   direct,A              ;(direct)←(direct)⊕(A)
XRL   direct,#data          ;(direct)←(direct)⊕#data
```

逻辑运算示例：

```
      0 0 0 0 0 0 1 1
  与  0 0 0 0 0 1 1 0
      0 0 0 0 0 0 1 0
```

与指令的应用：特定位清0，与"0"与则将该位清0，与"1"与则保留该位不变。

```
      0 0 1 1 0 0 0 0
  或  0 0 0 0 1 1 1 1
      0 0 1 1 1 1 1 1
```

或指令的应用：特定位置1，与"1"或则将该位置1，与"0"或则保留该位不变。

```
        0 0 1 1 0 1 1 0
  异或  0 0 0 0 1 1 1 1
        0 0 1 1 1 0 0 1
```

异或指令的应用：特定位取反，与"1"异或则将该位取反，与"0"异或则保留该位不变。

逻辑运算是两个操作数的对应位进行独立位运算。所以，逻辑与指令常用来屏蔽字节中的某些位，该位欲清除则用"0"去"与"，该位欲保留则用"1"去"与"。逻辑或指令常用来对字节中某些位置"1"，欲保留的位用"0"去"或"，欲置位的位用"1"去"或"。逻辑异或指令用来对字节中某些位取反，欲取反的位则用"1"去"异或"，欲保留的位则用"0"去"异或"。

当用逻辑指令对 $P_0 \sim P_3$ 口进行操作时，则为"读-操作-写"功能，读取的不是 I/O 引脚，而是从它们的锁存器中读出数据，再将处理后的结果写回锁存器。

3.3.3 算术运算类指令

算术运算类指令主要完成加、减、乘、除四则运算，以及加1、减1和二-十进制调整运算。

对于双操作数的算术运算指令，累加器 A 是目的操作数，运算的结果也保存在累加器 A 中，源操作数可以用4种寻址方式。算术逻辑单元 ALU 将运算数看作是无符号数，借助 PSW 中的溢出标志 OV，可对有符号数进行二进制补码运算。四则运算指令会影响程序状态字 PSW，而加1、减1指令不会影响程序状态字 PSW。

1. 不带进位的加法指令

```
ADD   A,#data         ;(A)←(A)+#data
ADD   A,direct        ;(A)←(A)+(direct)
ADD   A,@Ri           ;(A)←(A)+((Ri))
ADD   A,Rn            ;(A)←(A)+(Rn)
```

若参加运算的数为两个无符号数，其数值范围为0~255，若运算结果超出此范围，CPU 自动置进位标志位 CY=1（否则 CY=0），由此可判断运算结果是否溢出。

若参加运算的数为两个补码表示的有符号数，其数值范围为–128～+127，若运算结果超出此范围，CPU 自动置溢出标志位 OV=1（否则 OV=0），由此判断运算结果是否溢出。

2．带进位的加法指令

```
ADDC  A,#data        ;(A)←(A)+#data +(CY)
ADDC  A,direct       ;(A)←(A)+(direct)+(CY)
ADDC  A,@Ri          ;(A)←(A)+((Ri))+(CY)
ADDC  A,Rn           ;(A)←(A)+(Rn)+(CY)
```

多字节数进行加法运算时，最低字节使用 ADD 指令，其他字节要用 ADDC 指令，以将低字节的进位位 CY 加入求和结果中。

3．带借位的减法指令

```
SUBB  A,#data        ;(A)←(A)-#data-(CY)
SUBB  A,data         ;(A)←(A)-(data)-(CY)
SUBB  A,@Ri          ;(A)←(A)-((Ri))-(CY)
SUBB  A,Rn           ;(A)←(A)-(Rn)-(CY)
```

减法指令只有 SUBB，当参加运算的是两个单字节数据时，运算前需要清零进位标志位 CY。当参加运算的是两个多字节数据时，最低字节做减法之前，也要清零进位标志位 CY。

例 3.1　多字节加法。

解　设 RAM 中 31H、30H 两单元存放有被加数的高低字节，33H、32H 存放有加数的高低字节，对其求和，结果存放在 35H、34H 单元中。程序如下：

```
MOV   A,30H
ADD   A,32H
MOV   32H,A
MOV   A,31H
ADDC  A,33H
MOV   35H,A
```

运算后，根据运算数是有符号数还是无符号数，分别判断溢出标志 OV 或进位标志 CY，看是否有溢出。

例 3.2　多字节减法。

解　设 RAM 中 31H、30H 两单元存放有被减数的高低字节，33H、32H 存放有减数的高低字节，对其求差，结果存放在 35H、34H 单元中。程序如下：

```
CLR   C
MOV   A,30H
SUBB  A,32H
MOV   34H,A
MOV   A,31H
SUBB  A,33H
MOV   35H,A
```

运算后,根据运算数是有符号数还是无符号数,分别判断溢出标志 OV 或进位标志 CY,看是否有溢出。

4. 乘法指令

$$\left.\begin{array}{l}\text{MUL AB} \quad ;(A)_{0\sim 7}\\ \qquad\qquad\quad (B)_{8\sim 15}\end{array}\right\} \leftarrow (A)\times (B)$$

该指令把累加器 A 和寄存器 B 中的 8 位无符号整数相乘,并将 16 位乘积的低字节存放在累加器 A 中,高字节存放在寄存器 B 中,如乘积大于 255(FFH),则将溢出标志位 OV 置 1;否则清 0。运算结果总使进位标志 CY 清 0。

乘法指令只能完成单字节无符号数相乘,多字节数相乘则需要编程实现。

例 3.3 多字节乘法。

解 设 RAM 中 31H、30H 两单元存放有被乘数的高低字节,31H、32H 存放有乘数的高低字节,对其求积,结果存放在 37H、36H、35H、34H 单元中。程序如下:

```
MOV   A,30H
MOV   B,32H
MUL   AB
MOV   34H,A
MOV   35H,B
MOV   A,31H
MOV   B,32H
MUL   AB
MOV   36H,B
ADD   A,35H
MOV   35H,A
MOV   A,#0
ADDC  A,36H
MOV   36H,A
MOV   A,30H
MOV   B,33H
MUL   AB
MOV   36H,B
ADD   A,35H
MOV   35H,A
MOV   A,#0
ADDC  A,36H
MOV   36H,A
MOV   A,31H
MOV   B,33H
```

```
MUL  AB
MOV  37H,B
ADD  A,36H
MOV  36H,A
MOV  A,#0
ADDC A,37H
MOV  37H,A
```

5. 除法指令

```
DIV AB   ;(A)商       ←(A)/(B)
         ;(B)余数
```

该指令把累加器 A 中的 8 位无符号整数除以寄存器 B 中 8 位无符号整数,并将所得商存在累加器 A 中,余数存在寄存器 B 中,进位标志位 CY 和溢出标志位 OV 均清 0。若除数(B 中内容)为 00H,则执行后结果为不定值,并将溢出标志位 OV 置位,在任何情况下,进位标志位 CY 总清 0。

6. 加 1 指令

```
INC  A         ;(A)←(A)+1
INC  direct    ;(direct)←(direct)+1
INC  @Ri       ;((Ri))←((Ri))+1
INC  Rn        ;(Rn)←(Rn)+1
INC  DPTR      ;(DPTR)←(DPTR)+1
```

7. 减 1 指令

```
DEC  A         ;(A)←(A)-1
DEC  direct    ;(direct)←(direct)-1
DEC  @Ri       ;((Ri))←((Ri))-1
DEC  Rn        ;(Rn)←(Rn)-1
```

注意:加 1 和减 1 指令不影响 PSW 中的标志位。

8. 二-十进制调整指令

```
DA  A          ;调整累加器 A 中的内容为 BCD 码
```

该指令必须紧跟在加法(ADD、ADDC)指令后面使用,对二-十进制的加法进行调整。两个压缩型 BCD 码按二进制数相加,必须经过本条指令调整,才能得到压缩型的 BCD 码和数。

指令的操作过程,若相加后累加器低 4 位大于 9 或半进位位 AC=1,则低 4 位进行加 6 调整,即 A←A+06H;若累加器高 4 位大于 9 或进位位 CY=1,则高 4 位进行加 6 调整,即 A←A+60H;若两者同时发生或高 4 位虽等于 9,但低 4 位有进位,则应进行加 66 调整。

注意:"DA A"指令不能对减法指令进行二-十进制调整。若要完成两个BCD数相减,需要将减数表示成补码形式,即用9AH减去减数,再将两数相加,相加后即可用"DA A"指令进行调整,从而得到正确的结果。

3.3.4 位操作类指令

MCS-51单片机的一大特点是在硬件结构中有一个布尔处理机和位寻址空间,在指令系统中设有专门处理布尔(位)变量的指令子集,又称为位操作指令。

在位处理机中,借用进位标志位CY来存放逻辑运算结果,大部分位操作指令都涉及CY,因此,它相当于位处理机的"累加器",称为"位累加器",用符号C表示。位操作指令以bit为单位进行运算和操作。

位操作指令共17条,所有的位操作指令均采用位(直接)寻址方式,在进行位操作时,MCS-51汇编语言中的位地址可用以下4种方式表示。

(1) 直接位地址方式。如0E0H为累加器A的D_0位的位地址。

(2) 点操作符表示方式。用操作符"."将具有位操作功能单元的字节地址或寄存器名与所操作的位序号(0~7)分隔。如PSW.2表示程序状态字的第3位,即OV。

(3) 位名称方式。对于可以位寻址的特殊功能寄存器,在指令中直接采用位定义名称。如EA为中断允许寄存器的第7位。

(4) 用户定义方式。如用伪指令" OUT BIT P1.0"定义后,程序指令中用OUT代替$P_{1.0}$。

1. 位数据传送指令

```
MOV  C,bit          ;(C)←(bit)
MOV  bit,C          ;(bit)←(C)
```

2. 位状态控制指令

```
CLR   bit           ;(bit)←0
CLR   C             ;(C)←0
SETB  bit           ;(bit)←1
SETB  C             ;(C)←1
CPL   bit           ;(bit)←!(bit)
CPL   C             ;(C)←!(C)
```

这组指令是对位累加器C及位地址指定的位bit进行置位及清零,不影响PSW中的其他标志。

3. 位逻辑操作指令

```
ANL  C,bit          ;(C)←(C)∧(bit)
ANL  C,/bit         ;(C)←(C)∧(/bit)
ORL  C,bit          ;(C)←(C)∨(bit)
ORL  C,/bit         ;(C)←(C)∨(/bit)
```

位逻辑操作指令包括逻辑与、逻辑或和逻辑非 3 种。指令中的"/bit"表示对该寻址位的内容取出后取反，再与累加器 C 的值进行运算，而（bit）的原值保持不变。

4. 位条件转移指令

```
JC    rel         ;若(C)=1,则(PC)←(PC)+2+rel,否则顺序执行
JNC   rel         ;若(C)=0,则(PC)←(PC)+2+rel,否则顺序执行
JB    bit,rel     ;若(bit)=1,(PC)←(PC)+2+rel,否则顺序执行
JNB   bit,rel     ;若(bit)=0,(PC)←(PC)+2+rel,否则顺序执行
JBC   bit,rel     ;若(bit)=1,(PC)←(PC)+2+rel,(bit)←0,否则顺序执行
```

通过判断进位标志位 CY 或位地址的内容，即（bit）的状态来决定程序的走向，当条件满足时就转移；否则程序就顺序执行。

例 3.4 $P_{1.0}$ 接一开关，$P_{1.1}$ 接一发光二极管。开关打开时，二极管不亮，开关闭合时，二极管点亮。

解 程序如下：

```
LB:    JB    P1.0,LB1
       SETB  P1.1
       SJMP  LB2
LB1:   CLR   P1.1
LB2:   SJMP  LB
```

3.3.5 控制转移类指令

控制转移类指令是通过改变程序计数器 PC 的内容，从而改变程序的执行顺序。其包括无条件转移指令、条件转移指令及子程序调用、返回指令 3 种。

1. 无条件转移指令

```
LJMP  addr16      ;(PC)←addr0~15
AJMP  addr11      ;(PC)←(PC)+2,(PC0~10)←addr0~10
SJMP  rel         ;(PC)←(PC)+2,(PC)←(PC)+rel
JMP   @A+DPTR     ;(PC)←(A)+(DPTR)
```

该指令都可使程序无条件地转移到指令所提供的地址上，它们的不同之处在于其所提供的转移范围不同。

（1）长转移指令 LJMP。该指令提供 16 位目标地址，执行这条指令可以使程序从当前地址转移到 64 K 程序存储器地址空间的任何单元。

（2）绝对转移指令 AJMP。该指令第二字节存放目的地址的低 8 位，第一字节 7、6、5 位存放目的地址的高 3 位。指令执行时分别把高 3 位和低 8 位地址中的值取出送入程序计数器 PC 的低 11 位，维持当前 PC 值的高 5 位（(PC)+2 后的）不变，可实现 2 KB 范围内的程序转移。

由于 AJMP 为双字节指令，当程序真正转移时 PC 值已经加 2，因此转移的目标地址应与 AJMP 下一条指令首地址在同一 2 KB 范围内。这 2 KB 范围称为段，在 64 KB 程序存储空

间中，共有 32 个段，段号由 PC 的高 5 位确定。"AJMP addr11"的跳转范围是由该指令后面的指令地址决定的段内。

（3）相对转移指令 SJMP。该指令地址由指令第二字节的相对地址和程序计数器 PC 的当前值（执行 SJMP 前的 PC 值加 2）相加形成。因而，转向地址可以在这条指令首地址 -128～+127 B 内。

其优点是指令中只给出了相对转移量 rel（8 位带符号的数），这样当程序修改时只要相对地址不发生变化，该指令就不需做任何改动。对于前两条指令（LJMP、AJMP）由于直接给出转移地址，在程序修改时就可能需要修改该地址。

LJMP、AJMP 和 SJMP 指令中的地址和偏移量可以用目标语句的语句标号代替，由汇编程序自动确定目的地址和偏移量。

（4）间接转移指令 JMP。这是极有用的多分支选择转移指令，也称为散转指令。其转移地址是在程序运行时动态决定的，这也是它与前 3 条指令的主要区别。它可在 DPTR 中装入多分支转移程序的首地址，而由累加器 A 的内容来动态选择其中的某一分支，这就可用一条指令代替众多的转移指令，实现以 DPTR 内容为起始的 256 B 范围的选择转移。

2. 条件转移指令

1）累加器判零转移指令

```
JZ   rel            ；累加器为 0 则转移；否则顺序执行
JNZ  rel            ；累加器不为 0 则转移；否则顺序执行
```

JZ 表示若累加器全"0"，则转向指定的地址；否则顺序执行。JNZ 指令刚好相反，只需累加器"非零"，则转向指定地址；否则顺序执行。

2）比较转移指令

```
CJNE  <目的字节>,<源字节>,rel
```

比较两个操作数的大小，如果它们的值不相等则转移；否则顺序执行。这些指令均为三字节指令，当前 PC 值（(PC)+3→(PC)）与指令第三字节带符号的偏移量相加即得到转移地址。如果目的字节的无符号整数值小于源字节的无符号整数值，则置位进位标志 CY；否则清零进位标志 CY。该指令的执行不影响任何一个操作数。比较转移指令共有 4 条，即：

```
CJNE  A,#data,rel
CJNE  A,direct,rel
CJNE  @Ri,#data,rel
CJNE  Rn,#data,rel
```

3）循环转移指令

```
DJNZ  <字节>,rel
```

减 1 与零比较指令，先对源操作数做减 1 操作，然后判断结果是否为 0，不为 0 则转移；否则顺序执行。一般可将循环次数放入工作寄存器 R_n 或直接地址单元中，利用该指令即可实现循环。共有两条指令：

```
DJNZ  direct,rel
DJNZ  Rn,rel
```

由于循环变量是单字节无符号数，其最大循环次数为 256 次。如果程序要求循环次数大于 256 次，则需要采用循环嵌套。

例 3.5　实现 300 次循环。

解　程序如下：

```
      MOV  R0, #10
LB:   MOV  R1, #30
LB1:  DJNZ R1, LB1
      DJNZ R0, LB
```

例 3.6　P_1 口的 $P_{1.0}$ 和 $P_{1.1}$ 各接一开关 S_1、S_2，$P_{1.4}$、$P_{1.5}$、$P_{1.6}$ 和 $P_{1.7}$ 各接一发光二极管 L_1、L_2、L_3、L_4。由 S_1 和 S_2 的不同状态确定哪个发光二极管点亮，其真值表见表 3-3，试利用程序实现该功能。

表 3-3　真值表

S_2	S_1	点亮的二极管	S_2	S_1	点亮的二极管
0	0	L_1	1	0	L_3
0	1	L_2	1	1	L_4

解　程序如下：

```
LB:   JB   P1.1,LB2
      JB   P1.0,LB1
      MOV  P1,#1FH      ;S1、S2:0、0
      SJMP LB
LB1:  MOV  P1,#2FH      ;S1、S2:0、1
      SJMP LB
LB2:  JB   P1.0,LB3
      MOV  P1,#4FH      ;S1、S2:1、0
      SJMP LB
LB3:  MOV  P1,#8FH      ;S1、S2:1、1
      SJMP LB
```

上面的程序是用条件判断的指令完成开关状态识别，也可以使用散转指令完成该功能，即

```
      MOV  DPTR,#TAB
LB:   MOV  A,P1
      ANL  A,#3
      RL   A
      JMP  @A+DPTR
LB1:  MOV  P1,#1FH
      SJMP LB
LB2:  MOV  P1,#2FH
      SJMP LB
LB3:  MOV  P1,#4FH
      SJMP LB
LB4:  MOV  P1,#8FH
      SJMP LB
```

```
TAB: SJMP  LB1
     SJMP  LB2
     SJMP  LB3
     SJMP  LB4
```

3. 子程序调用、返回指令

1）长调用指令

$$\text{LCALL addr16} \begin{cases} (PC) \leftarrow (PC)+3 \\ (SP) \leftarrow (SP)+1 \\ ((SP)) \leftarrow ((PC_{0\sim7})) \\ (SP) \leftarrow (SP)+1 \\ ((SP)) \leftarrow (PC_{8\sim15}) \\ (PC) \leftarrow addr_{0\sim15} \end{cases}$$

2）绝对调用指令

$(PC) \leftarrow (PC)+2$

$$\text{ACALL addr11} \begin{cases} (SP) \leftarrow (SP)+1 \\ ((SP)) \leftarrow (PC_{0\sim7}) \\ (SP) \leftarrow (SP)+1 \\ ((SP)) \leftarrow (PC_{8\sim15}) \\ (PC_{0\sim10}) \leftarrow addr_{0\sim10} \\ (PC_{11\sim15}) \text{不变} \end{cases}$$

3）返回指令

$$\text{RET} \begin{cases} (PC_{8\sim15}) \leftarrow (SP) \\ (SP) \leftarrow (SP)-1 \\ PC_{0\sim7} \leftarrow (SP) \\ (SP) \leftarrow (SP)-1 \end{cases}$$

RETI：中断服务程序返回指令。

4）空操作指令

```
NOP            ;(PC)←(PC)+1
```

3.4 伪 指 令

在单片机汇编语言程序设计中，除了使用指令系统规定的指令外，还要用到一些伪指令。伪指令又称为指示性指令，具有和指令类似的形式，但汇编时伪指令并不产生可执行的目标代码，只是对汇编过程进行某种控制或提供某些汇编信息。MCS-51 单片机常用的伪指令如下。

1. 定位 ORG（Origin）

格式：ORG 16 位地址

ORG 伪指令出现在程序块或数据块的开始,用以指明此语句后面的程序块或数据块存放的起始地址。在一个源程序文件中,可以多次使用 ORG,规定不同程序段的起始位置,但定义的地址顺序要从小到大,各段之间地址不能重叠。

2. 汇编结束 END

END 伪指令指出源程序到此结束,位于程序的最后,且整个源程序中只能有一条 END 结束。其作用是告诉汇编程序将某一段源程序翻译成指令代码的工作到此为止。即使后面还有程序段,也不进行汇编。

3. 字节定义 DB(Define Byte)

格式:[标号:] DB 字节数据项表

数据项表从标号指定的地址连续存放,可为十进制数或十六进制数,也可以是由单引号括起来的一个字符串,每个字符串元素为一个 ASCII 码。各数据项之间用逗号分隔。例如:

```
ORG 1000H
DB 50H,60H,12,'C'
```

程序执行结果为:(1000H)=50H,(1001H)=60H,(1002H)=0CH,(1003H)=43H。

4. 字定义 DW(Define Word)

格式:[标号:] DW 双字节数据项表

DW 的功能与 DB 类似,通常 DB 用于定义字节数据,DW 用于定义双字节数据。

5. 赋值 EQU 或=(Equal)

格式:名字 EQU 表达式

用于给一个表达式的值或一个字符串起名字。该名字可以用作程序地址、数据地址或立即数。表达式可以是 8 位或 16 位数值。名字必须是字母开头的字母、数字串,名字必须唯一。例如:

```
START   EQU  100H
POPT    EQU  2301H
ORG     START
MOV     DPTR,#PORT
```

6. 定义字节地址 DATA

格式:名字 DATA 直接字节地址

用于给内部 RAM 的一个字节单元起一个名字,相当于定义一个变量。一个单元可以有多个名字。例如:

```
ERR  DATA 32H
MOV  ERR,#23H
```

7. 位地址 BIT

格式：名字　BIT　直接位地址

用于给可寻址位起一个名字，相当于定义一个位变量。例如：

A1 BIT P1.0
A2 BIT 02H

本 章 小 结

寻找操作数地址的方式称为寻址方式。MCS-51 指令系统共使用了 7 种寻址方式，包括寄存器寻址、直接寻址、立即数寻址、寄存器间接寻址、变址寻址、相对寻址和位寻址。

MCS-51 单片机指令系统包括 111 条指令，按功能可以划分为以下五类，即数据传送类指令、算术运算类指令、逻辑操作类指令、位操作类指令和控制转移类指令。

习　题

3.1　单片机的指令有几种表示方法？单片机能够直接执行的是什么指令？
3.2　什么叫寻址方式？MCS-51 单片机有哪几种寻址方式？
3.3　什么是堆栈？其主要作用是什么？
3.4　外部 RAM（0203H）= FFH，分析以下指令执行后的结果：

MOV DPTR,#0203H
MOVX A,@DPTR
MOV 30H,A
MOV A,#0FH
MOVX @DPTR,A

执行后：(30H)=_____，(0203H)=_____。

3.5　分析以下指令执行后的结果：

MOV A, #20H
MOV R0,#20H
MOV @R0,A
ANL A, #0FH
ORL A, #80H
XRL A, @R0

执行后：A=_____，R0=_____，(20H)=_____。

3.6　已知（20H）=15H,（30H）=4AH,（R0）=10H。

MOV R1,#20H
MOV 30H,@R1

```
MOV A,30H
SETB C
SUBB A,#10H
MOV @R0,A
DEC @R0
MOV B,@R0
INC R0
```
程序执行后：(R0)=_____，(A)=_____，((R1))=_____，
　　　　　　(B)=_____，(10H)=_____。

3.7　已知（R0）=20H,（20H）=36H,（21H）=17H,（36H）=34H，执行过程如下：
```
MOV A,@R0
MOV R0,A
MOV A,@R0
ADD A,21H
ORL A,#21H
RL A
MOV R2,A
```
执行后：R0=_____，R2=_____。

3.8　设外部 RAM（0203H）= FFH，分析以下程序段执行后的结果：
```
MOV  DPTR,#0203H
MOVX A,@DPTR
MOV  30H,A
MOV  A,#0FH
MOVX @DPTR,A
```
执行结果为：（DPTR）=_____，（30H）=_____，（0203H）=_____。

3.9　单片机的时钟频率为 12 MHz，要求设计一个软件延时程序，延时时间为 100 ms。

3.10　编写程序段，实现把外部 RAM 2000H 单元的内容传送到内部 RAM 20H 单元中。

3.11　请写出完成下列操作的指令。

（1）使累加器 A 的低 4 位清 0，其余位不变。

（2）使累加器 A 的低 4 位置 1，其余位不变。

（3）使累加器 A 的低 4 位取反，其余位不变。

（4）使累加器 A 中的内容全部取反。

3.12　用移位指令实现累加器 A 的内容乘以 10 的操作。

3.13　编制计算函数 $Y=f(X)$。设 X,Y 均为有符号数，其方程如下：

$Y=2$（当 $X>0$）；$Y=0$（当 $X=0$）；$Y=-2$（当 $X<0$）。

第4章

单片机C程序设计

在单片机的开发应用中，逐渐引入了高级语言。对于用惯了汇编语言编程的人来说，高级语言可控性不好，不如汇编语言效率高、执行速度快。但是使用汇编语言会遇到很多问题，它的可读性、可维护性和可移植性都比较差，而且编程时必须具体组织、分配存储器资源和处理端口数据，因而编程工作量大。所以，已有越来越多的开发人员逐渐使用高级语言代替汇编语言进行单片机程序开发，其中以C语言为主。C语言具有良好的模块化、容易阅读和维护等优点。由于模块化，用C语言编写的程序有很好的可移植性，功能化的代码能够很方便地从一个工程移植到另一个工程，从而减少开发时间。

MCS-51系列单片机处于工业标准地位，从1985年开始就有MCS-51系列单片机的C语言编译器，简称C51。在学习了使用汇编语言程序设计的基础上，学习单片机C语言程序设计是比较容易的。本章首先介绍单片机C语言与汇编语言的关系；其次着重介绍C51对标准C语言的扩展；最后通过实例讲述C51程序结构和程序设计方法。

4.1 单片机C语言与汇编语言

C语言对语法的限制不太严格，用户在编写程序时有较大的自由度，而且用C语言编写程序可使用与人的思维更接近的关键字和语句，这比用汇编语言更符合人们的思考习惯，开发者可以更专心地考虑算法而不是一些细节问题，这样就减少了开发和调试的时间。使用C语言，用户不必十分熟悉处理器的运算过程。很多处理器支持C编译器，这意味着用C语言编写的程序比用汇编语言编写的程序有更好的可移植性。

上述这些并不说明汇编语言就没有了立足之地，很多系统特别是实时时钟系统都是用C语言和汇编语言联合编写的。对时钟要求严格时，使用汇编语言是最好的方法。此外，包括硬件接口的操作都可以用C语言来编写。C语言的特点就是可以使用户尽量少地对硬件直接进行操作，它是一种功能性和结构性都很强的语言。使用C语言进行嵌入式系统开发与使用汇编语言开发相比，具有以下优点。

（1）编程调试灵活方便。C语言编程灵活，当前几乎所有的嵌入式系统都有相应的C语言级别的仿真调试系统，调试十分方便。

（2）生成的代码编译效率高。当前较好的C编译系统编译出来的代码效率只比直接使用汇编语言低20%，如果使用优化编译选项甚至可以更低。

（3）模块化开发。目前的软硬件开发都向模块化、可复用性的目标集中。不管是硬件还是软件，都希望其有比较通用的接口，在以后的开发中如果需要实现相同或相近的功能，就可以直接使用以前开发过的模块，尽量不作或少作改动，以减少重复劳动。如果使用 C 语言开发，那么数据交换可以方便地通过约定实现，有利于多人协同进行大项目的合作开发。同时 C 语言的模块化开发方式使开发出来的程序模块可以不经修改而直接被其他项目使用，这样就可以很好地利用已有的大量 C 语言程序资源与丰富的库函数，从而最大限度地实现资源共享。

（4）可移植性好。由于不同系列嵌入式系统的 C 语言编译工具都是以标准 C 语言作为基础进行开发的，因此一种 C 语言环境下所编写的 C 语言程序，只需要将部分与硬件相关的地方和编译链接的参数进行适当修改，就可以方便地移植到另一系列上。例如，为 MCS–51 系列单片机编写的程序通过改写头文件及少量的程序行，就可以方便地移植到 PIC 系列机上。也就是说，基于 C 语言环境下的嵌入式系统能基本实现平台的无关性。

（5）便于项目的维护。用 C 语言开发的代码便于开发小组计划项目、灵活管理、分工合作及后期维护，基本可以杜绝因开发人员变化而给项目进度、后期维护或升级所带来的影响，从而保证整个系统的品质、可靠性及可升级性。

总之，C 语言既具有一般高级语言的特点，又能直接对单片机的硬件进行操作，方便程序的开发、移植和维护。

4.2　C51 对标准 C 语言的扩展

C51 是一种专为 MCS–51 系列单片机设计的高级语言 C 编译器，它继承了符合 ANSI 标准的 C 语言绝大部分的特性，而且基本语法相同。C51 语言的特色主要体现在以下几个方面。

（1）基于 MCS–51 系列单片机本身结构上的特点，C51 引入了适应该单片机的数据类型和存储类型，如 bit、sbit、data、bdata、idata、pdata、xdata、code 等。

（2）C51 更注重对系统资源的理解，因为单片机的系统资源相对于 PC 来说很贫乏，对于 RAM、ROM 中的每一字节都要充分利用。

（3）C51 语言中断函数的定义中使用了关键字 interrupt、using、中断号、寄存器组号等。

（4）C51 程序上应用的各种算法较精简，不会对系统构成过重的负担。尽量少用浮点运算，可以用无符号型数据就不要用有符号型数据，尽量避免多字节的乘除运算，多使用移位运算等。

由于 C 语言是一种应用非常普遍的高级程序设计语言，因此这里并不准备花太多篇幅来介绍 C 语言的基本用法，而是把主要精力集中到 C51 和标准 C 语言之间的区别上，或者说 C51 对标准 C 语言的扩展上。

4.2.1　数据类型

数据是单片机操作的对象。不管使用何种语言、何种算法进行程序设计，最终在单片机中运行的只有数据流，数据的不同格式就称为数据类型。C51 支持标准 C 语言的所有标准数据类型，此外，为了更有效地利用 MCS–51 单片机的结构，还扩充了以下特殊的数据类型。

（1）bit：位类型。可以定义一个位变量，变量值为 0 或 1。不能定义位指针，也不能定义位数组。

（2）sfr：特殊功能寄存器类型。可以定义 8051 单片机的所有内部 8 位特殊功能寄存器。sfr 型数据占用一个内存单元，其取值范围是 0~255。

（3）sfr16：16 位特殊功能寄存器类型。可以定义 8051 单片机内部 16 位特殊功能寄存器。sfr16 型数据占用两个内存单元，取值范围是 0~65 535。

（4）sbit：基于字节声明的位类型。可以定义 8051 单片机内部 RAM 中的可寻址位和特殊功能寄存器中的可寻址位，取值为 0 或 1。

4.2.2 存储类型

在 C51 语言的变量定义中，除了指明变量的数据类型外，还需要指明其存储类型。也就是说，讨论 C51 语言的数据类型时，必须同时提及它的存储类型及其与 MCS-51 单片机存储器结构的关系，因为 C51 语言是面向 MCS-51 系列单片机及其硬件控制系统的应用程序，它定义的任何数据类型必须以一定的方式定位在 MCS-51 的某一存储区中；否则便没有任何实际意义。

如本书第 2 章所述，从逻辑地址来看，MCS-51 单片机存储区分为片内数据存储区、片外数据存储区和程序存储区。

MCS-51 系列单片机的片内数据存储区是可读可写的，MCS-51 派生系列最多可以有 256 B 的片内数据存储区，其中低 128 B 可直接寻址也可间接寻址，高 128 B 只能间接寻址，另外，从 20H~2FH 的 16 B 也可以位寻址。C51 提供 3 种不同的存储类型，即 data、idata 和 bdata，来访问片内数据存储区。

片外数据存储区也是可读写的，访问片外数据存储区比访问片内数据存储区慢，因为片外数据存储区是通过数据指针加载地址来间接访问的。C51 提供两种不同的存储类型，即 xdata 和 pdata，来访问片外数据存储区。

程序存储区只能读不能写，它可以在 MCS-51 单片机内部或者外部，或者内部和片外都有，这由 MCS-51 系列单片机的硬件决定。因为程序存储区是只读的，所以只能存放程序和固定不变的数据表格，如对热电偶采集数据的校正参数表格、LED 显示的字符编码数据等。C51 提供存储类型 code 来访问程序存储区。

每个变量可以明确地分配到指定的存储空间，对片内数据存储器的访问比对外部数据存储器的访问快许多，因此应当将频繁使用的变量放在片内数据存储器中，而把较少使用的变量放在片外数据存储器中，而一些常量应存放于程序存储器中。各存储类型的简单描述如表 4-1 所示。

表 4-1　C51 的存储类型说明

存储类型	对应的存储区描述
data	直接寻址的片内 RAM 低 128 B，访问速度快
bdata	片内 RAM 的可位寻址区，允许字节和位混合访问
idata	间接寻址访问的片内 RAM，允许访问全部片内 RAM
pdata	用 R_i 间接寻址访问的片外 RAM 的一页，即 256 B，通过 P_0 口的地址对其寻址

续表

存储类型	对应的存储区描述
xdata	用 DPTR 间接寻址访问的片外 RAM，允许访问全部片外 RAM
code	程序存储器 64 KB

1. 存储类型介绍

1) data 存储类型

data 区的寻址是最快的，所以应该把经常使用的变量放在 data 区，但是 data 区的容量是有限的，data 区除了包含程序变量外，还包含了堆栈和寄存器组，所以要合理利用 data 区。data 区中声明的存储类型标志符为 data，通常指片内 RAM 的低 128 B，可直接寻址。声明举例如下：

```
unsigned char data a;
unsigned int data b[2];
char data c[16];
```

标准变量和用户自定义变量都可以存储在 data 区中，只要不超过 data 区的范围即可，因为 C51 语言使用默认的寄存器组来传递参数，这样 data 区至少失去了 8 B 的空间。另外，当内部堆栈溢出时，程序会莫名其妙地复位。这是因为 C51 单片机没有硬件报错机制，堆栈的溢出只能以这种方式表示出来，因此要声明足够大的堆栈空间以防止堆栈溢出。

2) bdata 存储类型

bdata 区实际上是 data 中的可位寻址区，在这个区中声明变量就可以进行位寻址。位变量的声明对状态寄存器来说十分有用，因为它可能仅仅需要某一位，而不是整个字节。bdata 区声明的存储类型标识符为 bdata，指内部可位寻址的 16 B 存储区（20H～2FH），数据类型是可位寻址变量的数据类型。

需要注意的是，在 bdata 区声明的独立位变量可以将存储类型标识符 bdata 省略，但在 bdata 区声明的字节变量不可以将存储类型标识符 bdata 省略。以下是在 bdata 区中声明的变量和使用位变量的例子：

```
bit bdata flag;
bit flag1;
unsigned char bdata d;
unsigned int bdata e[2];
unsigned long bdata f;
sbit d7=d^7;
```

编译器不允许在 bdata 区中声明 float 和 double 型变量。如果想对浮点数的每一位进行寻址，可以通过包含 float 和 double 的联合体来实现。

3) idata 存储类型

idata 区也可以存放使用比较频繁的变量，使用寄存器作为指针进行寻址，即在寄存器中设置 8 位地址进行间接寻址。与外部存储器寻址相比，它的指令执行周期和代码长度都比较短。idata 区声明的存储类型标识符为 idata，51 子系列指内部的 128 B 的存储区，而增

强的 52 子系列指内部的 256 B 的存储区,但是它只能间接寻址,速度比直接寻址慢。声明举例如下:

```
unsigned char idata g;
unsigned int idata h[2];
char idata i[16];
float idata j;
```

4) pdata 和 xdata 存储类型

pdata 区和 xdata 区属于片外数据存储区,片外数据存储区是可读可写的存储区,最多可以有 64 KB,当然这些地址不是必须用作存储区的,访问片外数据存储区比访问片内数据存储区慢,因为片外数据存储区是通过数据指针加载地址来间接访问的。

在这两个区,变量的声明与在其他区的语法是一样的,但 pdata 区只有 256 B,而 xdata 区可达 65 536 B。对 pdata 和 xdata 的操作是相似的。对 pdata 区的寻址比对 xdata 区要快,因为对 pdata 区寻址只需要装入 8 位地址,而对 xdata 区寻址需要装入 16 位地址,所以要尽量把片外数据存储在 pdata 区中。

pdata 区和 xdata 区中声明的存储类型标识符分别为 pdata 和 xdata。xdata 存储类型标识符可以指定片外数据存储区 64 KB 内的任何地址,而 pdata 存储类型标识符仅指定一页,即 256 B 的片外数据存储区。声明举例如下:

```
unsigned char xdata k;
unsigned int pdata l[2];
char xdata m[16];
float pdata n;
```

对 pdata 区和 xdata 区寻址要使用汇编指令 MOVX,需要两个机器周期。下例中为了直观地表示出对 pdata 区和 xdata 区寻址所需的时间,在每个语句之前表示出了其对应的机器周期序号。

```
1  #include <reg51.h>
2
3  unsigned char pdata reg1;
4
5  unsigned char xdata reg2;
6
7  void main(void){
8  reg1=P1;
9  reg2=P3;
10 }
```

片外数据存储的地址段中除了包含存储器地址外,还包含 I/O 器件的地址。对外部器件寻址可以通过指针或 C51 提供的宏,使用宏对外部器件 I/O 口进行寻址更具可读性。

关于对外部 RAM 及 I/O 口的寻址,将在下面的绝对地址的访问中详细讨论。

5) code 程序存储类型

程序存储区的数据是不可改变的,跳转向量和状态表对程序存储区访问的时间和对 xdata 区访问的时间是一样的。编译的时候,要对程序存储区中的对象进行初始化;否则就会产生错误。程序存储区声明的标识符为 code，在 C51 语言编译器中可以用 code 存储区类型标识符来访问程序存储区。下面是程序存储区声明的例子：

```
unsigned char code table[]=
{0x3f,0x06,0x5b,0x4f,0x66,0x6d,0x7d,0x07,0x7f,0x6f};
```

综上所述，单片机访问片内 RAM 比访问片外 RAM 相对快一些，所以应当将频繁使用的变量置于片内数据存储器，即采用 data、bdata 或 idata 存储类型，而将容量较大的或使用不频繁的变量置于片外 RAM，即采用 pdata 或 xdata 存储类型。不需要变化的常量或数据表只能采用 code 存储类型。变量存储类型定义举例如下：

```
char data var1;
```
/*字符变量 var1 被定义为 data 型,分配在片内 RAM 的低 128 B 中*/
```
bit bdata flags;
```
/*位变量 flags 被定义为 bdata 型,分配在片内 RAM 的可位寻址区*/
```
float idata x,y,z;
```
/*浮点型变量 x、y 和 z 被定义为 idata 型,分配在片内 RAM 中,但只能用间接寻址方式进行访问*/
```
unsigned int pdata dimension;
```
/*无符号整型变量 dimension 被定义为 pdata 型,分配在片外数据存储区,相当于用"MOVX @Ri"来访问*/
```
unsigned char xdata vector[10][4][4];
```
/*无符号字符型三维数组变量 vector[10][4][4]被定义为 xdata 型,分配在片外数据存储区中,占据 10*4*4=160 B*/

2. 存储模式

如果在变量定义时略去存储类型标识符，编译器会自动默认存储类型。默认的存储类型则由存储模式指令限制。例如，若声明 char var，则在使用 SMALL 存储模式下，var 被定位在 data 存储区中；在使用 COMPACT 存储模式下，var 被定位在 pdata 存储区中；在使用 LARGE 存储模式下，var 被定位在 xdata 存储区中。

在固定的存储器地址上进行变量的传递，是 C51 语言的标准特征之一。在 SMALL 模式下，参数传递是在片内数据存储区中完成的。COMPACT 和 LARGE 存储模式允许参数在外部存储器中传递。C51 语言同时也支持混合模式。例如，在 LARGE 模式下生成的程序可以将一些函数放入 SMALL 模式中，从而加快执行速度。

下面对存储模式作进一步说明。

1）SMALL 模式

在该模式下，所有变量都默认位于 MCS-51 单片机内部的数据存储器，这与使用 data 指定存储类型的方式一样。在此模式下，变量访问的效率最高，但所有的数据对象和堆栈必须使用内部 RAM。

确定堆栈的大小是很关键的一步，因为使用的堆栈空间是由不同嵌套函数的深度决定的。通常，如果 C51 链接/定位器将变量都配置在片内数据存储器中，则 SMALL 模式是最佳选择。

2）COMPACT 模式

当使用 COMPACT 模式时，所有变量都默认位于 MCS-51 单片机片外数据存储器的一页内,这与使用 pdata 指定存储类型的方式一样。该存储器类型适合变量不超过 256 B 的情况,此限制是由寻址方式决定的。该存储模式的效率比较低,对变量访问的速度也比 SMALL 模式下的访问速度慢一些,但比 LARGE 模式快。地址的高字节通过 P_2 设置,编译器没有设置该口。

3）LARGE 模式

在 LARGE 模式中,所有变量都默认位于 MCS-51 单片机片外数据存储器中,并使用数据指针 DPTR 进行寻址。通过数据指针访问片外数据存储器的效率较低,特别是当变量为 2 B 或更多字节时,该模式要比 SMALL 和 COMPACT 模式产生更多的代码。

4.2.3 C51 对单片机主要资源的控制

C51 语言对 MCS-51 系列单片机主要资源的控制,主要包括特殊功能寄存器的定义、片内 RAM 的使用、片外 RAM 及 I/O 口的使用、位变量的定义。片内 RAM、片外 RAM 及 I/O 口的使用又称为绝对地址的访问。

1. 特殊功能寄存器的 C51 定义

MCS-51 系列单片机中,除了程序计数器 PC 和 4 组工作寄存器组之外,其他所有的寄存器均为特殊功能寄存器,并位于 128 B 的特殊功能寄存器（SFR）寻址区,地址为 80H～0FFH,并且地址能够被 8 整除的 SFR 一般可以进行位寻址。对 SFR 只能用直接寻址方式访问,C51 语言允许通过使用关键字 sfr、直接应用编译器提供的头文件来实现对 SFR 的访问。

1）SFR 声明

8051 单片机片内有 21 个特殊功能寄存器,通过这些特殊功能寄存器可以控制单片机的 I/O 口、串口、定时器/计数器及其他功能部件。在 C51 中,需要访问特殊功能寄存器之前,必须通过 sfr 或 sfr16 说明符进行声明,指明其所对应的片内 RAM 单元的地址。格式如下:

```
sfr 或 sfr16  特殊功能寄存器名 = 地址;
```

sfr 用于对单字节的特殊功能寄存器进行声明,sfr16 用于对双字节特殊功能寄存器进行声明,特殊功能寄存器名一般用大写字母表示。注意,"="后面的地址必须是常数,不允许带有运算符的表达式,这个常数值的范围必须在特殊功能寄存器的地址范围内,即位于 80H～FFH 之间。例如:

```
sfr  P1=0x90;        /*定义 I/O 口 P₁,其地址为 90H*/
sfr  TMOD=0x89;      /*定义定时器/计数器方式寄存器 TMOD,其地址为 89H*/
```

2）SFR 中位定义

特殊功能寄存器中有一些可位寻址的寄存器,在访问前需要通过 sbit 说明符进行声明。格式为:

```
sbit  位变量名 = 地址;
```

若位地址为直接位地址,其取值范围为 00H～FFH;若位地址是可位寻址变量带位号或特殊功能寄存器名带位号,则在它前面需对可位寻址变量或特殊功能寄存器进行声明。字节地址与位号之间、特殊功能寄存器与位号之间一般用 "^" 作间隔。PSW 是可位寻址的 SFR,其中各位的定义用 sbit。例如:

```
sfr  PSW=0xD0;       /*定义程序状态字寄存器 PSW,其地址为 D0H*/
```

```
sbit   CY=0xD7;          /*定义位CY,其地址为D7H*/
sbit   AC=0xD0^6;        /*定义位AC,其地址为D6H*/
sbit   RS0=PSW^3;        /*定义位RS₀,其地址为D3H*/
```

注意: sfr、sfr16 和 sbit 只能在函数外使用,一般放在程序的开头部分。

实际上,为了用户处理方便,C51 编译器对 MCS–51 系列单片机的常用特殊功能寄存器和特殊位进行了定义,并放在一个名称为 reg51.h 或 reg52.h 的头文件中。当用户要使用时,只需要在使用前用一条预处理命令"#include <reg51.h>"把这个头文件包含到程序中,就可以使用特殊功能寄存器名和特殊位名称了,而对于未定义的位,使用之前必须先定义。例如:

```
#include  <reg51.h>
sbit   P10=P1^0;
sbit   P11=P1^1;
void main( )
{
  P10=1;P12=0;
  PSW=0x08;              /*相当于RS₀=1,RS₁=0;*/
  if  (OV==1)
  …
}
```

2. 绝对地址的访问

绝对地址的访问包括片内 RAM、片外 RAM 及 I/O 的访问。C51 语言提供了两种比较常用的访问绝对地址的方法。

1)绝对宏

C51 编译器提供了一组宏定义来对 MCS–51 系列单片机的 code、data、pdata 和 xdata 空间进行绝对寻址。在程序中,用"#include <absacc.h>"即可使用此头文件中声明的宏来访问绝对地址,包括 CBYTE、DBYTE、XBYTE、PBYTE、CWORD、DWORD、XWORD 和 PWORD,具体使用方法可参考 absacc.h 头文件。片内 RAM、片外 RAM 及 I/O 的访问示例如下:

```
#include "absacc.h"
#define  PA  XBYTE[0xffec]    /*将PA定义为外部I/O口,地址为0xffec */
#define  NRAM DBYTE[0x40]     /*将NRAM定义为片内RAM中地址为0x40的一字节单元*/
void  main( )
{
    PA=0x3A;                  /* 向片外数据存储器的地址为0xffec的单元写入3AH */
    NRAM=0x01;                /* 向片内数据存储器的地址为0x40的单元写入01H */
}
```

2)_at_关键字

可以使用关键字_at_对指定的存储器空间的绝对地址进行访问,一般格式如下:

[存储类型] 数据类型 变量名 _at_ 地址常数;

其中,存储类型为 C51 语言能识别的数据类型,如省略则按存储模式规定的默认存储类型确定变量的存储器区域；数据类型为 C51 语言支持的数据类型；地址常数用于指定变量的绝对地址，必须位于有效的存储器空间中；使用_at_定义的变量必须为全局变量。通过_at_实现绝对地址的访问示例如下：

```
data unsigned char x1 _at_ 0x40;
/*在 data 区定义字节变量 x1,它的地址为 40H*/
xdata unsigned int x2 _at_ 0x2000;
/*在 xdata 区定义字变量 x2,它的地址为 2000H*/
void main( )
{
  x1=0x12;
  x2=0x1234;
  …
  while(1);
}
```

需要注意的是，绝对变量定义时不能被初始化，而且 bit 型函数及变量不能用_at_指定。

3. 位变量的 C51 定义

1）位变量定义

单片机具有位处理器，C51 相应地设置了 bit 数据类型，bit 用于定义一般位变量，即

bit 位变量名 = 地址；

此时定义的只能是片内 RAM 的可位寻址区。例如：

```
bit lock_pt;              /*将 lock_pt 定义为位变量*/
bit direction_bit;        /*将 direction_bit 定义为位变量*/
```

函数可以有 bit 类型的参数，也可以有 bit 类型的返回值。例如：

```
bit func (bit b0,bit b1)
{
  bit a;
  …
  return a;
}
```

注意：位变量说明中可以指定存储类型，但位变量的存储类型只能是 bdata。不能定义位变量指针，不能定义位数组。

2）位变量使用

在程序设计时，可位寻址的对象是指既可以字节寻址也可以位寻址的变量，但其存储类型只能是 bdata。可以使用 bit 定义可独立寻址的位变量，即没有基址对象的位变量，全局变量或局部变量皆可。示例如下：

```
bit flag1;
void main( )
{
```

```
    …
    bit  flag2;
    …
}
```

如前所述，sbit 也可以定义位变量，但其定义的位变量应有基址对象，并且要求基址对象的存储类型必须为 bdata，只有这样其特殊位定义才是合法的。同时，sbit 定义的位变量必须为全局变量。示例如下：

```
int  bdata  a;
char bdata  b;
sbit  a15=a^15;
sbit  b0=b^0;
void main( )
{
    …
    a15=1;b0=1;
    …
}
```

4.2.4 C51 指针

C51 语言支持基于存储器的指针和一般指针两种指针类型。当定义一个指针变量时，若未给出它所指向的对象的存储类型，则该指针变量被认为是一般指针；反之，若给出了它所指对象的存储类型，则该指针被认为是基于存储器的指针。

基于存储器的指针类型由 C51 语言源代码中的存储器类型决定。用这种指针可以高效访问对象，且只需 1～2 B。

一般指针需占用 3 B，1 B 为存储器类型，2 B 为偏移量。存储器类型决定了对象所用的单片机存储器空间，偏移量指向实际地址。一个一般指针可以访问任何变量而不管它在单片机存储空间的位置。

1. 基于存储器的指针

在定义一个指针时，若给出了它所指对象的存储类型，则该指针是基于存储器的指针。

基于存储器的指针以存储器类型为变量，在编译时才被确定。因此，为地址选择存储器的方法可以省略，以便这些指针的长度可为 1 B(idata*, data*, pdata*) 或 2 B(code*, xdata*)。在编译时，这类操作一般被"内嵌"编码，而无须进行库调用。

基于存储器的指针举例如下：

```
char xdata *px;
```

/*定义了一个指向 char 字符类型变量(在 xdata 存储器中)的指针变量 px，指针自身在默认存储区(决定于编译模式)，长度为 2 B(值为 0~0xFFFF)*/

```
char xdata *data pdx;
```

/*定义了一个指向 char 字符类型变量(在 xdata 存储器中)的指针变量 pdx，指针自身在 data 内部

存储区,长度为 2 B(值为 0~0xFFFF)*/
    data char xdata *pdx;

上例最后一个语句和第二句完全相同,这是因为存储器类型定义既可以放在定义的开头,也可以放在定义的对象之前,这种形式与早期的 C51 语言编译器版本相兼容。

2. 一般指针

在函数的调用中,函数的指针参数需要用一般指针。一般指针可用于存取任何变量而不必考虑其在单片机存储空间的位置,许多 C51 库函数采用一般指针。函数可以利用一般指针来存取位于任何存储空间的数据。一般指针的说明形式如下:

数据类型　*指针变量；
例如,
    char *pz;

这里没有给出 pz 所指变量的存储类型,pz 处于编译模式默认的存储区,长度为 3 B。一般指针包括 3 B,即 1 B 存储类型和 2 B 偏移量,如表 4-2 所示。

表 4-2　一般指针

地址	+0	+1	+2
内容	存储器类型	偏移量高位字节	偏移量低位字节

其中,第 1 个字节代表了指针的存储类型,存储类型编码如表 4-3 所示。

表 4-3　存储类型编码

存储类型	idata	xdata	pdata	data	code
编码	0x01	0x02	0x03	0x04	0x05

注意:存储类型编码值与所使用的编译器版本有关,所以有的编译器的编码结果可能和表 4-3 的不一致。

例如,以 xdata 类型的 0x1234 地址作为指针可以表示成表 4-4。

表 4-4　0x1234 的表示

地址	+0	+1	+2
内容	0x02	0x12	0x34

当用常数作为指针时,必须注意正确定义存储类型和偏移量。例如,将常数值 0x41 写入地址 0x8000 的片外数据存储器:
    #define XBYTE((char *)0x20000L)
    XBYTE[0x8000]=0x41;

其中,XBYTE 被定义为(char *)0x20000L,0x20000L 为一般指针,其存储类型为 2,偏移量为 0000。这样,XBYTE 成为指向 xdata 零地址的指针,而 XBYTE[0x8000]则是片外数据存储器绝对地址为 0x8000 的存储单元。

注意：绝对地址被定义为 long 型常量，低 16 位包含偏移量，而高 8 位则表明了存储类型。为了表示这种指针，必须用长整型数来定义绝对地址。同时，因为 C51 编译器不检查指针常数，所以用户必须选择有意义的数值。

由于一般指针所指对象的存储空间位置只有在运行期间才能确定，编译器在编译期间无法优化存储方式，必须生成一般代码以保证能对任意空间的对象进行存取，因此一般指针所产生的代码运行速度较慢，如果希望加快运行速度，则应采用基于存储器的指针。但基于存储器的指针虽然长度比一般指针短，运行速度快，但它所指对象具有确定的存储空间，缺乏兼容性。

在实际应用中，除了可以采用指针变量来实现对内存地址的直接操作外，C51 编译器还提供一组宏定义 absacc.h，利用它可以很方便地实现对任意内存空间的直接操作，具体参考后面的库函数部分。

4.2.5 C51 函数

函数是 C51 语言的重要组成部分，是从标准 C 语言中继承而来的，函数是一个自我包含的完成一定相关功能的执行代码段。可以把函数视为一个"黑盒子"，只要将数据送进去就能得到结果，而函数内部究竟是如何工作的，外部程序可以不知道，外部程序只要调用它即可，所知道的仅限于输入给函数什么以及函数输出什么。函数提供了编制程序的手段，使之容易读写、理解、修改及维护。

在高级语言中，函数与另外两个名词子程序和过程用来描述同样的事情。在 C51 语言中使用的是函数这个术语。C51 语言程序中函数的数目实际上是不限制的，但是一个 C51 语言程序必须至少有一个函数，并以 main 命名，这个函数称为主函数，主函数是唯一的，整个程序从这个函数开始执行。

C51 语言还可以建立和使用库函数，每个库函数都完成一定的功能，可由用户根据需求调用。对这些库函数应熟悉其功能，只有这样才可以省去很多不必要的工作。

1. 函数声明

C51 编译器扩展了标准 C 函数声明，这些扩展有以下几种。
（1）指定一个函数作为一个中断函数。
（2）选择所用寄存器组。
（3）选择存储模式。
（4）指定重入。
在函数声明中可以包含这些扩展或是属性，声明 C51 函数的标准格式如下：

[return_type]funcname([args])[{small|compact|large}][reentrant] [interrupt n][using n]

  return_type:函数返回值的类型,如果不指定时默认是 int。
  funcname:函数名。
  args:函数的参数列表。
  small、compact 或 large:函数的存储模式。
  reentrant:表示函数是递归的或可重入的。
  interrupt:表示是一个中断函数。
  using:指定函数所用的寄存器组。

2. 中断函数

C51 语言编译器允许用 C51 语言创建中断服务函数（ISR），只要知道中断号和寄存器组的选择就可以了。编译器自动产生中断向量和程序的入栈及出栈代码。在函数说明时包括 interrupt 将把所声明的函数定义为一个中断函数，另外，可以用 using 定义此中断服务函数所使用的寄存器组。

中断函数是由中断系统自动调用的。用户在子程序或函数中不能调用中断函数；否则容易导致混乱。

中断函数的定义格式如下：

函数类型　函数名()interrupt　n　using　m

其中，interrupt 和 using 是关键字；interrupt 后面的 n 为中断源的编号，即中断号，MCS–51 系列的单片机有的多达 32 个中断源，所以中断号是 0~31，这些中断号告诉编译器中断函数的入口地址；using 后面的 m 为所选择的寄存器组，因为 MCS–51 系列单片机有 4 组工作寄存器组，所以取值范围为 0~3。

定义中断函数时，using 是一个选项，可以省略不用。如果不用 using 选项，则由编译器选择一个寄存器组作为绝对寄存器组。

定义中断函数时要注意以下几点。

（1）interrupt 和 using 不能用于外部函数。

（2）使用 using 定义寄存器组时，要保证寄存器组切换在所控制的区域内，否则出错。

（3）带 using 属性的函数原则上不能返回 bit 类型的值。

3. 库函数

C51 语言的强大功能及其高效率的重要体现之一，在于其提供了丰富的可直接调用的库函数，使用库函数可以使程序代码简单、结构清晰、易于调试和维护。

每个库函数都在相应的头文件中给出了函数原型声明，在 C51 中使用库函数时，必须在原程序的开始处使用预处理命令#include 将相应的头文件包含进来。C51 语言的库函数包括 I/O 函数库、标准函数库、字符函数库、字符串函数库、内部函数库、数学函数库、绝对地址访问函数库、变量参数函数库、全程跳转函数库和偏移量函数库等。下面分类介绍在 C51 程序设计时常用的函数库。

1）字符函数库

CTYPE.H 文件中提供了一组关于字符处理的函数，主要的函数原型和功能如下。

extern bit isalpha (char)：检查参数字符是否为英文字母，是则返回 1；否则返回 0。
extern bit isalnum (char)：检查参数字符是否为英文字母或数字字符，是则返回 1；否则返回 0。
extern bit iscntrl (char)：检查参数字符是否为控制字符，即 ASCII 值为 0x00、0x1f 或 0x7f 的字符，是则返回 1；否则返回 0。
extern bit islower (char)：检查参数字符是否为小写英文字母，是则返回 1；否则返回 0。
extern bit isupper (char)：检查参数字符是否为大写英文字母，是则返回 1；否则返回 0。
extern bit isdigit (char)：检查参数字符是否为数字字符，是则返回 1；否则返回 0。
extern bit isxdigit (char)：检查参数字符是否为十六进制数字字符，是则返回 1；否则返回 0。
extern char toint (char)：将 ASCII 字符的 0~9、a~f（大小写无关）转换为十六进制数字。

extern char toupper (char):将小写字母转换成大写字母,如果字符不在"a"~"z"之间,则不作转换直接返回该字符。

extern char tolower (char):将大写字母转换成小写字母,如果字符不在"A"~"Z"之间,则不作转换直接返回该字符。

2)标准函数库

STDLIB.H 文件中提供了一组标准函数,主要的函数原型和功能如下。

extern float atof (char *s):将字符串 s 转换成浮点数值并返回它。参数字符串必须包含与浮点数规定相符的数。

extern long atol (char *s):将字符串 s 转换成长整型数值并返回它。参数字符串必须包含与长整型数规定相符的数。

extern int atoi (char *s):将字符串 s 转换成整型数值并返回它。参数字符串必须包含与整型数规定相符的数。

void *malloc (unsigned int size):返回一块大小为 size 个字节的连续内存空间的指针。如返回值为 NULL,则无足够的内存空间可用。

void free (void *p):释放由 malloc 函数分配的存储器空间。

void init_mempool (void *p, unsigned int size):清零由 malloc 函数分配的存储器空间。

3)数学函数库

MATH.H 文件中提供了一组数学函数,主要的函数原型和功能如下。

extern int abs (int val)。
extern char abs (char val)。
extern float abs (float val)。
extern longs abs(long val):计算并返回 val 的绝对值。

以上四个函数的区别在于参数和返回值的类型不同。

extern float exp(float x):返回以 e 为底的 x 的幂,即 e^x。
extern float log(float x)。
extern float log10(float x):log 返回 x 的自然对数,即 $\ln x$;log10 返回以 10 为底的 x 的对数,即 $\log_{10} x$。
extern float sqrt(float x):返回 x 的正平方根,即 $\sqrt{x}$。
extern float sin(float x):返回值为 $\sin(x)$。
extern float cos(float x):返回值为 $\cos(x)$。
extern float tan(float x):返回值为 $\tan(x)$。
extern float pow(float x,float y):返回值为 x^y。

4)绝对地址访问函数库

ABSACC.H 文件中提供了一组绝对地址访问函数,主要的函数原型和功能如下。

#define CBYTE((unsigned char*)0x50000L)。
#define DBYTE((unsigned char*)0x40000L)。
#define PBYTE((unsigned char*)0x30000L)。
#define XBYTE((unsigned char*)0x20000L)。

以上几个函数用来对 MCS-51 系列单片机的存储器空间进行绝对地址访问,以字节为单位寻址。CBYTE 寻址 code 区;DBYTE 寻址 data 区;PBYTE 寻址 xdata 的 00H～0FFH 区域(用指令"MOVX @R0, A");XBYTE 寻址 xdata 区(用指令"MOVX @DPTR, A")。

#define CWORD((unsigned int*)0x50000L)。
#define DBORD((unsigned int*)0x40000L)。
#define PWORD((unsigned int*)0x30000L)。

```
#define XWORD((unsigned int*)0x20000L).
```
以上几个函数与前面的宏定义相同，只是数据为双字节。

5）内部函数库

INTRIN.H 文件中提供了一组内部函数，主要的函数原型和功能如下。

```
unsigned char _crol_(unsigned char val,unsigned char n).
unsigned int _irol_(unsigned int val,unsigned char n).
unsigned long _lrol_(unsigned long val,unsigned char n)
```
：将变量 val 循环左移 *n* 位。
```
unsigned char _cror_(unsigned char val,unsigned char n).
unsigned int _iror_(unsigned int val,unsigned char n).
unsigned long _lror_(unsigned long val,unsigned char n)
```
：将变量 val 循环右移 *n* 位。
```
void _nop_(void)
```
：该函数产生一个 MCS-51 单片机的 NOP 指令，用于延时一个机器周期。例如：
```
P10=1;
_nop_();    /*等待一个机器周期*/
P10=0;
```
```
bit _testbit_(bit x)
```
：测试给定的位参数 x 是否为 1，若为 1，则返回 1，同时将该位复位为 0；否则返回 0。

4.3　C51 程序设计

　　C51 语言是专为 MCS-51 系列单片机设计的语言，基本遵循标准 C 的语法和规则，其与标准 C 的不同之处，或者说是对标准 C 的扩展（已在 4.2 节详细介绍），下面就开始介绍具体 C51 的程序设计。

4.3.1　C51 程序的一般结构

　　C51 语言继承了标准 C 语言的特点，其程序结构与一般 C 语言的程序结构没有什么差别，都由一个或多个函数构成，其中有且仅有一个主函数 main( )。程序执行时一定是从主函数 main( )开始，调用其他函数后又返回主函数，被调用函数如果位于主调函数之前则可以直接调用；否则要先说明后调用。当主函数的所有语句执行完毕，则程序执行结束。C51 程序一般结构如下：

```
预处理命令                    /*用于包含头文件*/
全局变量说明；                /*全局变量可被本程序的所有函数引用*/
函数 1 说明；
……
函数 n 说明；
void main()
{
    局部变量说明；            /*局部变量只能在所定义的函数内部引用*/
    执行语句；
    函数调用（形式参数表）；
}
```

```
/*其他函数定义*/
函数 1（形式参数说明）
{
    局部变量说明；            /*局部变量只能在所定义的函数内部引用*/
    执行语句；
    函数调用（形式参数表）；
}
……
函数 n（形式参数说明）
{
    局部变量说明；            /*局部变量只能在所定义的函数内部引用*/
    执行语句；
    函数调用（形式参数表）；
}
```

从上面的结构说明可以看出，一个典型的 C51 源程序包含预处理命令、自定义函数声明、主函数 main( )和自定义函数。这几部分与 C 语言的程序结构完全类似，各部分的功能如下。

（1）预处理命令部分常用#include 命令来包含一些程序中用到的头文件。这些头文件中包含了一些库函数，以及其他函数的声明与定义。

（2）自定义函数声明部分用来声明源程序中自定义的函数。

（3）主函数 main( )是整个 C51 程序的入口。不论 main( )函数位于程序代码中的哪个位置，C51 程序总是从 main( )函数开始执行。

（4）自定义函数部分是 C51 源程序中用到的自定义函数的函数体。

除了扩展名为".c"的源程序文件外，C51 程序还支持扩展名为".h"的头文件以及扩展名为".lib"的库文件等。在一般的编译系统中，通常以项目（工程）结构来管理复杂的 C51 程序文件。例如，Keil μVision4 编译环境中，整个项目结构如图 4-1 所示。

在这里，整个项目由项目文件管理，项目文件扩展名为".UV4"。整个工程项目中可以包含以下几类文件。

（1）头文件，用来包含一些库函数，系统变量声明并将不同的 C 文件连接起来。

（2）C 源文件，是 C51 程序的主要部分，用来实现特定的功能。C 源文件可以有一个，也可以按照不同的功能分成多个，但所有这些 C 源文件中有且仅有一个可以包含 main( )主函数。

（3）库文件，是实现特定功能的函数库，供 C 源文件调用。

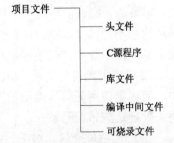

图 4-1   Keil μVision4 项目结构示意图

（4）编译中间文件，是源程序在编译链接过程中生成的中间文件，其中包含了文件编译调试的信息。

（5）可烧录文件，是编译系统生成的可以烧录到单片机内部供执行的文件，类似于".exe"可执行文件。在 C51 语言中，一般扩展名为".hex"或者".bin"等。

在这些文件中，C 源文件是必需的，其他文件可以根据用户实际需要使用。

4.3.2　C51 编程规范及技巧

1. 编程规范

遵循好的编程规范能够提高程序的可读性及编写、调试和修改的效率，在单片机 C51 程序开发过程中推荐参照以下规范。

（1）注释说明。对于模块、函数以及完成复杂算法的语句都应当加上清晰的注释。对于模块，应在源文件的开头标注作者的名称、创建日期、修改日期、模块功能、复杂算法说明等；对于函数，应在函数之前加上函数名称、功能说明、输入参数和返回值描述、处理流程和涉及的全局变量说明；对于复杂算法语句，应在关键句后面加上方便理解的注释。注释内容应简练、清楚。

（2）符号命名。对于常量、变量和函数等的命名要有一定意义，能够反映其功能、作用或数据类型。对于常量，一般使用大写字母命名；对于变量，一般使用简写的类型名作为前缀，反映变量意义的第一个字母大写，其他字母小写；对于函数，将组成函数名的各个单词的首字母大写，其他字母小写。

（3）编程风格。在长期的程序编程过程中遵循并养成的代码编写习惯称为编程风格，包含注释、命名的使用习惯以及语句的书写风格，主要体现在缩进、对齐方式和空格的使用等方面。同一级别的语句应使用相同缩进格式；在表达式中要注意空格的使用，运算符与操作数之间最好有一个空格；较长的语句应在运算符或逗号后进行换行；括号要成对出现，尤其是成对的花括号要在不同的行中保持对齐。

在 C51 程序开发过程中，除了遵守上述的编程规范，以提高编辑效率之外，还要注意一些编程技巧，这些技巧可以优化程序代码，提高单片机的运行效率。

2. 编程技巧

（1）使用短变量。MCS-51 系列单片机是 8 位机，大部分的数据处理都是以字节为单位的，如果是 8 位就能够处理的数据，应尽量定义为 unsigned char 类型。如定义一个循环变量，循环次数不超过 255 次，那么就要使用 unsigned char 型，而不是用 int 型，因为 int 型占用 16 位空间。减小变量的长度能够很好地提高代码效率。

（2）使用无符号变量。MCS-51 系列单片机本身不支持带符号运算，所以程序编写过程中，应尽量使用无符号类型的变量。若程序中使用了带符号变量，就会无形中增加额外的代码来处理这些带符号数。

（3）使用位变量。对于一些标志位，可以使用 bit 型变量取代 unsigned char 型变量，从而可以降低存储空间，并提高执行效率，因为访问位变量只需一个机器周期。但要注意，bit 类型不能声明一个 using 关键字指定的函数返回值，同时也没有 bit 类型的指针和数组。

（4）使用局部变量。局部变量在编译过程中都被分配在内部存储区，能够保证变量的访问速度，所以局部变量比全局变量使用效率高。另外，过多地使用全局变量，也会给编程带来一定难度。

（5）合理使用存储类型。在定义变量时，把经常使用的变量定义在片内 RAM 区，可以提高程序执行速度，并减少代码存储空间。考虑到存储速度，通常按照 data、idata、pdata、xdata 的顺序来确定变量存储区。同时要注意在 data 区中保留足够的堆栈空间。

（6）合理使用宏定义。对于常数，可使用宏来进行定义，完成程序上下文的统一性和可维护性。对于小段代码，可以通过宏来代替函数，使程序有更好的可读性，同时可以减少调用函数所造成的时间浪费。

（7）尽量少用指针。在源代码中使用指针，那么编译后的代码量就会增加，所以应尽量减少指针的使用。在程序中使用指针时，应指定指针的类型，并确定它们指向的区域，如 xdata 或 idata，这样就不必由编译器确定指针所指向的存储区，使得代码更加紧凑。

（8）尽量少用浮点数。浮点数在存储器中占用 32 bit 空间，在 8 bit 的 MCS-51 单片机上使用浮点数就会浪费存储空间，而且浮点运算也会消耗大量机器时间，所以在编程时要慎重使用这种数据类型。

本 章 小 结

数据的不同格式称为数据类型。C51 中扩充的数据类型有：特殊功能寄存器类型，标识符为 str 和 sfr16；位类型，标识符为 bit 和 sbit。

MCS-51 系列单片机在物理上有 3 个存储空间，即程序存储器、片内数据存储器、片外数据存储器。C51 在定义变量和常量时，需说明它们的存储类型，将它们定位在不同的存储区中。单片机常用的存储类型有 data、bdata、idata、pdata、xdata 和 code 6 个具体类型，默认类型由编译模式指定。

C51 编译器已经把 MCS-51 系列单片机的特殊功能寄存器、特殊位和 4 个 I/O 口（P_0～P_3）进行了声明，放在"reg51.h"或"reg52.h"头文件中。用户在使用之前用一条预处理命令"#include <reg51.h>"把这个头文件包含到程序中，就可以使用特殊功能存储器名和特殊位名称了，而对于未定义的位，使用之前必须先定义。

C51 提供了一组宏定义，包括 CBYTE、DBYTE、XBYTE、PBYTE、CWORD、DWORD、XWORD 和 PWORD 来对单片机进行绝对寻址，同时也可以使用_at_关键字对指定的存储器空间的绝对地址进行访问。

C51 支持基于存储器的指针和一般指针两种指针类型。基于存储器的指针可以高效访问对象，且只需 1～2 B。而一般指针需占用 3 B，1 B 为存储器类型，2 B 为偏移量，具有兼容性。

C51 语言中断函数的定义中使用了关键字 interrupt、using、中断号、寄存器组号等；并且 C51 也提供一些常用的库函数，如 I/O 函数库、标准函数库、内部函数库、数学函数库、绝对地址访问函数库等。

习 题

4.1 什么是数据类型？
4.2 C51 有哪几种存储类型？使用这些存储类型的变量被定位在什么存储区域？

4.3 C语言的优点是什么?

4.4 bit 和 sbit 型位变量的使用有什么不同?

4.5 定义变量,a 为内部 RAM 的可位寻址区的字符型变量,b 为片外数据存储器的浮点型变量,c 为指向 int 型 xdata 区的指针。

4.6 编写 C51 函数 htoi(s),输入字符串 s,输出整数值,功能是把十六进制字符串 s 变换成十进制整数。

4.7 编写 C51 函数 reverse(s),输入字符串 s,输出字符串 s1,功能是把字符串 s 逆转。

4.8 C51 采用什么形式对绝对地址进行访问?

4.9 编写 C51 程序,将外部 RAM 的 10H～15H 单元内容传送到内部 RAM 的 10H～15H 单元。

4.10 P_1 口引脚驱动 8 个发光管,$P_{2.3}$ 引脚控制蜂鸣器,编写 C51 程序,使 8 个发光管由左到右间隔 1 s 流动,即每个灯亮 500 ms 同时蜂鸣器响,灯灭 500 ms 同时蜂鸣器停,一直循环下去。

4.11 在编译系统中工程项目一般包含哪些文件?

第二篇

单片机应用与系统开发

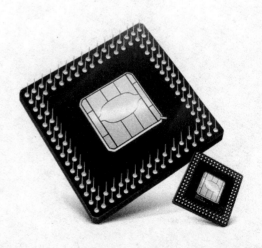

第二篇

单片机应用系统开发方式

第 5 章

软件开发环境

Proteus ISIS 是英国 LabCenter Electronics 公司研发的 EDA。Proteus ISIS 不仅是模拟电路、数字电路、模数混合电路的设计与仿真平台,更是目前世界上最先进、最完整的多种型号单片机(微控制器)应用系统的设计与仿真平台。Keil μVision 是美国 Keil Software 公司出品的 51 系列兼容单片机 C 语言软件开发系统,包括 C51 编译器、宏汇编器、连接器/定位器和目标文件至 Hex 格式转换器。其支持众多不同公司的 MCS-51 架构的芯片开发,集成了代码编辑、程序编译、仿真分析等多元化功能,易于操作和使用。

本章介绍 C51 语言软件开发平台 Keil μVision 与虚拟仿真平台 Proteus ISIS 的基本特性与使用。通过本章的学习,读者应初步了解如何运用 Keil 工具进行软件编程与调试,掌握使用 Proteus ISIS 平台来进行硬件的设计,以及使用 Keil 工具和 Proteus ISIS 平台进行单片机应用系统的设计与虚拟仿真的基本方法与步骤。

5.1 Proteus ISIS 集成开发环境及应用

5.1.1 Proteus ISIS 软件概述

1. Proteus ISIS 简介

Proteus ISIS 是一款集单片机仿真和 SPICE 分析于一体的 EDA 仿真软件,于 1989 年由英国 LabCenter Electronics Ltd.研发成功,经过几十年的发展,现已成为当前 EDA 市场上性价比最高、性能最强的一款软件。Proteus ISIS 现已经在全球 50 多个国家得到应用,广泛应用于高校的大学生或研究生电子教学与实验以及公司实际电路设计与生产中。

Proteus 除了具有和其他 EDA 工具一样的原理图设计、PCB 自动生成及电路仿真的功能外,其最大特点是 Proteus VSM(Virtual System Modelling)实现了混合模式的 SPICE 电路仿真,它将虚拟仪器、高级图表仿真、微处理器软仿真器、第三方的编译器和调试器等有机结合起来,在世界范围内第一次实现了在硬件物理模型搭建成功之前,即可在计算机上完成原理图设计、电路分析与仿真、系统测试以及功能验证。

Proteus ISIS 主要由 ISIS(Intelligent Schematic Input System)和 ARES(Advanced Routing and Editing Software)两部分组成,ISIS 的主要功能是原理图设计及电路原理图的交互仿真,

ARES 主要用于印制电路板（PCB）的设计，产生最终的 PCB 文件。

本书主要针对 Proteus ISIS 的原理图设计和利用 Proteus ISIS 实现数字电路、模拟电路以及单片机实验的仿真，故只对 ISIS 部分进行详细介绍，ARES 的介绍可参考相关资料。

ISIS 提供了 Proteus VSM 的编译环境，是进行交互仿真的基础，其主要特点如下。

（1）自动布线和连接点放置。
（2）强大的元件选择工具和属性编辑工具。
（3）完善的总线支持。
（4）元器件清单和电气规则检查。
（5）适合主流 PCB 设计工具的网络表输出。
（6）支持参数化子电路元件值的层次设计。
（7）自动标注元件标号功能。
（8）ASCII 数据输入功能。
（9）管理每个项目的源代码和目标代码。
（10）支持图表操作以进行传统的时域、频域仿真。

2. 启动 Proteus ISIS

启动 Proteus ISIS 的方法非常简单，只要运行 Proteus ISIS 的执行程序即可。如图 5-1 所示，在 Windows 桌面选择"开始"→"所有程序"→"Proteus 7.5 Professional"→"ISIS 7.5 Professional"菜单命令，即可启动 Proteus ISIS。

图 5-1 启动 Proteus ISIS

接下来便进入图 5-2 所示的 ISIS 主窗口。

启动 Proteus ISIS 还有其他的简便方法：用户可以直接双击 Windows 桌面上的"ISIS 7 Professional"图标来启动应用程序，如图 5-3 所示；或者直接单击 Windows "开始"菜单中的"ISIS 7 Professional"图标。

3. Proteus ISIS 工作界面

Proteus ISIS 启动后，将进入工作界面。Proteus ISIS 的工作界面是一种标准的 Windows 界面，如图 5-4 所示，包括标题栏、菜单栏、工具栏、生成网表并切换到 ARES 按钮、状态栏、对象选择按钮、仿真控制按钮、对象预览窗口、对象选择窗口和图形编辑窗口。

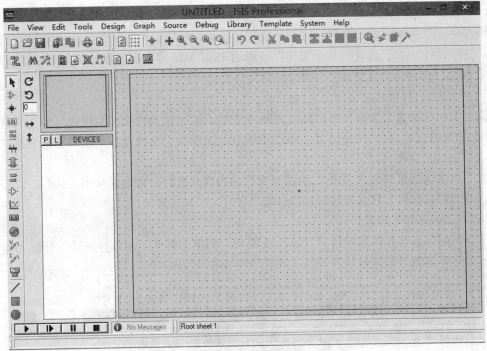

图 5-2　ISIS 主窗口

图 5-3　从 Windows 桌面快捷图标启动 ISIS

1) 菜单栏

菜单栏中 File、View、Edit、Library、Tools、Design、Graph、Source、Debug、Template、System、Help 分别对应为文件、视图、编辑、工具、设计、图表、源代码、调试、库、模板、系统、帮助。当鼠标移至它们时，都会弹出下级菜单。

(1)"File"菜单项。

该菜单项包括新建设计文件、打开(装载)已有的设计文件、保存设计、导入/导出部分文件、打印设计、显示最近的设计文件以及退出 ISIS 系统等常用操作。其中 ISIS 设计文件的后缀名为.DSN,部分文件的后缀名为.SEC。

(2)"View"菜单项。

该菜单项包括重绘当前视图、通过元器件栅格、鼠标显示样式(无样式、"×"号样式、大"+"号字样式)、捕捉间距设置、原理图缩放、元器件平移以及各个工具栏的显示与否。

(3)"Edit"菜单项。

该菜单项包括撤销/恢复操作、通过元器件名查找元器件、剪切、复制、粘贴,以及分层设计原理图时元器件上移或下移一层操作等。

(4)"Library"菜单项。

该菜单项包括从元件库中选择元器件及符号、创建元器件、元器件封装、分解元器件操作、元器件库编辑、验证封装有效性、库管理等操作。

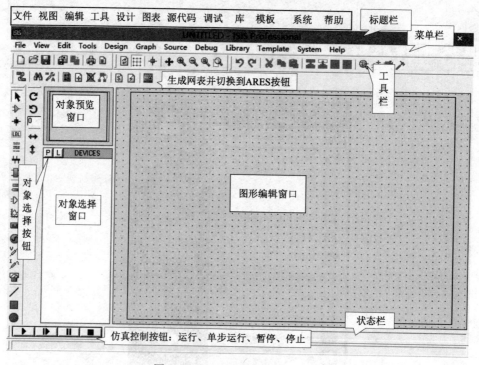

图 5-4　Proteus ISIS 的工作界面

(5)"Tools"菜单项。

该菜单项包括实时注解、实时捕捉栅格、自动布线、搜索标签、属性分配工具、全局注解、导入 ASCII 数据文件、生成元器件清单、电气规则检查、网络表编译、模型编译等命令。

(6)"Design"菜单项。

该菜单项包括编辑设计属性、编辑当前涂层的属性、进行设计注释、电源端口配置、新建一个图层、删除图层、转到其他图层以及层次化设计时在父图层与子图层之间的转换等命令。

(7)"Graph"菜单项。

该菜单项包括编辑图形、添加跟踪曲线、仿真图形、查看日志、一致性分析和某路径下文件批处理模式的一致性分析等命令。

(8)"Source"菜单项。

该菜单项包括添加/删除源文件、添加/删除代码生成工具、设置外部文本编辑器和编译命令。

(9)"Debug"菜单项。

该菜单项包括启动调试、执行仿真、设置断点、限时仿真、单步执行以及对弹出的调试窗口的设置等命令。

(10)"Template"菜单项。

该菜单项主要包括设置图形格式、文本格式、元器件外观特征(线条颜色和填充颜色等)、连接点样式等命令。

(11)"System"菜单项。

该菜单项包括设置 ISIS 编辑环境(主要包括自控保存时间间隔和初始化部分菜单)、选择文件路径、设置图纸大小、设置文本样式、快捷键分配、仿真参数设置等命令。

(12)"Help"菜单项。

该菜单项主要包括系统信息、ISIS 教程文件和 Proteus VSM 帮助文件以及设计实例等。

2)图形编辑窗口

它占的面积最大,是用于绘制原理图的窗口。编辑区的蓝色方框为图纸边界,在其中可以编辑设计电路(包括单片机系统电路),并进行 Proteus 仿真。

3)对象选择窗口

Proteus ISIS 使用指南

对象选择窗口用来放置从库中选出的待用元器件、终端、图表和虚拟仪器等。原理图中所用元器件、终端、图表和虚拟仪器等,要先从库里选到这里来。Proteus 提供的所有元器件分类和子类见书后电子资源(扫描二维码可阅读)。

4)对象预览窗口

对象预览窗口可以显示两个内容,一个是在元器件列表中选择一个元器件时,显示该元件的预览图;另一个是鼠标焦点落在图形编辑窗口时,显示整张原理图的缩略图。

5)工具栏、工具按钮及其功能

工具栏、工具按钮及其功能如图 5-5 所示,它提供了方便的可视化操作环境。

6)仿真控制按钮

仿真运行控制按钮 ▶ ▶ ▮▮ ■ 一般在 ISIS 窗口下方,从左至右依次是运行、单步运行、暂停、停止。

4. Proteus ISIS 原理图设计中的若干注意事项

1)建立、保存、打开文件

选择"File"→"New Design"菜单命令,弹出图 5-6 所示的"Create New Design"(创建新设计)对话框。单击"OK"按钮,则以默认的 DEFAULT 模板建立一个新的图纸尺寸为 A4 的空白文件。若单击其他模板(如 Landscape A1),再单击"OK"按钮,则以 Landscape A1

模板建立一个新的图纸尺寸为 A4 的空白文件。

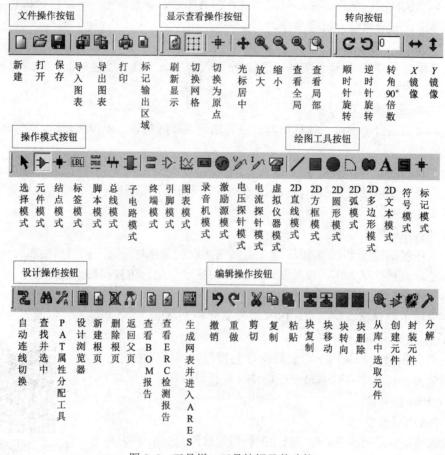

图 5-5 工具栏、工具按钮及其功能

单击工具栏中的 按钮，选择路径、输入文件名后再单击"保存"按钮，则完成新建文件操作，文件格式为*.DSN（如 RCZDQ.DSN），后缀 DSN 是系统自动加上的。若文件已存在，则可单击工具栏中的 按钮，在弹出的对话框中选择要打开的设计文件（*.DSN）。

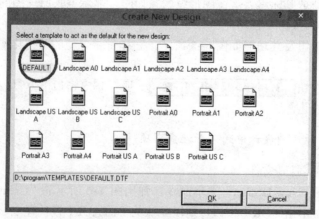

图 5-6 创建新设计文件

2）设定网格单位和去掉网格

如图 5-7 所示，选择"View"→"Snap 0.1in"菜单命令，可将网格单位设定为 100 th（0.1 in=100 th=2.54 mm）。若需要对元件做更精确的移动，可将网格单位设定为 50 th 或 10 th。

有时，画好的原理图中不需要看到网格，如何去掉网格呢？很简单，只需在图中单击"▦"网格图标，原理图中就看不到网格了。当然，再单击"▦"网格图标，就又看到网格了。

3）设置、改变图纸大小

在画图之前，一般要设定图纸的大小。Proteus ISIS 默认的图纸尺寸是 A4（长×宽为 10 in×7 in）。如要改变这个图纸尺寸，如要改为 A3，可选择"System"→"Set Sheet Size"菜单命令，出现图 5-8 所示对话框。可以选择 A0～A4 其中之一，也可以选中"User"（自定义）复选框，再按需要更改右边的长和宽数据。

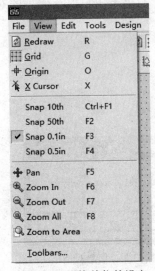

图 5-7 网格单位的设定

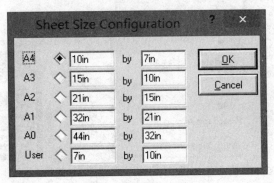

图 5-8 图纸大小设置

4）去掉图纸上的<TEXT>

画好原理图后，图纸上所有元件的旁边都会出现<TEXT>，这时可选择"Template"→"Set Design Defaults"菜单命令，如图 5-9 所示，在打开的对话框中取消选中"Show hidden text?"复选框，如图 5-10 所示，即可快速隐藏所有的<TEXT>。

图 5-9 选择"Set Design Defaults"命令

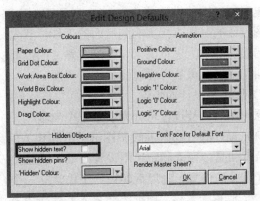

图 5-10 "Edit Design Defaults"对话框

5）去掉对象选择窗口中不用的元器件

在设计电路原理图的过程中，有时对象选择窗口中多选了元器件，画图时并没有用；或者起先用过，后来删掉了。现在想把这些未用的元器件从对象选择器中去掉，方法如下：把光标移到对象选择窗口中待删元器件名称上，单击鼠标右键，在弹出快捷菜单中（见图 5-11）选择"Tidy"命令，再单击"OK"按钮就把对象选择窗口中所有不用的元器件删除了。

5. 关闭 Proteus ISIS

关闭 Proteus ISIS 的方法很简单，主要有两种，一是选择"File"→"Exit"菜单命令，即可退出运行中的 Proteus ISIS 软件；二是用户可单击软件右上角的 ✕ 按钮退出应用程序。需要注意的是，在退出或关闭 Proteus ISIS 软件前应先保存所编译的电路原理图文件（.DSN）等；否则，软件将弹出"Save changes to current design？"的提示用户保存信息的对话框，如图 5-12 所示。

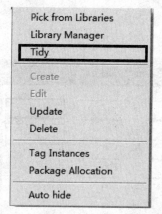

图 5-11　对象选择器中弹出的快捷菜单

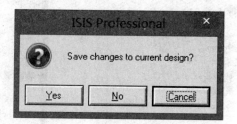

图 5-12　用户保存信息对话框

5.1.2　Proteus ISIS 软件应用

1. Proteus ISIS 绘制原理图的一般步骤

1）原理图设计的要求

电路原理图的设计是 Proteus ISIS 和印制电路板设计中的第一步，也是非常重要的一步。原理图设计的好坏直接影响到后面的工作。首先，原理图的正确性是最基本的要求，因为在一个错误的基础上进行的工作是没有意义的；其次，原理图应该布局合理，以便于读图、查找和纠正错误；最后，原理图要力求美观。

2）原理图设计的步骤

原理图的设计过程可分为以下几个步骤。

（1）新建设计文件并设置图纸参数和相关信息。在开始电路设计之前，用户根据电路图的复杂度和具体要求确定所用设计模板，或直接设置图纸的尺寸、样式等参数以及文件头等与设计有关的信息，为以后的设计工作建立一个合适的工作平面。

（2）放置元器件。根据需要从元器件库中查找并选择所需的元器件，然后从对象选择器中将用户选定的元器件放置到已建立好的图纸上,并对元器件在图纸上的位置进行调整,对元器件的名称、显示状态、标注等进行设定,以方便下一步的布线工作。

（3）对原理图进行布线。该过程实际上是将事先放置好的元器件用具有意义的导线、网络标号等连接起来,使各元器件之间具有用户所设计的电气连接关系,构成一张完整的电路原理图。

（4）调整、检查和修改。在该过程中,利用 ISIS 提供的电气规则检查命令对前面所绘制的原理图进行检查,并根据系统提供的错误报告修改原理图、调整原理图布局,以同时保证原理图的正确和美观。最后视实际需要,决定是否生成网络表文件。

（5）补充完善。在该过程中,主要是对原理图做一些说明和修饰,以增加可读性和可视性。

（6）存盘和输出。该过程主要是对设计完成的原理图进行存盘、打印输出等,以供在以后的工作中使用。

2. Proteus ISIS 软件应用实例

现在以单片机 AT89C51 控制流水灯电路原理图为例,说明 Proteus ISIS 电路原理图的画法,如图 5-13 所示。

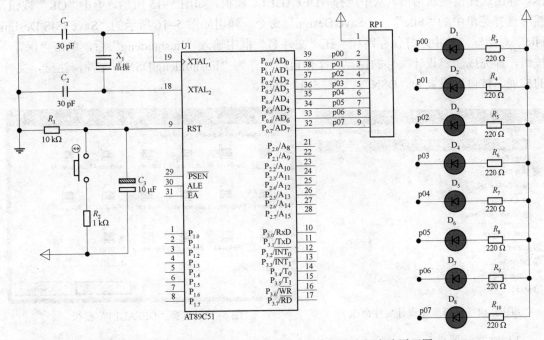

图 5-13 单片机 AT89C51 最小系统及控制流水灯电路原理图

$XTAL_1$ 和 $XTAL_2$ 引脚通过外接 12 MHz 晶振和 C_1、C_2 两个 30 pF 电容组成晶振电路；RST 引脚通过 10 kΩ 电阻 R_1,1 kΩ 电阻 R_2,10 μF 电容 C_3 及一个按键组成复位电路；P_0 口通过上拉排阻连接 8 个发光二极管阴极,发光二极管阳极通过 220 Ω 的限流电阻连接到 V_{CC} 电源。

根据电路原理图,所使用的元器件清单如表 5-1 所示。

表 5-1 元件列表

Proteus 元件名称	实际元器件	所属电路
AT89C51	单片机	单片机最小系统
RES	电阻	复位电路，流水灯电路
CAP	电容	晶振电路
CAP-ELEC	电解电容	复位电路
RESPACK-8	8 电阻排阻	流水灯电路
CRYSTAL	晶振	晶振电路
LED-RED	红色发光二极管	流水灯电路
BUTTON	按键	复位电路

下面详细讲解电路原理图的一般绘制过程。

1）新建及保存设计文件

打开 Proteus ISIS 工作界面，选择菜单中的 "File" → "New Design" 命令，如图 5-14 所示，弹出选择模板对话框，从中选择 "DEFAULT" 模板，如图 5-15 所示，单击 "OK" 按钮，然后选择菜单中的 "File" → "Save Design" 命令，弹出如图 5-16 所示的 "Save ISIS Design File" 对话框。从中选好保存路径，在 "文件名" 框中输入 "liushuideng" 后，单击 "保存" 按钮，即完成新建设计文件的保存，文件自动保存为 "liushuideng.DSN" 文件，注意，文件的扩展名被自动设置为 "DSN"，如图 5-17 所示。

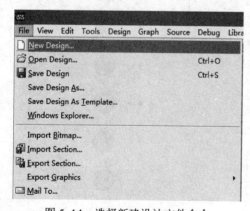

图 5-14 选择新建设计文件命令

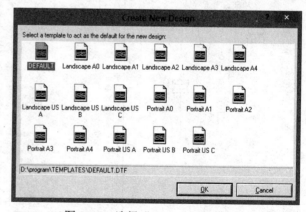

图 5-15 选择 "DEFAULT" 模板

2）放置元器件

在绘制电路原理图之前，应将图中多次使用的元器件从元器件库中选出来。同一个元器件不管图中使用多少次，只取一次即可。从元器件库中选元器件时，可输入所需元器件的全称或部分名称，从元器件拾取窗口可以进行快速查询。

单击图 5-4 中 "对象选择窗口" 上方的 "P" 按钮，弹出图 5-18 所示的 "Pick Devices" 对话框。

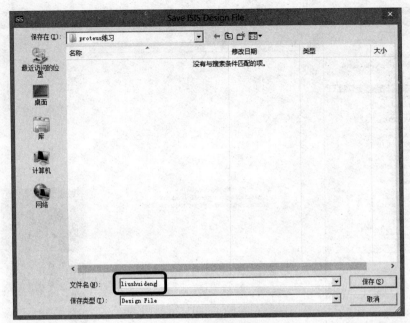

图 5-16　保存 ISIS 设计文件

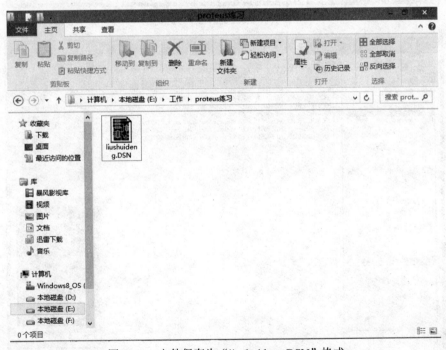

图 5-17　文件保存为"liushuideng.DSN"格式

（1）添加单片机。在图 5-19 所示的"Pick Devices"对话框"Keywords"文本框中输入"AT89C51"，然后从"Results"列表框中选择所需要的型号。此时元器件的预览窗口中分别显示元器件的原理图和封装图。单击"OK"按钮或直接双击"Results"列表框中的"AT89C51"都可将选中的元器件添加到对象选择器中。

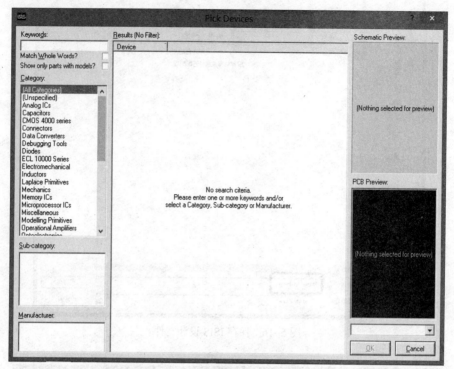

图 5-18 "Pick Devices"对话框

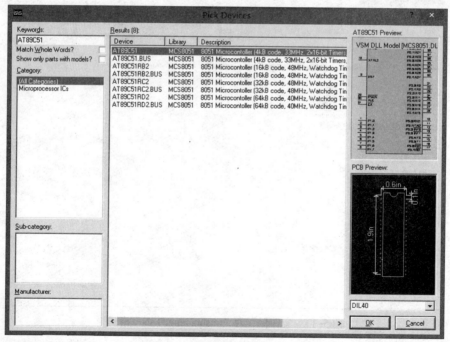

图 5-19 添加"AT89C51"单片机

（2）放置单片机 AT89C51。在对象选择器中单击"AT89C51"，然后将光标移入图形编辑窗口，在任意位置单击即可出现一个随光标浮动的元器件原理图符号。移动光标到适当的位置，单击鼠标即可完成该元器件的放置，如图 5-20 所示。

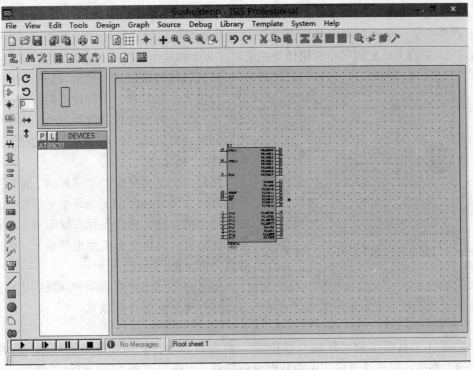

图 5-20　放置好的单片机电路符号

（3）器件的移动、旋转和删除。用鼠标右键单击 AT89C51 单片机，弹出图 5-21 所示的快捷菜单。此快捷菜单中有移动、以各种方式旋转和删除等命令。若需要对单片机上下翻转兼左右翻转，要选择"➡X-Mirror"和"↕Y-Mirror"命令。

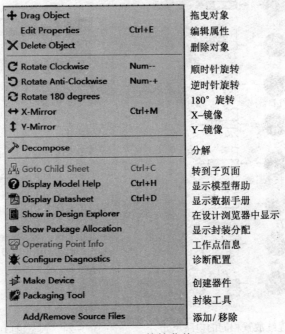

图 5-21　快捷菜单

（4）放置多个相同的电路单元。在此例中，通过 P_0 口的 8 个 I/O 口对 8 个发光二极管进行流水点亮控制。电路图中有 8 个发光二极管及限流电阻组成的相同电路单元，可以使用 Proteus ISIS 中的"块复制"功能快捷地完成对这 8 个相同电路单元的绘制。

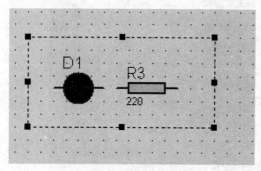

首先在电路图的适当位置以适当的姿势放置好一个发光二极管和一个限流电阻，按住鼠标左键画出一个长方形区域将这组发光二极管和限流电阻包括在内，选中时电子元器件边缘呈红色，如图 5-22 所示。

然后单击工具栏中的"块复制"按钮，即可出现一个随光标浮动的电路单元符号。移动光标到适当的位置，单击鼠标左键即可完成该电路单元的放置。此例中有 8 组电路单元，因此连续放置 7 次，如图 5-23 所示。

图 5-22　一组发光二极管和限流电阻放置

用类似的方法可以把电路图中的其他电子元器件以适当的位置和姿势放置到电路图中。绘制电路原理图时，要根据需要选择合适的方法进行电子元器件的放置。

3）放置电源和地

单击部件工具箱中的"终端"按钮，则在对象选择器中显示各种终端。从中选择"POWER"终端，可在预览窗口中看到电源的符号。同理，选择"GROUND"终端，即为地的符号，如图 5-24 所示。用上面介绍的方法将这些电源和地的电路符号放到原理图的适当位置即可。

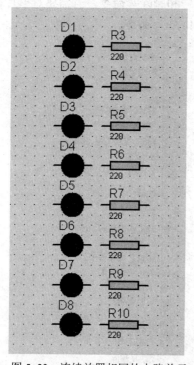

图 5-23　连续放置相同的电路单元

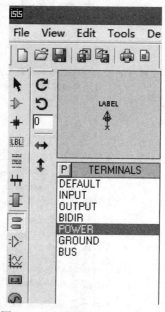

图 5-24　预览窗口中电源的符号

4)连线

将电子元器件、电源和地的电路符号放置完毕后,要根据电路原理图将电气中相连的部分用连线连接起来。主要有以下 3 种形式。

(1) 直接连线。将光标靠近一个对象的引脚末端,该处将自动出现一个红色小方块,单击鼠标左键,拖动鼠标,放在另一个对象的引脚末端,该处同样出现这个红色小方块时,单击鼠标左键,就可以将上述两个引脚末端画出一根连线来。如在拖动鼠标画线时需要拐弯,只需要在拐弯处单击鼠标左键即可。

(2) 通过网络标号连线。可以给每个引出的线添加网络标号。在 Proteus 仿真时,系统会认为网络标号相同的引脚是连在一起的。可以选择用直接连线法已经连好的线,也可以重新绘制并没有直接连线接连在一起的对象。将光标靠近一个对象的引脚末端,该处将自动出现一个红色小方块。单击鼠标左键,拖动鼠标,放置于空白处双击鼠标左键,则可以看到连线的另一端有一个结点,即将该对象的引脚处引出一条连线。单击绘制工具栏中的标号按钮,把鼠标移到需要放置网络标号的电子元器件连线上,连线上出现"×"号时,单击鼠标左键,即会弹出图 5-25 所示的"Edit Wire Label"对话框,在"String"文本框中输入网络标号,如"p00",再单击"OK"按钮,即可完成一个网络标号的添加,其他网络标号的添加方法与此类似,这里不再赘述。

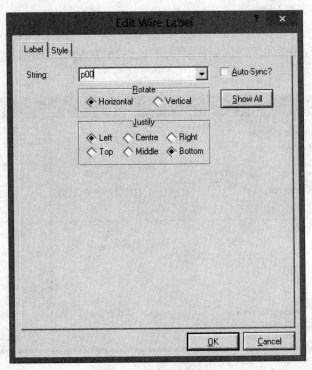

图 5-25 网络标号的添加

(3) 通过总线连线。单击绘制工具栏中的"总线"按钮,可在原理图中放置总线。将需要连接的电子元器件引脚引出连线连接至总线上,并添加网络标号。注意:系统会认为网络标号相同的引脚是连在一起的(本例中没有用到总线连线,读者可以自行练习)。连线工作完成后的电路原理图如图 5-26 所示。

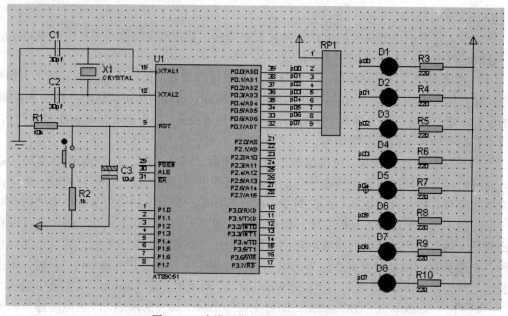

图 5-26 连线工作完成后的电路原理图

5）设置、修改元件属性

在需要修改属性的器件上双击鼠标左键，即可弹出"Edit Component"对话框，在此对话框中设置或修改元件属性。例如，要修改图 5-26 中 R_3 电阻的阻值为 220 Ω，如图 5-27 所示。

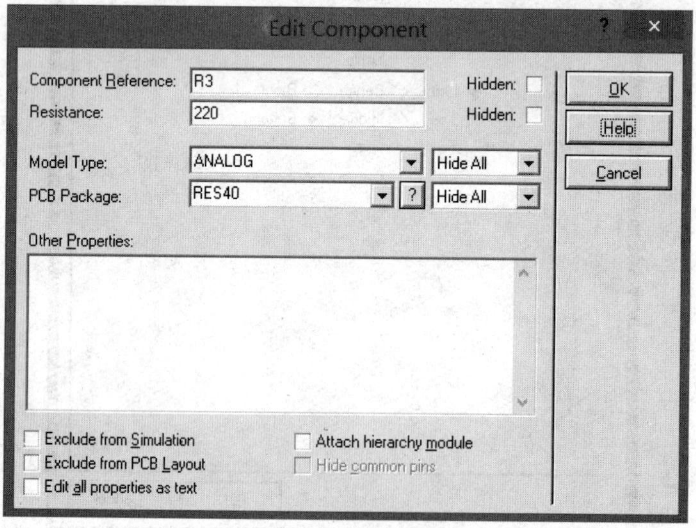

图 5-27 修改元件属性

本例中，需要修改的元件属性分别为将晶振（Crystal）X_1 的频率设置为 12 MHz，电容 C_1、C_2 的容值设置为 30 pF，C_3 的容值设置为 10 μF，电阻 R_1、R_2 的阻值分别设置为 10 kΩ、1 kΩ，$R_3 \sim R_7$ 的阻值设置为 220 Ω。设置的过程可以在放置该元器件后就立即进行，也可以绘制完整个电路原理图后逐一对各元器件进行设置。

6)电气规则检查

设计完电路原理图后,选择菜单中的"Tools"→"Electrical Rules Check"命令,则弹出图 5-28 所示的电气规则检查结果对话框。如果电气规则无误,则系统会给出"No ERC errors found"的信息。如果电气规则有误,则系统会给出"ERC errors found"的信息,并指出错误所在。

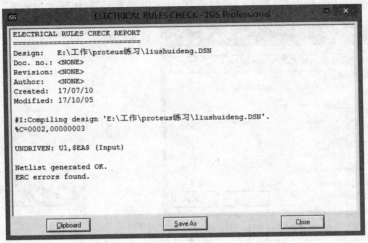

图 5-28 电气规则检查结果对话框

在图 5-28 中,有一个错误,是 U1 上 $\overline{EA}$ 输入端未接入。这个错误不影响仿真运行。因为在 Proteus ISIS 中绘制电路原理图时,$\overline{EA}$ 引线可以省略,不影响仿真效果。更进一步地,晶振电路、复位电路与电源的连接都可以省略。

7)标题栏、说明文字和头块的放置

按照惯例,设计图中都应该有一个标题栏和说明文字用来说明该电路的功能以及一个头块来说明如设计名、作者、设计日期等信息。

(1)标题栏的放置步骤。

单击 2D 图形模式工具栏中的 **A** 图标按钮,在对象选择器中选择"MARKER"项即可弹出图 5-29 所示对话框,在"String"文本框中直接输入标题名称"liushuideng",或者输入如

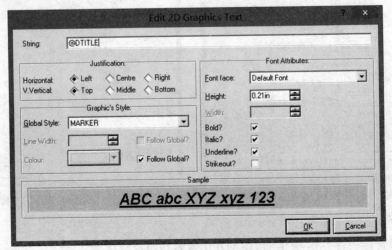

图 5-29 2D 图形文本编辑对话框

"@DTITLE"表示该文本框的值,稍后由"Edit Design Properties"对话框中的 Title 文本框取得。同时,在该对话框中可以设置标题栏的位置、字体样式、字高、粗体、斜体、下划线和突出显示等,在下方的示例区可以预览用户所选择的样式。

选择"Design"→"Edit Design Properties"菜单命令,弹出图 5-30 所示对话框,在该对话框中输入该设计的标题等信息,在原理图中可以看到标题如图 5-31 所示。

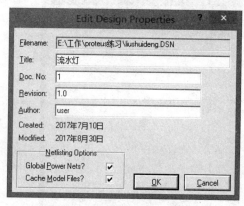

图 5-30 编辑设计属性对话框

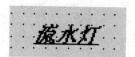

图 5-31 设计的标题

(2) 说明文字的添加步骤。

① 单击 2D 图形工具栏中■图标按钮,在原理图中拖放出一个标题块区域。

② 右击选中该对象,并单击左键,按图编辑该 BOX 属性,如图 5-32 所示。

③ 单击主模式工具栏中≡图标按钮,在上述标题块区域单击,在弹出的对话框中输入说明文字,如图 5-33 所示,选择"Style"选项卡,可对文字样式进行设置,如图 5-34 所示。最终电路图中呈现的实际效果如图 5-35 所示。

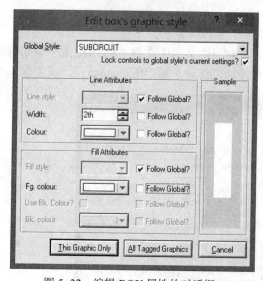

图 5-32 编辑 BOX 属性的对话框

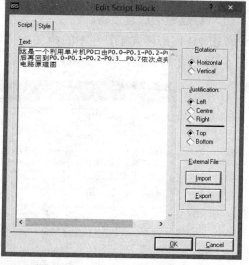

图 5-33 "Script"选项卡的设置

(3) 在原理图中放置头块。

用户可以直接放置 ISIS 提供的 HEADER 或者按照放置标题块区域自行设计头块格式。

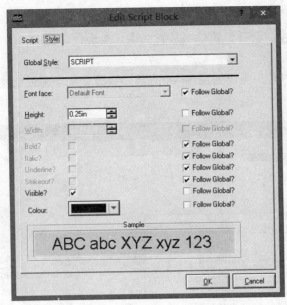

图 5-34 "Style"选项卡的设置

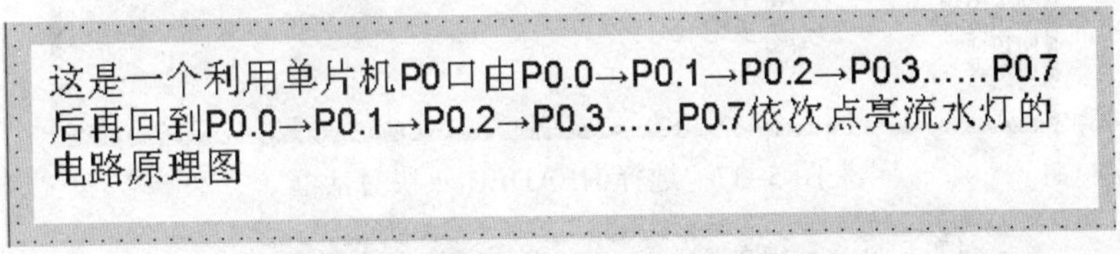

这是一个利用单片机P0口由P0.0→P0.1→P0.2→P0.3……P0.7
后再回到P0.0→P0.1→P0.2→P0.3……P0.7依次点亮流水灯的
电路原理图

图 5-35 说明文字添加完成后的效果

① 直接放置 HEADER 块。

a. 选择"Design"→"Edit design properties"菜单命令，弹出如图 5-36 所示对话框，在该对话框中填写头块中相关项目的具体信息。

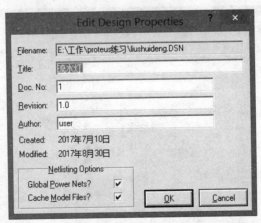

图 5-36 编辑设计属性对话框

b. 单击 2D 图形工具栏中的 ![S] 图标按钮。
c. 单击对象选择器中的"P"按钮，出现"Pick Symbols"对话框。
d. 在"Libraries"列表框中选择"SYSTEM"，在"Objects"列表框中选择"HEADER"，

如图 5-37 所示。

e. 在原理图编辑窗口合适位置单击放置头块,头块包含图名、作者、版本号、日期和图纸页数。

按照上述进行设置后,头块如图 5-38 所示。放置完头块和说明文字的电路图如图 5-39 所示。

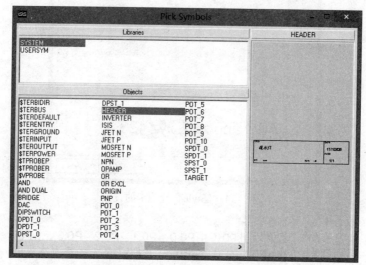

图 5-37 选择 HEADER 头块对话框

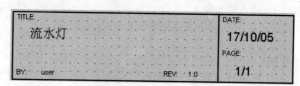

图 5-38 设计完成的头块

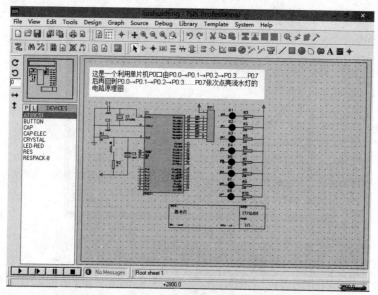

图 5-39 放置完头块和说明文字的电路原理图

② 自行设计头块。按照添加标题块同样的步骤，可以自行设计头块，该方法非常适用于放置公司 Logo 等个性化设计。步骤如下。

a. 单击 2D 图形工具栏中的 ▇ 图标按钮，在原理图中拖放出一个标题块区域，并按照具体设计要求编辑该二维图形区域属性。

b. 单击主模式工具栏中的 ▇ 图标按钮，在上述标题块区域单击，在弹出的对话框中输入头块项目所包含的信息。对于不同样式的文字要求，可以多次使用 ▇ 图标进行输入，并单击"Style"选项卡设置字体样式、文字颜色、粗细、下划线、斜体等具体样式，如图 5-40 所示。按照添加标题块和自行设置头块的方法对本例进行修饰，放置完头块和说明文字的电路图如图 5-41 所示。

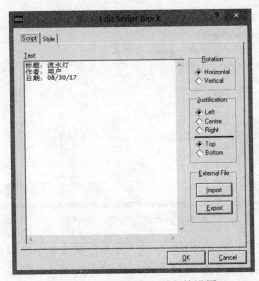

图 5-40 "Script"选项卡的设置

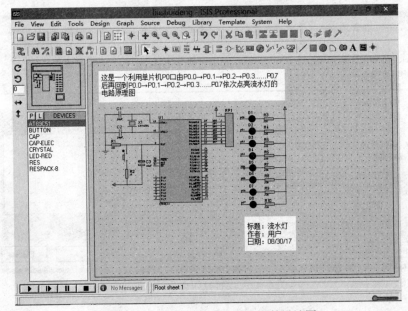

图 5-41 添加标题块和头块之后的设计图

8) 存盘及打印输出文件

原理图设计完毕之后,选择"File"→"Save Design as"菜单命令,选择文件保存路径和文件名,进行存盘。

除了应当在计算机中保存之外,往往还要将原理图通过打印机输出,以便设计人员进行检查校对、参考和存档。利用打印机打印输出原理图的步骤如下。

(1) 选择"File"→"Printer Setup"菜单命令设置打印选项,主要是选择安装的打印机以及选择输出图纸的大小和图纸来源,如图 5-42 所示。

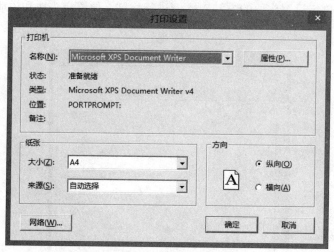

图 5-42 "打印设置"对话框

(2) 设置好打印机之后,选择"File"→"Print"菜单命令设置打印选项,如图 5-43 所示,包括打印范围、缩放比例、XY 补偿比例、图纸方向以及选择是黑白还是彩色样式打印。各项都设置好之后,单击"OK"按钮即可打印图纸。

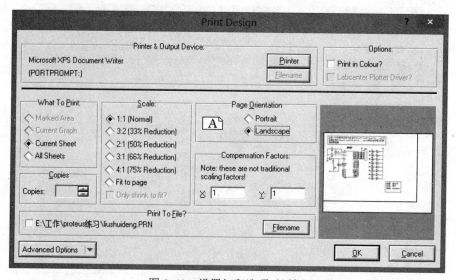

图 5-43 设置打印选项对话框

5.2 Keil μVision 4 开发环境及应用

5.2.1 Keil μVision 4 软件概述

1. Keilμ μVision 4 简介

常用的单片机及嵌入式系统编程语言有两种，即汇编语言和 C 语言。汇编语言的运行及其代码生成效率很高，但其可读性却并不强，复杂一点的程序就更是很难读懂。C 语言在大多数情况下，其机器代码生成效率和汇编语言相当，但可读性和可移植性却远远超过汇编语言，而且 C 语言还可以嵌入汇编语言来解决高时效性的代码编写问题。就开发周期来说，用 C 语言在功能性、结构性、可读性、可维护性上有明显优势，因而易学易用。由此可见，使用 C 语言编写程序是一种非常好的选择。

使用 C 语言肯定要用到 C 编译器，以便把写好的 C 程序编译为机器码，这样单片机才能执行编写好的程序。用过汇编语言后再使用 C 语言来开发，体会更加深刻。Keil μVision 4 是众多单片机应用开发软件中最优秀的软件之一，它支持众多不同公司的 MCS–51 架构的芯片，它集编辑、编译、仿真等功能于一体，同时还支持 PLM、汇编和 C 语言的程序设计，它的界面与常用的微软 VC++的界面相似，界面友好，易学易用。

Keil μVision 4 是美国 Keil Software 公司出品的 51 系列兼容单片机 C 语言软件开发系统。Keil μVision 4 软件提供了丰富的库函数和功能强大的集成开发调试工具，采用全 Windows 界面。

另外，只要看一下编译后生成的汇编代码，就能体会到 Keil μVision 4 生成目标代码的效率非常高，多数语句生成的汇编代码很紧凑，容易理解。在开发大型软件时，更能体现采用高级语言的优势。

Keil μVision 4 标准 C 编译器为 8051 微控制器的软件开发提供了 C 语言环境，同时保留了汇编代码高效、快速的特点。C51 编译器的功能不断增强，使用户可以更加"贴近"CPU 本身及其他的衍生产品。C51 已被完全集成到 μVision 4 的集成开发环境中，这个集成开发环境包括编译器、汇编器、实时操作系统、项目管理器和调试器，μVision 4 IDE 可以为它们提供单一而灵活的开发环境。

C51 是一种专门为 8051 单片机设计的高级语言 C 编译器，支持符合 ANSI 标准的 C 语言程序设计，同时针对 8051 单片机的自身特点做了一些特殊扩展。

2009 年 2 月发布 Keil μVision 4。Keil μVision 4 引入灵活的窗口管理系统，使开发人员能够使用多台监视器，监控窗口的任何地方。新的用户界面可以更好地利用屏幕空间并且更有效地组织多个窗口，提供一个整洁、高效的环境来开发应用程序。新版本支持更多最新的 ARM 芯片，还添加了一些其他新功能。

Keil μVision 4 开发环境的特点如下。

（1）C51 编译器和 A51 汇编器。由 Keil μVision 4 IDE 创建的源文件，可被 C51 编译器或 A51 汇编器处理，生成可重定位的 Object 文件。Keil μVision 4 编译器遵从 ANSI C 语言标准，支持 C 语言的所有标准特性。另外，还增加了几个可直接支持 80C51 结构的特性。Keil A51 宏汇编器支持 80C51 及其派生系列的所有指令集。

（2）LIB51 库管理器。LIB51 库管理器可从由汇编器和编译器创建的目标文件建立目标库。这些库是按规定格式排列的目标模块，可在以后被链接使用。当链接器处理一个库时，仅仅使用库中程序使用过的目标模块，而不是全部加以引用。

（3）BL51 链接器/定位器。BL51 链接器使用从库中提取出来的目标模块和由编译器、汇编器生成的目标模块，创建一个绝对地址目标模块。绝对地址目标文件或模块包括不可重定位的代码和数据。所有代码和数据都被固定在具体的存储器单元中。

（4）Keil µVision 4 软件调试器。Keil µVision 4 软件调试器能十分理想地进行快速、可靠的程序调试。调试器包括一个高速模拟器，可使用它模拟整个 80C51 系统，包括片上外围器件和外部硬件。当用户从器件数据库选择器件时，该器件的属性会被自动配置。

（5）Keil µVision 4 硬件调试器。Keil µVision 4 硬件调试器提供了几种在实际目标硬件上测试程序的方法。安装 Monitor 51 目标监控器到目标系统，并通过 Monitor 51 接口下载程序；使用高级 GDI 接口，将 Keil µVision 4 硬件调试器与类似于 DP-51PROC 单片机综合仿真实验仪或 TKS 系列仿真器的硬件系统连接，通过 Keil µVision 4 的人机交互环境指挥连接的硬件完成仿真操作。

（6）RTX51 实时操作系统。RTX51 实时操作系统是针对 80C51 微控制器系列的一个多任务内核。RTX51 实时内核简化了需要对实时事件进行反映的复杂应用的系统设计、编程和调试。这个内核完全集成在 C51 编译器中，使用非常简单。任务描述表和操作系统的一致性由 BL51 链接器/定位器自动进行控制。

此外，Keil µVision 4 还具有极其强大的软件环境、友好的操作界面和简单快捷的操作方法，其主要优势表现在以下几点。

（1）丰富的菜单栏。
（2）可以快速选择命令按钮的工具栏。
（3）一些源代码文件窗口。
（4）对话框窗口。
（5）直观明了的信息显示窗口。

2. 启动 Keil µVision 4

启动 Keil µVision 4 的方法非常简单，只要运行 Keil µVision 4 的执行程序即可，如图 5-44 所示，在 Windows 中选择"开始"→"所有程序"→"Keil µVision 4"菜单命令，即可启动 Keil µVision 4。

启动 Keil µVision 4 还有其他的简便方法：用户可以直接双击 Windows 桌面上的"Keil µVision 4"图标来启动应用程序；或者直接选择 Windows "开始"菜单中的"Keil µVision 4"命令。

3. Keil µVision 4 工作界面及窗口

启动 Keil µVision 4 软件后，运行几秒后即进入 Keil µVision 4 集成开发环境工作界面，如图 5-45 所示，各种调试工具、命令菜单都集成在此开发环境中。Keil µVision 4 的软件界

第 5 章 软件开发环境

图 5-44 启动 Keil µVision 4

面包括四大组成部分，即菜单工具栏、项目管理窗口、文件窗口和输出窗口。以下仅针对组成结构做个简单介绍。

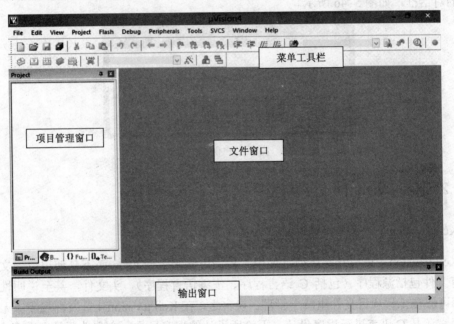

图 5-45 Keil µVision 4 操作界面及窗口

（1）菜单工具栏。菜单为标准的 Windows 风格，Keil µVision 4 中共有 11 个下拉菜单。

（2）项目管理窗口。项目管理窗口用于管理项目文件目录，它由 5 个子窗口组成，可以通过子窗口下方的标签进行切换，它们分别是文件窗口、寄存器窗口、帮助窗口、函数窗口及模板窗口。

（3）文件窗口。文件窗口用于显示打开的程序文件，多个文件可以通过窗口下方的文件标签进行切换。

（4）输出窗口。输出窗口用于输出编译过程中的信息，由 3 个子窗口组成，可以通过子窗口下方的标签进行切换，它们分别是编译窗口、命令窗口和搜寻窗口。

为了掌握程序运行信息，Keil 软件在调试程序时还提供了许多信息窗口，包括输出窗口、观察窗口、存储器窗口、反汇编窗口以及串行窗口等。

为了能够比较直观地了解单片机中定时器、中断、并行端口、串行端口等常用外设的使用情况，Keil 还提供了一些外围接口对话框。

然而，Keil 的这些调试手段都是通过数值变化来监测程序运行的，很难直接看出程序的实际运行效果，特别是对于包含测量、控制、人机交互等外部设备的单片机应用系统来讲，它缺乏直观性。

4. 关闭 Keil μVision 4

关闭 Keil μVision 4 的方法很简单，主要有两种：一是选择"File"→"Exit"菜单命令，即可退出运行中的 Keil μVision 4 软件；二是用户可单击软件右上角的 图标按钮来退出应用程序。需要注意的是，在退出或关闭 Keil μVision 4 软件前应先保存所编写的工程文件（.uvproj）等，否则，软件将跳出"Save changes to 'lx.c'？"（注：lx.c 为文件名）提示用户保存信息的对话框，如图 5–46 所示。

图 5–46　提示用户保存信息对话框

5.2.2　Keil μVision 4 软件应用

1. Keil μVision 4 的基本操作过程

在 Keil μVision 4 集成开发环境下使用工程的方法来管理文件，而不是使用单一文件的模式。所有文件包括源程序（包括 C 语言程序、汇编语言程序）、头文件，甚至说明性的技术文档，都可放在工程项目文件里统一管理。换言之，在 Keil μVision 4 开发环境下，无论是使用汇编语言还是 C 语言进行程序设计，无论所设计的程序只是一个文件还是含有多个文件，都要建立一个独立的工程文件，即一个任务或问题对应一个工程，这与该任务或问题的大小以及复杂程度无关。没有工程文件，就不能进行编译和仿真。在使用 Keil μVision 4 前，应习惯并认知这种工程的管理方式。

创建工程文件之后，才能进入后续的程序编译、调试、仿真以及结果分析等操作流程，所以说对于刚使用 Keil μVision 4 的用户来说，学会工程文件的创建和管理尤为重要，那么一般可按照下面的步骤来创建一个自己的 Keil C51 应用程序。

（1）新建一个工程项目文件。
（2）为工程选择目标器件。
（3）为工程项目设置软硬件调试环境。

(4) 创建源程序文件并输入程序代码。
(5) 保存创建的源程序项目文件。
(6) 把源程序文件添加到项目中。

2. Keil μVision 4 软件工程应用实例

下面就以 Keil μVision 4 集成开发环境为平台，通过创建一个具体的新工程，完成利用单片机控制 P_0 口由 $P_{0.0} \rightarrow P_{0.1} \rightarrow P_{0.2} \rightarrow P_{0.3} \cdots \rightarrow P_{0.7}$ 后再回到 $P_{0.0} \rightarrow P_{0.1} \rightarrow P_{0.2} \rightarrow P_{0.3} \cdots \rightarrow P_{0.7}$ 依次点亮流水灯电路原理的工程建立过程，通过该例子详细介绍如何建立一个 Keil μVision 4 的应用程序。

1) 建立一个工程

Keil μVision 4 是 Windows 版的软件，无论是用汇编语言还是 C 语言，无论是只有一个文件的程序还是有多个文件的程序，都要建立一个工程文件。没有工程文件，就不能进行编译和仿真。建立一个新的工程文件的步骤如下。

（1）执行菜单命令"Project"→"New μVision Project…"，如图 5–47 所示。

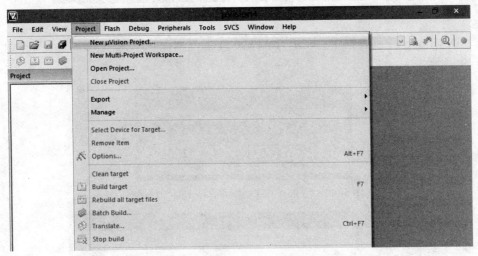

图 5–47 执行菜单命令"Project"→"New μVision Project…"

（2）选择要保存的路径，输入工程文件的名字。例如，保存到前文介绍的流水灯文件夹里，工程文件的名字为"lianxi.uvproj"（注：.uvproj 为 Keil μVision 4 工程文件默认的文件后缀名，不需要读者输入计算机中，系统会自动生成），然后单击"保存"按钮，这样一个新的工程文件就保存好了，如图 5–48 所示。

2) 单片机选型

在"Create New Project"对话框中单击"保存"按钮后，弹出"Select a CPU Data Base File"对话框，在此可以选择自己使用的单片机型号是在"通用 CPU 数据库"内还是在"STC 单片机数据库"内，如图 5–49 所示。Keil μVision 4 几乎支持所有的 51 内核的单片机，从 Keil μVision 4 开始，更是支持 ARM 系列中的几乎所有重要芯片。如果读者设计的是华邦 W77E58，可以选择"Generic CPU Data Base"→"Winbond"→"W77E58"。在此还是以大家用得比较多的 Atmel 的 AT89C51 来说明，选择"Generic CPU Data Base"→"Atmel"→"AT89C51"

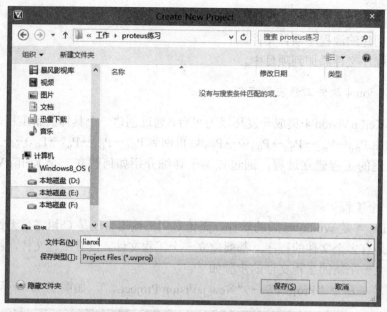

图 5-48 "Create New Project"对话框

后,在"Description"列表框中会显示对 AT89C51 的基本说明,然后单击"OK"按钮即可,如图 5-50 所示。

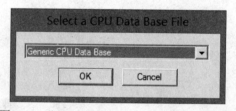

图 5-49 "Select a CPU Data Base File"对话框

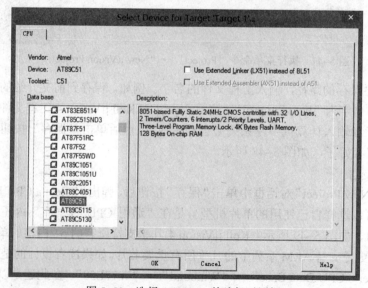

图 5-50 选择 AT89C51 单片机对话框

在选择完单片机的厂商及型号后，Keil μVision 4 系统会进一步询问是否将 STARTUP.A51 文件复制到设计项目中，如图 5-51 所示。STARTUP.A51 文件原来是放在 Keil 安装文件夹下/Keil/C51/LIB 文件夹中的，它提供了 C51 用户程序执行前必须先执行的一些初始语句，如堆栈区的设置、程序执行首地址以及 C 语言中定义的一些变量和数组的初始化等。若单击"是"按钮，系统就会把 STARTUP.A51 文件复制到项目文件中；若单击"否"按钮，就不会复制此文件。一般来说，若程序是用 C 语言编写的可以不将此文件复制到项目文件中，若是用汇编语言编写的则需要将此文件复制到项目文件中。

图 5-51　选择是否将 STARTUP.A51 文件复制到设计项目中

此例中是用 C 语言程序进行编写的，故单击"否"按钮。此时项目管理窗口会出现"Target 1"字样，代表已创建的项目信息。

3）创建源程序

下面需要新建一个源程序文件（汇编或 C 文件）。当然，也可以将已经有的源程序文件添加到工程文件中，读者可以自行尝试，这里不再赘述。新建一个源程序文件可执行"File"→"New"菜单命令，即出现图 5-52 所示的新文本框，默认的文件名为"Text1"。

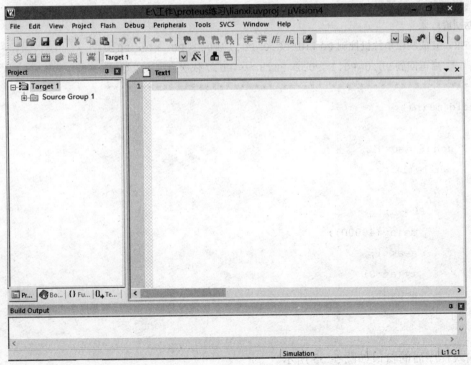

图 5-52　新文本框

（1）根据项目设计要求，编写 C 语言程序，在新的文本框中输入以下程序：

```c
//C语言程序文件名：Text1.c
#include<reg51.h>
#define uint unsigned int
#define uchar unsigned char
/***********************************************************
函数名：延时函数
调用 delay(?)
参数：延时的大概时长
返回值：无
结果：延时
***********************************************************/
void delay(unsigned int i)
{
    while(i--);
}


/***********************************************************
函数名：主函数
调用：无
参数：无
返回值：无
结果：完成利用单片机控制 P0 口由 P0.0→P0.1→P0.2→P0.3→…→P0.7
      后再回到 P0.0→P0.1→P0.2→P0.3→…→P0.7 依次点亮流水灯
***********************************************************/
void main()
{
    uchar a=0x01;
    while(1)
    {
        P0=~a;
        delay(40000);
        a=a<<1;
        if(a==0)
        a=0x01;
    }
}
```

输入程序后的窗口如图 5-53 所示。

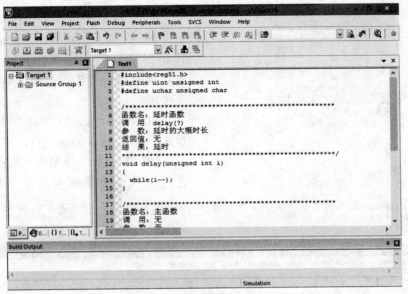

图 5-53 输入程序后的窗口

（2）保存 C 语言程序文件。执行"File"→"Save"菜单命令，弹出"Save As"对话框，如图 5-54 所示。

（3）选择程序文件要保存的路径，一般系统都默认在工程文件所放置的文件夹下。在"文件名"栏中输入文件名。注意：一定要输入扩展名，如果是 C 语言程序文件，则扩展名为.c；如果是汇编语言文件，则扩展名为.asm；如果是其他文件类型，如注解说明文件，则可以保存为.txt 文件。本例中存储为一个 C 语言源程序文件，所以输入扩展名".c"，保存文件名为"lianxi.c"（该文件名可以和工程文件名称一样，也可以为其他名字），单击"保存"按钮。保存后，程序文件中的关键字会变成蓝色，注释会变成绿色。

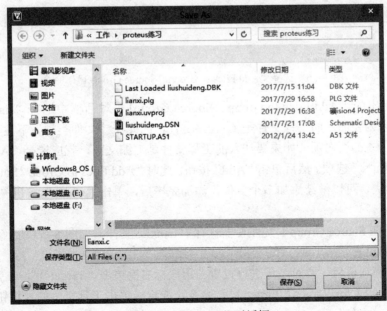

图 5-54 "Save As"对话框

4）把新创建的源程序加入工程文件中

新创建的C语言程序文件或汇编程序文件在保存后和工程文件并没有直接的关系，需要将创建的源程序文件加入到工程文件中。

（1）单击 Target 1 前面的"+"号，展开里面的内容 Source Group 1，如图 5-55 所示。

（2）用鼠标右键单击"Source Group 1"，在弹出的快捷菜单中选择"Add Files to Group 'Source Group 1'"命令，如图 5-56 所示。

图 5-55　单击 Target 1 前面的"+"号后所显示的内容

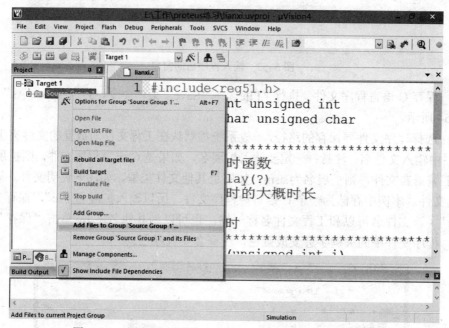

图 5-56　选择"Add Files to Group 'Source Group 1'"命令

（3）在弹出的"Add Files to Group 'Source Group1'"对话框中选择"lianxi.c"，如图 5-57 所示。因为要加入的工程文件是 C 程序文件，因此在"文件类型"下拉列表框中选择"C Source file（*.c）"选项。如果要加入的工程文件是汇编文件，就应选择"Asm Source file（*.s*；*.src；*.a*）"选项。然后单击"Add"按钮，此时"Add Files to Group 'Source Group1'"对话框不会消失，可以继续添加多个文件，添加完毕后，单击"Close"按钮关闭该对话框，如图 5-58 所示。

（4）这时在 Source Group 1 文件夹里就有了 lianxi.c 文件，如图 5-59 所示。

5）工程的设置

在建立工程项目后，要对工程进行设置。用鼠标右键单击"Target 1"，在弹出的快捷菜单中选择"Options for Target 'Target 1'"命令，或直接单击工具栏中的 按钮，如图 5-60 所示。

第 5 章 软件开发环境

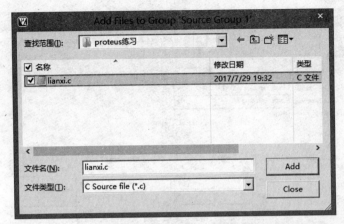

图 5-57 将 "lianxi.c" 文件加入

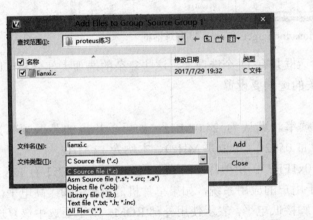

图 5-58 加入不同类型的文件

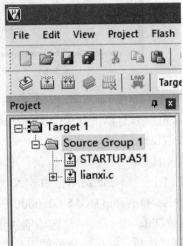

图 5-59 在 Source Group 1 文件夹里的 lianxi.c 文件

此时会弹出 "Options for Target 'Target 1'" 对话框，如图 5-61 所示。

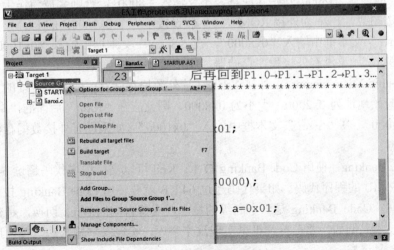

图 5-60 选择工程设置

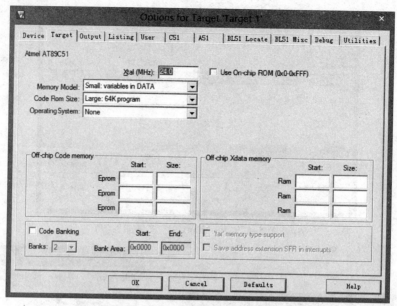

图 5-61 "Options for Target 'Target 1'"对话框

"Options for Target 'Target 1'"对话框共有 11 个选项卡，这些复杂的选项大部分都可以采用默认值，只有以下几个与实际相关的选项要设置。

（1）"Target"选项卡。

① Xtal（MHz）：单片机的工作频率。默认为 24.0 MHz，如果单片机的晶振频率为 11.059 2 MHz，则在此文本框中输入"11.0592"（单位是 MHz）。本例为 12 MHz。

② Use-On-chip ROM（0x0000～0x1FFF）：使用片上的 Flash ROM。AT89C51 有 128 B 的 Flash ROM。是否选中此选项取决于用户的应用系统，如果单片机的 EA 引脚接高电平，应选中该复选框；如果单片机的 EA 引脚接低电平，表示使用外部 ROM，则不要选中该复选框。本例中应选中此复选框。

③ Off-chip Code memory：在片外接的 ROM 的开始地址和大小。在此假设使用一个片外的 ROM，地址从 0x8000 开始（注意，不要输入"8000"，否则会被当作十进制数；此处要输入十六进制数），Size 为外接 ROM 大小，假设接了一个 0x1000B 的 ROM，应在"Eprom"后面的"Start:"文本框中输入"0x8000"，在"Size:"文本框中输入"0x1000"。最多可以外接 3 块 ROM。如果没有外接程序存储器，就不要输入任何数据。

④ Off-chip Xdata memory：外接 Xdata（片外数据存储器）的起始地址的大小。本例指定 Xdata 的起始地址为 0x2000，大小为 0x8000，因此应在"Ram"后面的"Start:"文本框中输入"0x8000"，在"Size:"文本框中输入"0x1000"。如果没有外接数据存储器，就不要输入任何数据。

⑤ Code Banking：使用 Code Banking 技术。Keil 可以支持程序代码超过 64 KB 的情况，最大可以有 2 MB 的程序代码。如果代码超过 64 KB 就要使用 Code Banking 技术，以支持更多的程序空间。Code Banking 是一个高级的技术，支持自动的 Bank 切换，是建立一个大型系统的必要技术。例如，要在单片机里实现汉字字库，实现汉字输入法，都要用到该技术。在这里不选该复选框。

⑥ Memory Model：用鼠标单击"Memory Model"栏的下拉箭头，会出现图 5-62 所示的 3 个选项。

　　a. Small：variables in DATA，表示变量存储在内部 RAM。
　　b. Compact：variables in PDATA，表示变量存储在外部 RAM，使用 8 位间接寻址。
　　c. Large：variables in XDATA，表示变量存储在外部 RAM，使用 16 位间接寻址。

一般使用 Small 方式来存储变量，即单片机优先把变量存储在内部 RAM，如果内部 RAM 不够了，才会存到外部 RAM。

Compact 方式要用户通过程序来指定页的高位地址，编程比较复杂。如果外部 RAM 很少，只有 256 B，那么对 256 B 的读取就比较快，Compact 模式适用于外部 RAM 比较少的情况下。Large 模式是指变量会优先分配到外部 RAM。要注意的是，3 种存储方式都支持内部 256 B 和外部 64 KB 的 RAM，区别是变量的优先（或默认）存储位置不同。除非不想把变量存储在内部 RAM，才会使用 Compact 或 Large 模式。因为变量存储在内部 RAM 的运算速度比存储在外部 RAM 的运算速度要快得多，大部分的应用都选择 Small 模式。

⑦ Code Rom Size：单击"Code Rom Size"栏的下拉箭头，会出现图 5-63 所示的 3 个选项。

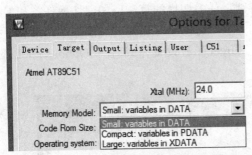

图 5-62　"Memory Model"栏的下拉列表框

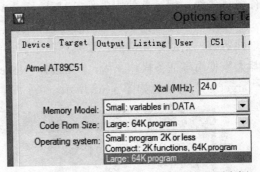

图 5-63　"Code Rom Size"栏的下拉列表框

　　a. Small：program 2K or less，适用于 AT89C2051。AT89C2051 只有 2 KB 的代码空间，所以跳转地址只有 2 KB，编译时会使用 ACALL、AJMP 这些短跳转指令，而不会使用 LCALL、LJMP 指令。如果代码跳转超过 2 KB，则会出错。

　　b. Compact：2K functions，64K program，表示每个子函数程序的大小不超过 2 KB；整个工程可以有 64 KB 的代码。就是说在 main( ) 里可以使用 LCALL、LJMP 指令，但在子程序里只会使用 ACALL、ATMP 指令。除非确认每个子程序不会超过 2 KB，否则不要用 Compact 方式。

　　c. Large：64K program，表示程序或子函数都可以大到 64 KB（使用 Code Bank 时还可以更大），通常都选用该方式。Large 方式的速度不会比 Small 的慢很多，所以一般没有必要选择 Compact 或 Small 方式。

本例选择 Large 模式。

⑧ Operating System：单击"Operating System"栏的下拉箭头，会出现图 5-64 所示的 3 个选项。

　　a. None，表示不使用操作系统。

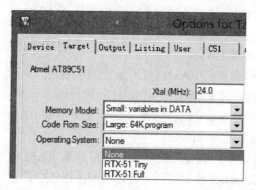

图 5-64 "Operating System"栏的下拉列表框

b. RTX-51 Tiny，表示使用 Tiny 操作系统。

c. RTX-51 Full，表示使用 Full 操作系统。

Keil μVision 4 提供了 Tiny 系统（Demo 版没有 Tiny 系统，正版软件才有），Tiny 系统是一个多任务操作系统，使用定时器 0 来做任务切换。一般用 11.059 2 MHz 时，切换任务的速度为 30 ms。如果有 10 个任务同时运行，那么切换时间为 300 ms。同时，不支持中断系统的任务切换，也没有优先级。因为切换的时间太长，实时性大打折扣，多任务情况下（如 5 个），完成一轮切换就要 150 ms，150 ms 才处理一个任务，连键盘扫描任务都无法实现，更不要说串口接收、外部中断等。同时切换需要大概 1 000 个机器周期，对 CPU 资源的浪费很大，对内部 RAM 的占用也很厉害。实际上用到多任务操作系统的情况少之又少。多任务操作系统一般适合于 16 位或 32 位的 CPU，不适合于 8 位的 CPU。

Keil μVision 4 Full Real-Time OS 是比 Tiny 要好一些的系统，支持中断方式的多任务和任务优先级，但需要使用外部 RAM。Keil μVision 4 不提供该运行库，需要另外购买。

Keil 的多任务操作系统的思想值得学习，特别是任务切换的算法，如何切换任务和保存堆栈等有一定的研究价值。如果熟悉了其切换的方法，可以编写更好的切换程序。本书不推荐大家使用多任务操作系统，本例选择"None"项。Target 工程设置完成后的"Options for Target 'Target 1'"对话框如图 5-65 所示。

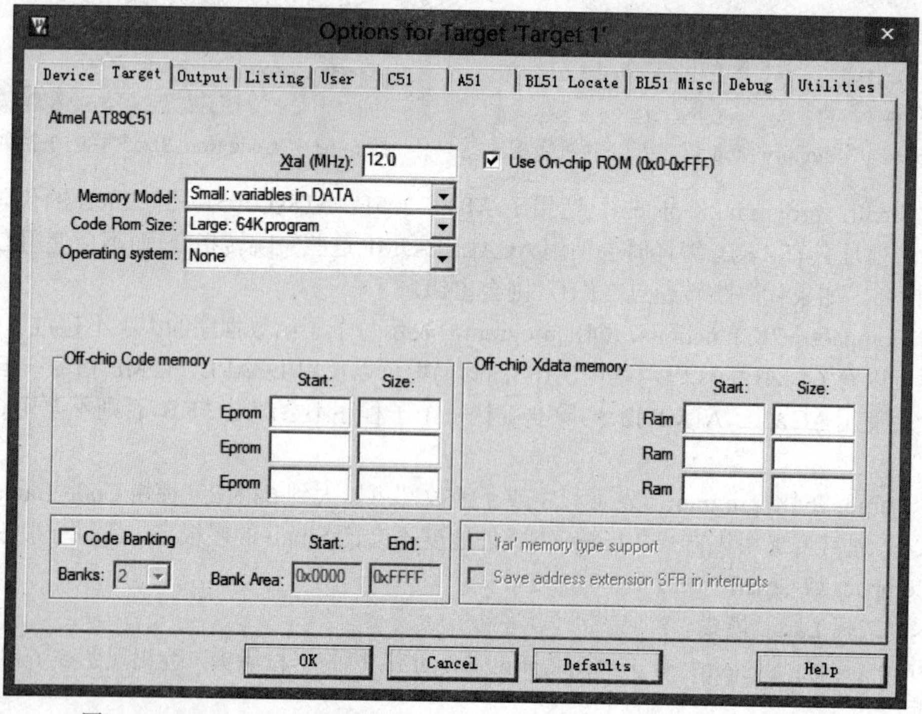

图 5-65 Target 工程设置完成后的"Options for Target 'Target 1'"对话框

（2）"Output"选项卡。

① Select Folder for Objects：单击这个按钮可以选择编译之后的目标文件存储在哪个目录里，如果不设置，就存储在工程文件的目录里。

② Name of Executable：设置生成的目标文件的名字，默认跟工程的名字是一样的。目标文件可以生成库或 obj、hex 的格式。

③ Create Executable：生成 OMF 及 HEX 文件。

a. Debug Information、Browse Information：一般要选中这两个选项，这样才有详细调试所需要的信息。例如，要做 C 语言程序的调试，若不选中这两项，调试时将无法看到高级语言程序。

b. Create Hex File：要生成 Hex 文件，必须选中此选项。

c. Create Library：选中此选项时，将生成 lib 库文件。一般的应用不需要生成库文件。

④ After Make。

a. Beep When Complete：编译完成后，发出"咚"的声音。

b. Start Debugging：马上启动调试（软件仿真或硬件仿真）。一般不选中。

c. Run User Program #1、Run User Program #2：可以设置编译完成后运行别的应用程序，如有些用户自己编写的烧录芯片的程序（编译完便执行将 Hex 文件写入芯片的操作），或者调用外部的仿真程序。根据自己的需要进行设置。

（3）"Listing"选项卡。

Keil μVision 4 在编译后除了生成目标文件外，还生成*.lst 和*.m51 的文件。这两种扩展名的文件对了解程序用到了哪些 idata、data、bit、xdata、code、ram、stack 等有很重要的作用。有些用户想知道自己的程序需要多大代码空间，就可以从这两个文件中寻找答案。若不想生成某些内容，可以取消相应的选项。

① Assembly Code：选中会生成汇编的代码。

② Select Folder for Listings：选择生成的列表文件存放的目录。若不选择，则使用工程文件所在的目录。

（4）除上述 3 个选择卡外，"C51""A51"等 6 个选择卡一般都不用设置，采用默认值即可。

上述设置完成后，单击"确定"按钮返回到主界面，工程设置完毕。

6）编译

完成工程参数设置后即可进行编译。执行"Project"→"Translate E：/工作/书稿/proteus 练习/lx.c"菜单命令，可以编译单个文件。执行"Project"→"Build target"菜单命令，可以编译当前项目。执行"Project"→"Rebuild all target files"菜单命令，可以重新编译项目，如图 5–66 所示，分别对应图中的 1、2、3。也可以直接单击工具栏中的快捷键。注意：若程序在编译后又有改动，则需要重新编译，最好是 1、2、3 依次重新单击一遍，至少要单击 3 一次。

一般编译成功需要产生.hex 文件，则当编译完成后，输出窗口中出现图 5–67 所示的信息时，显示产生了工程的.hex 文件，并且程序既无错误又无警告。

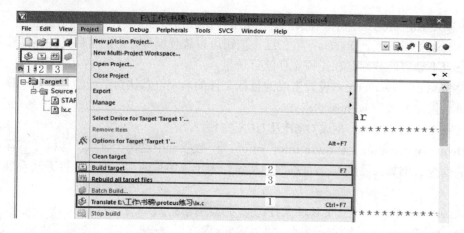

图 5-66　编译命令及工具快捷键标识

```
Build Output
Rebuild target 'Target 1'
assembling STARTUP.A51...
compiling lianxi.c...
linking...
Program Size: data=9.0 xdata=0 code=49
creating hex file from "lianxi"...
"lianxi" - 0 Error(s), 0 Warning(s).
```

图 5-67　程序编译输出结果

语法错误分为两类：一类是致命错误，以 Error（s）表示，如果程序中有这类错误，就通不过编译，无法形成目标程序，即.hex 文件，更谈不上运行了；另一类是轻微错误，以 Warning（s）（警告）表示，这类错误不影响生成目标程序和可执行程序，但有可能影响运行结果，因此也应当改正。要保证程序既无 Error（s）又无 Warning（s）。

7）调试

编译成功只能说明程序没有语法错误，并不能说明程序没有逻辑错误，要经过调试，不断发现和排除逻辑错误，这样才能使程序逐渐实现预期的功能。执行"Debug"→"Start/Stop Debug Session"菜单命令，或按"Ctrl"+"F5"组合键，即可进入调试状态。如果用的是评估版软件，就会弹出图 5-68 所示的提示框，提示限制代码大小为 2 KB，单击"确定"按钮，提示框消失，进入调试状态。

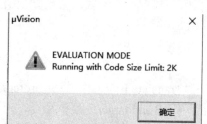

图 5-68　评估版软件限制代码大小对话框

进入调试状态后的界面与编辑状态相比有明显的变化，"Debug"菜单项中原来不能用的命令现在已可以使用了，工具栏会多出一个用于运行和调试的工具条，如图 5-69 所示。

图 5-69　调试状态相关工具条

图 5-69 中 是复位，模拟芯片的复位，程序回到最开头处执行。 为运行，当程序处于停止状态时才有效。 为停止，程序处于运行状态时才有效。

调试程序也就是执行程序，可以采取多种方式进行：单步执行 ①、过程单步执行 ①、单步执行到函数外 ①、运行到光标所在行 ①和全速执行 。当然，这些工具条中的调试按钮都一一对应于"Debug"菜单中的菜单命令。

单步执行 ①：是每单击一下执行一个指令，若遇到函数（子程序），则跳入该函数，同样一条一条地执行函数里的指令。

过程单步执行 ①：单击一下执行一个指令，若遇到函数（子程序），如汇编语句中的子程序或 C 语言中的函数，就将该函数（或子程序）作为一个语句全速执行。

单步执行到函数外 ①：先完成当前所执行的函数，然后跳出该函数，返回主程序。

运行到光标所在行 ①：单击一下后程序就从当前 PC 所在位置，全速执行到光标所在行。

全速执行 ：所有程序语句被一条条运行，直到执行完为止，中间不停止。

注意：程序只有全速执行时被通过，才算调试通过。在调试中如果发现报错，可以直接修改源程序，但是，要使修改后的代码起作用，必须先退出调试环境，重新对程序进行编译、链接后，方可再次进入调试状态。

Keil μVision 4 软件在调试程序时可以借助一些调试观察窗口来实时了解、验证程序执行的状态以及结果是否达到预期，调试窗口主要包括观察窗口、寄存器窗口、存储器窗口、反汇编窗口、串口窗口等。

（1）观察窗口（Watch Window）。可在此窗口设置所要观察的变量、表达式等。如果想要观察程序中某个变量在单步工作时的数值变化，就在观察窗口中按 F2 键，然后输入变量名，如本例程中添加"P0"到观察窗口 1，这样在程序单步执行中就能看到该变量的数值变化，如图 5-70 所示。

（2）寄存器窗口（Resister Window）。可显示单片机内部寄存器的内容、程序运行次数、程序运行时间等，如图 5-71 所示。

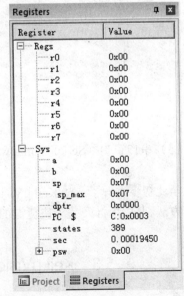

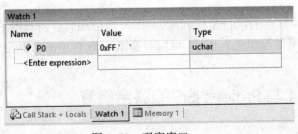

图 5-70　观察窗口　　　　　　　　　　图 5-71　寄存器窗口

（3）存储器窗口（Memory Window）。显示所选择的内存空间中的数据，如图 5-72 所示。

通过在窗口的"Address"文本框中输入"字母：数字"即可显示相应内存中的数据，其中，字母可以是"C""D""I""X"，分别代表代码存储空间、直接寻址的片内存储空间、间接寻址的片内存储空间和扩展的外部 RAM 空间，数字代表想要查看的空间起始地址。例如，在"Address"文本框中输入"D：0"，图中即可观察到从地址 0x00 开始的片内 RAM 单元值。

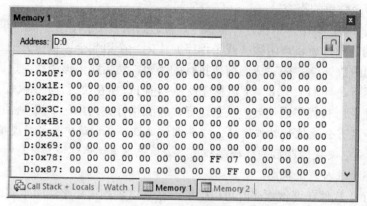

图 5-72 存储器窗口

（4）反汇编窗口（Disassembly Window）。提供源程序的反汇编码，如图 5-73 所示。

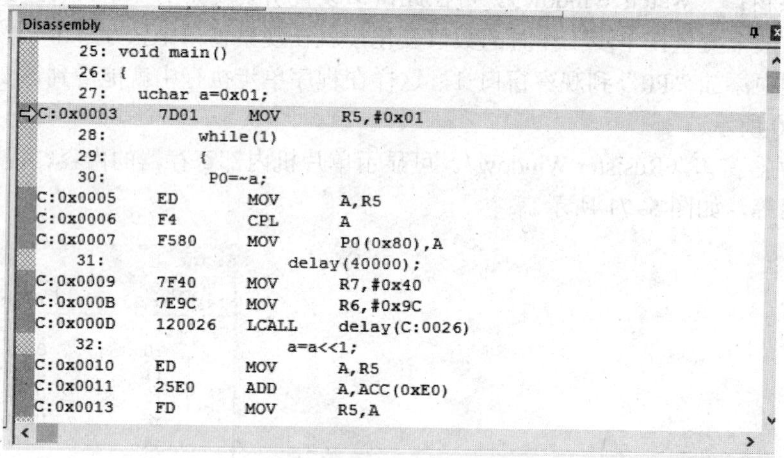

图 5-73 反汇编窗口

（5）串口窗口（Serial Window）。显示串口接收和发送的数据，调试串口通信程序时常用到。

至此初步讲解了一些 Keil μVision 4 软件的项目文件创建、编译、运行和软件仿真的基本操作方法。其中所涉及关于快捷键的使用如果想深入了解，可以查看 Keil 软件中的帮助文件。

5.3 Keil μVision 4 与 Proteus ISIS 的联合仿真

5.1 节所讲的 Proteus ISIS 软件的应用部分已经绘制了单片机系统仿真电路原理图，5.2 节设计了与此电路原理图配套的程序，这两项工作顺利完成后就可以做联合仿真调试了。下面介绍 Keil μVision 4 软件与 Proteus ISIS 软件的联合仿真常用的两种方法，分别是直接运行 HEX 文件以及 Keil μVision 4 与 Proteus ISIS 联合调试。下面详细介绍两种方法的操作过程。

5.3.1 直接运行 HEX 文件

该调试方法是指 Proteus ISIS 软件中的单片机直接运行经 Keil μVision 4 软件编译工程项目文件后生成的扩展名为 HEX 的十六进制文件。

此方法比较简捷，不论是用汇编语言还是用 C51 语言，都只要在 Keil μVision 4 下编译链接生成 HEX 文件，并把该 HEX 文件载入 Proteus ISIS 软件中的单片机，最后直接仿真运行即可。只要 Proteus ISIS 电路原理图正确，与之配套的程序也正确，就能运行仿真并直接看到电路运行现象。其缺点是运行时看不到源程序。

仍以前面引入的单片机系统应用为例，打开已存在的电路原理图文件"liushuideng.DSN"后，在 U1 元件（AT89C51 单片机）上双击鼠标左键，此时会弹出"Edit Component"对话框，单击"Program File"文本框右侧的文件夹图标浏览文件找到对应项目文件存储路径，选中"lianxi.hex"，单击"打开"按钮退出"文件选择"对话框。若原电路原理图中晶振电路缺省，则在"Clock Frequency"文本框中输入系统运行的单片机晶振频率，本例为 12 MHz，单击"OK"按钮确认以上信息，如图 5-74 所示。

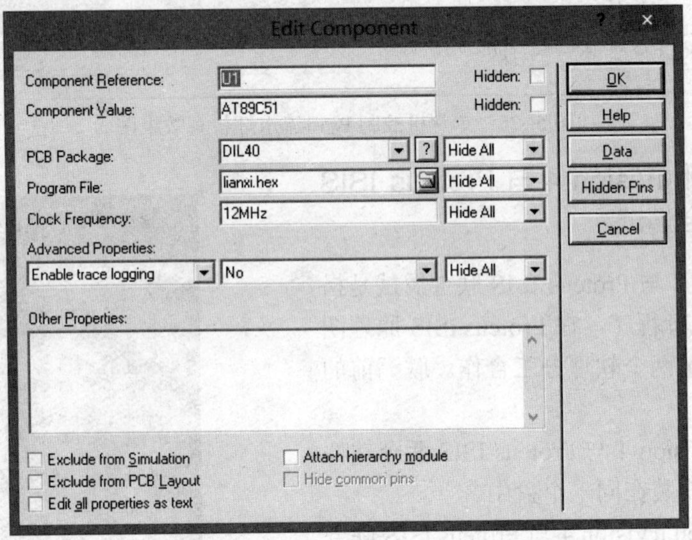

图 5-74 单片机装载 HEX 文件对话框

返回原理图工作界面后，单击运行仿真按钮 ▶ ，系统启动仿真，仿真效果如图 5-75 所示。运行仿真按钮 ▶ 采取的是直接载入 HEX 文件后的全速运行方法，此外，还可以采取单步运行。方法是打开电路原理图文件进入工作界面后，单击单步仿真按钮 ▶▎，系统会进入单步运行状态。此时，可以选择菜单中的"Debug"→"8051 CPU Register U1"命令，弹出寄存器观察窗口，如图 5-76 所示。起先程序计数器 PC 的值为 0，表明该程序处于复位状态。选择菜单中的"Debug"→"Step Over"命令或者按单步调试快捷键 F10，程序会执行，程序计数器 PC 的值会随着语句的执行增大，图 5-75 中的发光二极管会呈流水灯效果。

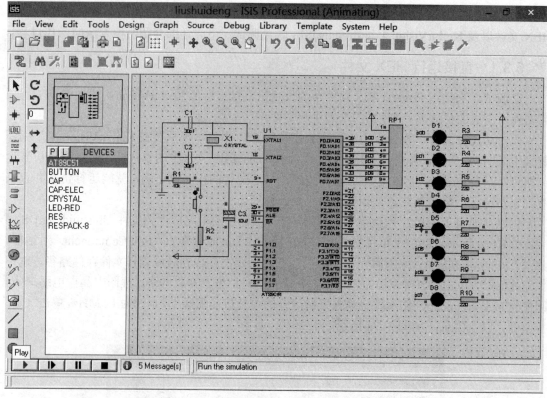

图 5-75　单片机控制 P_0 口流水灯仿真效果图

5.3.2　Keil μVision 4 与 Proteus ISIS 联合调试

Keil μVision 4 与 Proteus ISIS 联合调试是指在 Keil 软件中执行程序，在 Proteus ISIS 原理图中显示变化情况，两个软件分工合作。联调前的准备工作如下。

（1）Keil μVision 4 与 Proteus ISIS 两个软件已安装到位，且安装在同一个盘中。

（2）准备 Keil μVision 4 与 Proteus ISIS 联合调试所需的驱动软件 vdmagdi.exe，该驱动软件可到 http://downloads.labcenter.co.uk/vdmagi.exe 网

图 5-76　单步运行下的寄存器观察窗口数据显示

址下载，且安装驱动软件时根据提示应安装到 Keil 软件的相应安装路径下，安装好后软件会自动配置好两个软件联调所需的所有资源。

（3）启动 Proteus ISIS，画出相应电路图，并在"Debug"菜单中选中"Use Remote Debug Monitor"命令，如图 5-77 所示；同时调出编辑 AT89C51 单片机芯片属性的对话框，将"Program File"文本框里的程序文件清空，如图 5-78 所示。此时程序文件保持为空，Proteus ISIS 的原理图仿真交由 Keil 软件中的 C51 程序控制。至此完成了 Proteus ISIS 软件的联调配置。

第 5 章 软件开发环境

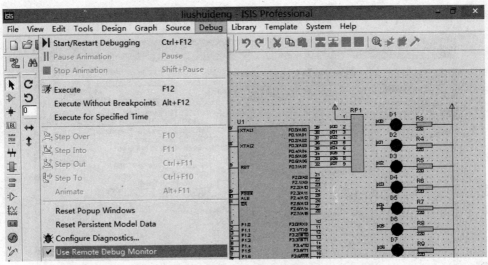

图 5-77 Proteus ISIS 软件调试选择利用外部调试器

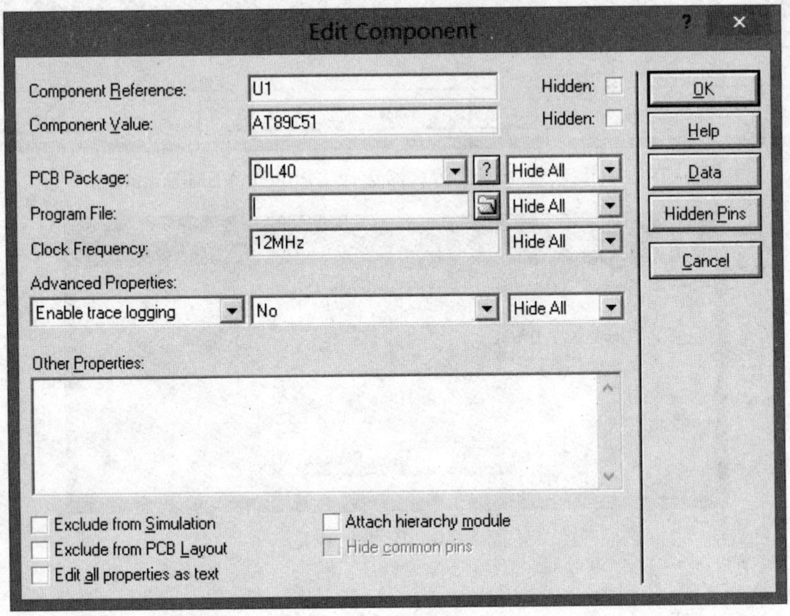

图 5-78 将 Proteus ISIS 软件程序文件 "Program File" 设置为空

（4）启动 Keil μVision 4，打开已建立好的工程，在工程项目窗口右键单击 "Target 1"，选择快捷菜单中的 "Options for Target 'Target 1'" 命令，单击弹出的 "工程属性配置" 对话框中的 "Debug" 选项卡后，选中 "Use" 单选按钮，在其后的下拉列表框中选择 "Proteus VSM Simulator" 选项，如图 5-79 所示。

（5）单击图 5-79 中的 "Settings" 按钮，它是 IP 地址设定按钮，弹出一个 IP 地址设定对话框，在 "Host" 文本框内输入地址信息 "127.0.0.1"，设置后如图 5-80 所示，最后单击 "OK" 按钮确认，又返回到图 5-79 所示的对话框，此时将 "Load Application at Startup" 和 "Run to main" 两个复选框选中，单击 "OK" 按钮确认退出。

以上完成了 Proteus ISIS 与 Keil μVision 4 联调设置，这样就可以实现在 Keil μVision 4

上对程序的调试与运行，同时可在 Proteus ISIS 上观察到系统仿真的结果。

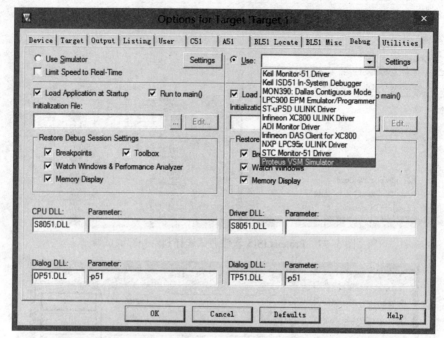

图 5-79　Keil 软件中调试仿真器选择 "Proteus VSM Simulator"

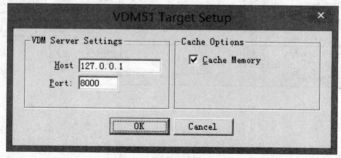

图 5-80　IP 地址设定

（6）联调仿真的一般过程。

① 在 Keil 软件中打开工程项目文件 lianxi.uvproj。将工程文件全部重新编译，若程序没有错误，编译完成后选择菜单中的 "Debug" → "Start/Stop Debug Session" 命令，即可开始仿真，如图 5-81 所示。图 5-82 中的工作界面直接是源代码窗口，比较直观。若此时调试系统启动界面的代码窗口为汇编语言、C51 和机器代码的混合体时，可以通过选择菜单中的 "View" → "Disassembly Window" 命令来进行切换。Keil 软件调试系统已经启动，同时 Proteus ISIS 的仿真功能也已启动，等待执行指令。

② 在 Keil 软件中单击全速运行图标 或按 F5 功能键，程序会全速运行。此时，返回到 Proteus ISIS 软件中会出现电路原理图仿真界面，发现 P_1 口的 8 个发光二极管整体出现流水灯闪烁效果。

③ 当然也可以利用 Keil 软件中提供的单步运行功能来观察程序每步运行的情况。单步

运行时，执行延时程序单击 按钮或按 F10 功能键，执行其他指令单击 按钮或按 F11 功能键，这样是为了防止程序执行陷入延时程序一时出不来。此时，返回到 Proteus ISIS 软件中同样会出现电路原理图仿真界面，且 P_0 口的 8 个发光二极管随着程序单步执行出现流水灯闪烁。

④ "运行到光标处"这一调试功能也可以使用，先要把光标放到正在执行程序后的某一行，然后单击 按钮或按 "Ctrl" + "F10" 组合键，程序执行到该光标处就会暂停。此时，返回到 Proteus ISIS 软件中也会观察到与上述两种方法一样的现象。

⑤ 需要停止当前仿真状态时，再次选择 Keil 软件菜单中的 "Debug"→"Start/Stop Debug Session"命令，即可停止调试。

上述内容介绍了 Keil μVision 4 与 Proteus ISIS 联合仿真的基本方法和实现过程，所用的例子程序都是基于 C51 语言的源程序文件 lianxi.c，如图 5-82 所示。如果用户的源程序文件是采用汇编语言形式，那么调试方法、步骤完全相同，调试过程和仿真结果也会相似。

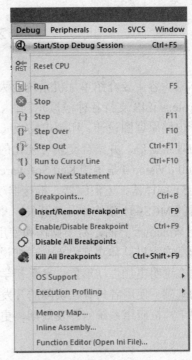

图 5-81 选择 "Start/Stop Debug Session" 命令

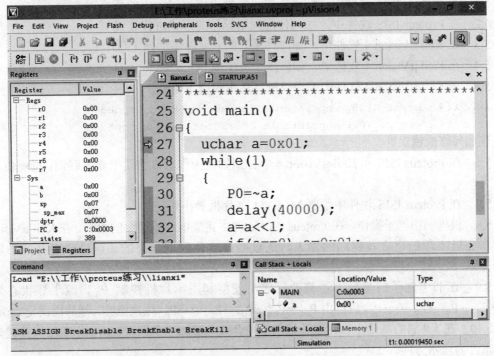

图 5-82 Keil 中调试系统启动界面（C51 代码窗口）

本 章 小 结

本章内容主要介绍单片机系统两大软件开发平台,即 Proteus ISIS 与 Keil μVision 4。

Proteus ISIS 支持各种模拟元器件、集成电路与众多型号的单片机系统的仿真、分析,可以用于电路原理图设计、印制电路板(PCB)绘制,包含 30 多个元器件库,以及丰富的虚拟仪表与观察窗口,并结合交换可视化的工作界面,得到大多数学习电子系统设计者的青睐。

Keil μVision 4 是美国 Keil Software 公司出品的 51 系列兼容单片机 C 语言软件开发系统,包括 C51 编译器、宏汇编器、链接器/定位器和目标文件至 Hex 格式转换器。其支持众多不同公司的 MCS-51 架构的芯片开发,集成了代码编辑、程序编译、仿真分析等多元化功能,采用全 Windows 界面,易于操作和使用。

本章内容以具体实例引入,详细说明了单片机应用系统的软件开发过程,步骤清晰,并结合图文说明更加生动形象,易于初学者读懂。虽是简单示例演示,但实际的开发应用却是以此为基础。使用者只有在实际的开发应用中多加练习才能大大提高对软件的熟悉程度,从而缩短单片机应用系统的开发周期,更加高效地完成系统设计。

习 题

5.1 在 Proteus ISIS 软件中,如何操作可去掉电路原理图中的栅格?

5.2 在 Proteus ISIS 软件中,如何使用网络标号的形式进行连线?

5.3 在 Keil μVision 4 软件中,如何将输入的.c 文件添加到工程中?

5.4 在 Keil μVision 4 软件中,如何操作可生成.hex 文件?

5.5 在 Keil μVision 4 软件中编译及链接后出现以下错误

```
lx.c(14): error C100: unprintable character 0xA3 skipped
lx.c(14): error C100: unprintable character 0xBB skipped
```
该如何修改错误?

5.6 在 Proteus ISIS 和 Keil μVision 4 中分别如何操作可以将两个软件联调,直观仿真实验结果?

5.7 在 Proteus ISIS 软件中绘制 MCS-51 单片机最小系统。

5.8 根据书中例子操作,在 Proteus ISIS 软件中完成电路原理图的绘制,在 Keil μVision 4 软件中完成工程的建立及程序的输入,通过两个软件联调结果的正确性学习并熟悉软件操作。

5.9 在书中例子的基础上,修改程序,使得利用单片机控制 P_0 口流水灯状态为由 $P_{0.0}\to P_{0.1}\to P_{0.2}\to P_{0.3}\cdots\to P_{0.7}$ 后再由 $P_{0.7}\to P_{0.6}\to P_{0.5}\to P_{0.4}\cdots\to P_{0.0}$ 依次点亮,然后周而复始循环。

5.10 在 5.9 题的基础上,在单片机的 $P_{3.1}$ 引脚上增加一个按键 button,通过该按键来控制流水灯的流水方向。

第 6 章

通用 I/O 口及应用

I/O 口是单片机中最重要的系统资源之一,也是单片机连接外设的窗口。通常单片机应用系统中都要有人机对话功能,包括操作者对应用系统状态的干预与数据输入,以及应用系统向操作者报告运行状态与运行结果。本章以发光二极管、开关、数码管、键盘等典型 I/O 设备为例来侧重介绍单片机 I/O 口的基本应用,内容与第 2 章的 I/O 硬件结构相呼应。先结合一些实例,如灯闪烁、流水灯以及数码管显示等,完成有关 I/O 口输出功能的应用方法介绍;然后,引入开关、独立键盘、行列式键盘等实例介绍有关 I/O 口输入功能的应用方法。

6.1 I/O 口的基本特性

6.1.1 I/O 口的基本特性

MCS–51 系列单片机有 4 组 8 位并行 I/O 口,记作 P_0、P_1、P_2 和 P_3。每组 I/O 口内部都有 8 位数据输入缓冲器、8 位数据输出锁存器及数据输出驱动等电路,有时称为端口,并以 P_0、P_1、P_2 和 P_3 的名称当作特殊功能寄存器。4 组并行 I/O 端口既可以按字节操作,又可以按位操作,是布尔处理器的位 I/O 空间。当系统没有扩展外部器件时,I/O 端口用作双向输入/输出口;当系统作外部扩展时,使用 P_0、P_2 口作系统地址和数据总线,P_3 口的部分口线作控制总线。同时,P_3 口的其他口线都有第二功能,与 MCS–51 的内部功能器件配合使用。4 组 8 位并行 I/O 口的内部结构与工作原理已于第 2 章详细说明,这里不再冗述。

单片机 I/O 口的使用除了要知道它的功能外,必须考虑 I/O 口的负载能力。一般 P_1、P_2、P_3 口的输出能驱动 3 个 LSTTL 输入,P_0 口的输出能驱动 8 个 LSTTL 输入。单片机输出低电平时,一个标准 TTL 门的低电平输入电流是 –1 mA(负号表示从 TTL 门向外流),电流是灌入单片机的;单片机输出高电平时,TTL 门的高电平输入电流为 40 μA。51 单片机 I/O 口能驱动 8 个 TTL 门,它输出低电平时,允许灌入 8 mA 电流;输出高电平时,允许输出 0.32 mA 的拉电流。

下面从简单的外设入手,如 LED 发光二极管、按键、开关等来说明 I/O 口作为输入/输出口时的基本应用。

1. LED 发光二极管的基本特性

LED 发光二极管，本质与普通二极管相同，都是由一个 PN 结构成，具有单向导电性，其正负极加入正向电压时就会导通并发光。其导通电压为 2 V 左右，导通电流为 5~20 mA，而光的颜色由发光二极管的材料决定，有多种颜色，如红色、黄色、绿色、蓝色等。考虑到单片机引脚的负载能力，LED 不能直接接在单片机引脚上，必须串接一个电阻达到限流目的。那么电阻阻值如何确定呢？下面做一个简单的推导，设 LED 的正向工作电流为 10 mA，正向电压为 2 V，则限流电阻的阻值计算式为：

$$R = \frac{U_R}{I_R} = \frac{V_{CC} - U_{LED}}{I_R} = \frac{(5-2)\text{ V}}{0.01\text{ A}} = 300\text{ }\Omega$$

2. C51 语言设计软件延时的方法

有时程序设计时需要控制两条指令先后执行或者两个事件先后产生的间隔时间，如果对时间精度要求不高的情况下，可以考虑采用软件延时实现，即循环执行空指令 NOP；如果对时间要精确控制，则需要使用单片机内部的功能部件，如定时器/计数器。

函数 void_nop_（void）是一个常用的内部函数，包含于头文件 INTRIN.H 中，它产生一个 MCS-51 单片机的 NOP 指令，用于延时一个机器周期。一个机器周期包含 12 个时钟周期（或称振荡周期），设系统时钟选用的晶振为 12 MHz，则一个机器周期=12×(1÷12)μs=1 μs。执行一条 NOP 指令需要消耗一个机器周期，即 1 μs，若是连续执行 N 条 NOP 指令则需要消耗 N μs。下面一段程序实现控制 $P_{1.0}$ 引脚先输出低电平，延时两个机器周期后，再输出高电平。

```
P10=0;
_nop_();
_nop_();        /*等待两个机器周期*/
P10=1;
```

如果需要延时的时间较长，可以引入循环，定义一个整型量并赋予较大的初值，作为统计空语句执行次数的循环变量。例如：

```
unsigned int b;
P10=0;
b=50000;
while(--b);     /*等待约 50000 个机器周期*/
P10=1;
```

6.1.2 课堂实践

实例 1 LED 发光二极管闪烁控制

1. 具体任务

利用单片机的某一 I/O 引脚控制一个 LED 发光二极管，使其呈现出亮灭交替的闪烁效果。

2. 目标与要求

做单一灯的亮灭交替控制,发光二极管 LED_1 接单片机 $P_{x.0}$ 引脚,引脚输出"0"时,发光二极管点亮,引脚输出"1"时,发光二极管熄灭,重复循环,间隔 1 s。

3. 软件仿真

1)仿真电路设计与分析

选用 AT89C51 单片机的 $P_{1.0}$ 引脚直接驱动一个发光二极管 LED_1,LED_1 负极接 $P_{1.0}$ 引脚,LED_1 正极串联一个限流电阻 R_1 后接电源 V_{CC},仿真参考电路如图 6-1 所示,绘制仿真电路时所用的元器件清单如表 6-1 所示。

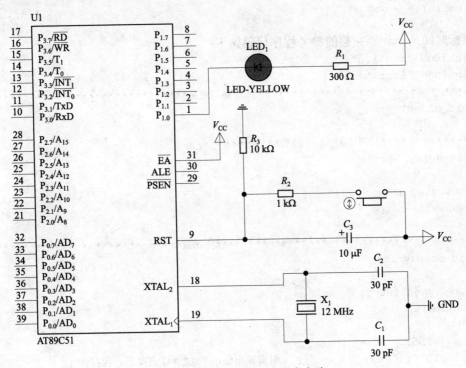

图 6-1 LED 灯闪烁仿真参考电路

表 6-1 LED 灯闪烁仿真电路元件清单

名称/编号	型号/参数	数量	用途
单片机(U1)	AT89C51	1	主控制器
晶振(X_1)	12 MHz	1	时钟
电容(C_1、C_2)	30 pF	2	时钟
电解电容(C_3)	10 μF/25 V	1	上电复位
电阻(R_3)	10 kΩ	1	上电复位
电阻(R_2)	1 kΩ	1	手动复位
按键开关	自锁	1	手动复位

续表

名称/编号	型号/参数	数量	用途
发光二极管（LED$_1$）	LED–YELLOW	1	外设电路
电阻（R_1）	300 Ω	1	限流

2）C 语言参考程序

设系统晶振频率为 12 MHz，延迟约 10 ms 的子程序代码如下：

```
/*************************延时10 ms 子函数**********************/
void delay_10ms()
{
  unsigned int i=800;
  while(i--)_nop_();
}
```

目标时间是 1s，则完整的参考程序代码如下：

```
#include "reg51.h"
#include "intrins.h"
/*************************端口定义**********************/
sbit p10=P1^0;

/************延时10 ms 子函数***********/
void delay_10ms()
{
  unsigned int i=800;
  while(i--)_nop_();
}
/*************************主函数**********************/
void main(void)
{
  unsigned int j;
  while(1)
  {
    j=105;
    p10=0;            //P1.0 引脚输出低电平 LED 灯点亮后，保持约 1s
    while(j--)delay_10ms();
    j=105;
    p10=1;            // P1.0 引脚输出高电平 LED 灯熄灭后，保持约 1s
    while(j--)delay_10ms();
  }
}
```

3）仿真结果

在 Keil 软件中对 C 程序代码进行编译链接，并生成可执行文件.hex，然后返回 Proteus 软件仿真原理图界面，将.hex 文件装载到 AT89C51 单片机中，单击 Play 按钮进入仿真状态，先是 P$_{1.0}$ 引脚程控输出低电平，发光二极管 LED$_1$ 点亮，灯亮保持大约 1 s 后，P$_{1.0}$ 引脚程控输出高电平，发光二极管 LED$_1$ 熄灭，灯灭保持大约 1 s 时间后，再返回到 P$_{1.0}$ 输出低电平 LED$_1$ 灯亮状态，如此循环，呈现出灯闪烁的动态视觉效果，仿真结果如图 6–2、图 6–3 所示。

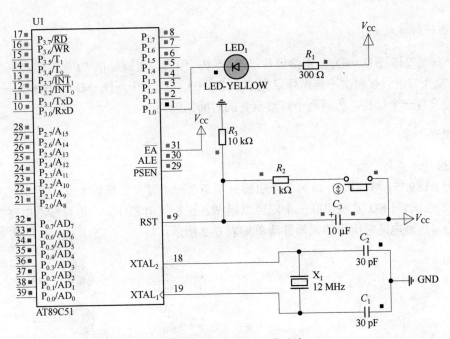

图 6-2　LED 灯闪烁灯亮仿真

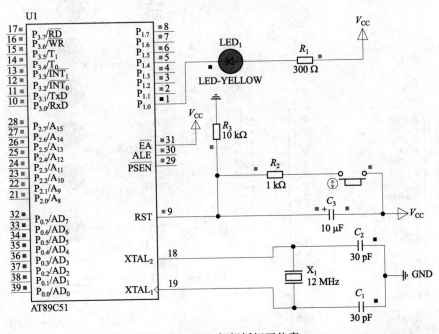

图 6-3　LED 灯闪烁灯灭仿真

实例 2　基于软件延时的广告流水灯控制

1. 任务内容

利用单片机的任一组 I/O 引脚控制 8 个发光二极管，实现广告流水灯效果。

2. 目标与要求

8 个发光二极管 $D_1 \sim D_8$ 分别接单片机 $P_{x.0} \sim P_{x.7}$ 引脚，引脚输出"0"时，点亮发光二极管，8 个发光二极管按照次序被循环点亮 $D_1 \to D_2 \to D_3 \to D_4 \to \cdots \to D_8 \to D_7 \to \cdots \to D_1 \to \cdots$，即在某一时刻只有一个灯亮，相邻两个灯被点亮的时间间隔为 1 s。

3. 软件仿真

1）仿真电路与分析

先用 AT89C51 单片机 P_1 口的 8 个引脚分别驱动一个发光二极管 LED，LED 负极接 $P_{1.x}$（x=0~7）引脚，LED 负极串联一个限流电阻 R，正极接电源 V_{CC}，仿真参考电路如图 6-4 所示，绘制仿真电路时所用的元器件清单如表 6-2 所示。

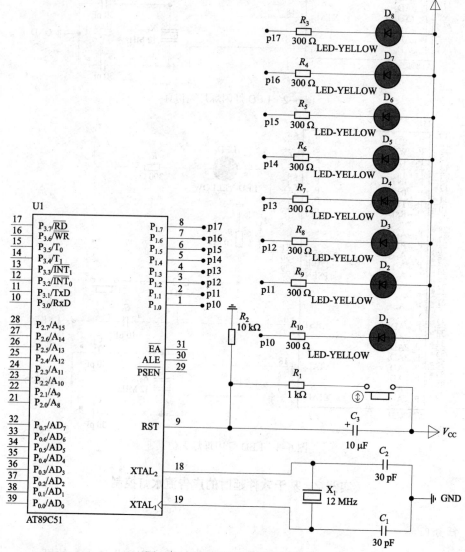

图 6-4 广告流水灯仿真参考电路

表6-2 广告流水灯仿真电路元件清单

名称/编号	型号/参数	数量	用途
单片机（U1）	AT89C51	1	主控制器
晶振（X_1）	12 MHz	1	时钟
电容（C_1、C_2）	30 pF	2	时钟
电解电容（C_3）	10 μF/25 V	1	上电复位
电阻（R_2）	10 kΩ	1	上电复位
电阻（R_1）	1 kΩ	1	手动复位
按键开关	Button	1	手动复位
发光二极管（$D_1 \sim D_8$）	LED–YELLOW	8	外设电路
电阻（$R_3 \sim R_{10}$）	300 Ω	8	限流

2）C语言参考程序

```c
/*********************广告流水灯单向流动代码************************/
#include "reg51.h"              //调用头文件
#include "intrins.h"
void delay_10ms()
{
  unsigned int i=800;
  while(i--)_nop_();
}
void main()
{
  unsigned char a;              //定义无符号字符型变量
  unsigned int j;               //定义无符号整型变量
  a=1;                          //a赋初值为1
  P1=0xff;                      //P1口复位
  do{
     P1=~a;                     //将a的值取反后送P1口输出，低电平有效
     j=105;
     while(j--)delay_10ms();    //软件延时大约1s
     a=a<<1;                    //a值左移一位
     if(a==0) a=1;}             //若a为0（溢出），立刻将a置1
  while(1);                     //无限循环
}
```

3)仿真结果

在 Keil 软件中对 C 程序代码进行编译链接,并生成可执行文件.hex,然后返回 Proteus 软件仿真原理图界面,将.hex 文件装载到 AT89C51 单片机中,单击 Play 按钮进入仿真状态,先是仅让 $P_{1.0}$ 引脚程控输出低电平,发光二极管 D_1 单个点亮,灯亮保持大约 1 s 时间后,仅 $P_{1.1}$ 引脚程控输出低电平,发光二极管 D_2 单个点亮,灯亮保持大约 1 s 时间,按此原则依次点亮后续的 $D_3 \sim D_8$,再返回到初始状态,如此循环,呈现流水般的动态视觉效果,仿真结果如图 6-5、图 6-6 所示。

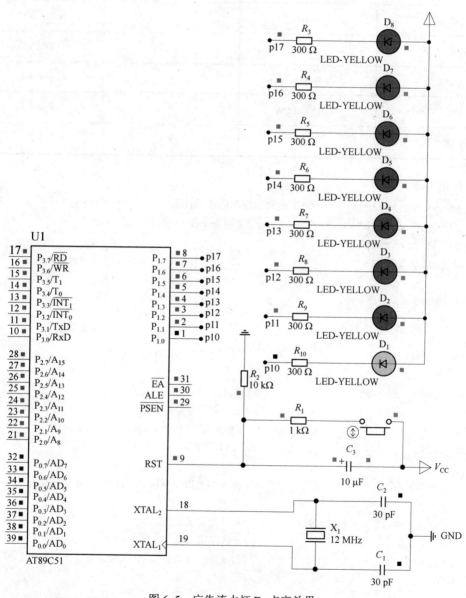

图 6-5 广告流水灯 D_1 点亮效果

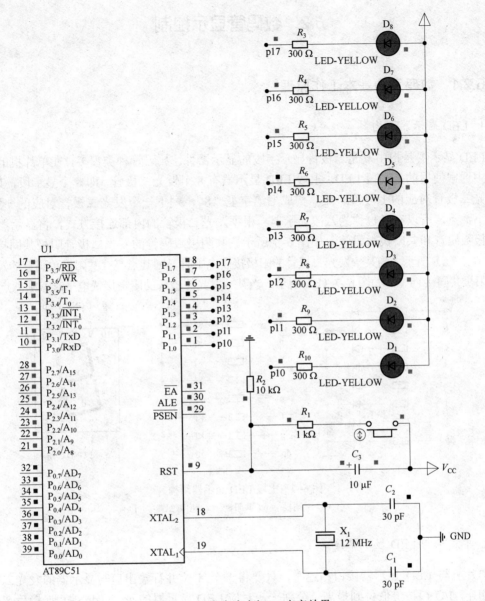

图 6-6　广告流水灯 D_5 点亮效果

6.1.3　拓展与思考

（1）编写一个含有形参的软件延时子程序。
（2）如果延时的时间间隔更长，远大于 1 s，如何编程实现？
（3）设计完成流水灯的双向流动效果控制，给出电路设计与程序代码。
（4）完成模拟开关实验，即读取单片机的某一 I/O 引脚状态来控制一发光二极管的亮灭。

6.2 数码管显示控制

6.2.1 数码管的基本工作原理

1. LED 显示器结构

LED 显示器是指由发光二极管显示字段的显示器件。数码管种类繁多，在单片机的应用系统中通常使用的是七段 LED。七段 LED 显示器有 8 个发光二极管，即 8 个显示段，其中 7 个发光二极管对应的七段（a~g）构成七笔字型"8"，剩下一个发光二极管对应的一段 dp 构成小数点，所以有时也称为八段显示器。根据发光二极管的内部连接方式，将显示器分为共阴极数码管和共阳极数码管，如图 6-7 所示。共阴极数码管的发光二极管阴极共同接地，如图 6-7（a）所示，当某一发光二极管的阳极接高电平时，则其点亮；共阳极数码管的发光二极管阳极共同接+5 V，如图 6-7（b）所示，当某一发光二极管的阴极接低电平时，则其点亮。

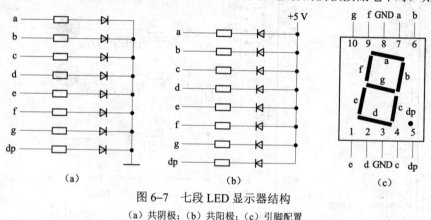

图 6-7 七段 LED 显示器结构
（a）共阴极；（b）共阳极；（c）引脚配置

2. 单片机与 LED 显示器接口

单片机与 LED 显示器接口相连时，只要将一个 8 位并行输出口与显示器的发光二极管引脚相连，I/O 口按最低位到最高位分别一一对应 LED 显示器的 a~f、dp 端。连接后 8 位并行输出口输出不同的字节数据就可获得相应的数字或字符的显示，该字节数据称为段选码，共阳极与共阴极的段选码互为补数，常用的段选码如表 6-3 所示。

表 6-3 七段 LED 显示器的字符段选码

显示字符	共阴极段选码	共阳极段选码	显示字符	共阴极段选码	共阳极段选码
0	3FH	C0H	5	6DH	92H
1	06H	F9H	6	7DH	82H
2	5BH	A4H	7	07H	F8H
3	4FH	B0H	8	7FH	80H
4	66H	99H	9	6FH	90H

续表

显示字符	共阴极段选码	共阳极段选码	显示字符	共阴极段选码	共阳极段选码
A	77H	88H	U	3EH	C1H
B	7CH	83H	「	31H	CEH
C	39H	C6H	Y	6EH	91H
D	5EH	A1H	8	FFH	00H
E	79H	86H	"灭"	00H	FFH
F	71H	8EH	…	…	…
P	73H	8CH			

1）静态显示方式

LED 静态显示方式下，共阴极或共阳极连接在一起，接地或接+5 V，每位数码管的每一个段选信号线（a~dp）与一个独立的 8 位并行 I/O 口相连，如图 6-8 所示。这样，每一位都可以独立显示，只要保证该位的段选线上保持有效的段选码电平。静态显示方式的优点是显示稳定；缺点是占用的 I/O 资源较多，譬如 4 位数码管显示时，需要占用 4×8=32 根 I/O 口线，完全占用了 AT89C51 单片机所有的 I/O 资源。

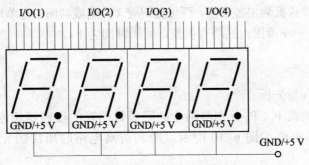

图 6-8 静态显示接口电路

2）动态显示方式

动态显示接口是将每位数码管名称相同的段选线（a~dp）对应并联起来分别与一组 I/O 口的引脚相连，而每位数码管的公共端即共阴极点或共阳极点分别与另一组 I/O 口的引脚相连，如图 6-9 所示。这样，两组 I/O 口一个控制段选码，另一个控制位选。因为所有位的数

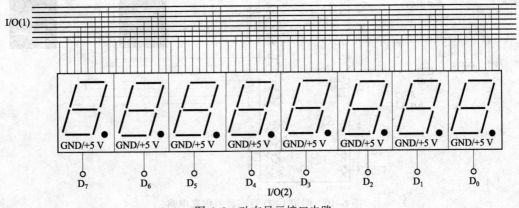

图 6-9 动态显示接口电路

码管共用一组 I/O 口，所以每位数码管要分时占用段选线资源，任一时刻仅让某一位数码管的位选有效（共阴极送低电平、共阳极送高电平），导通工作，接收段选线上输出的相应字符的段选码。按此过程各位数码管循环导通或截止，使得每位显示该位应显示字符，并保持一段时间，以造成视觉暂留效果。由于人眼的视觉特性，当显示暂留的时间间隔较小（如10 ms左右）时，几乎看不出数码管的闪烁现象，呈现视觉稳定的显示状态。每位保持时间不定，只需确保1 s内每一位数码管点亮不少于30次。

6.2.2 课堂实践

实例1 数码管静态显示

1. 具体任务

采用数码管静态显示方式，实现两位数字的显示。

2. 目标与要求

选用 AT89C51 单片机为主控芯片，两位数码管（共阴或共阳）与单片机以静态显示方式连接，能循环显示 0～99 范围内的所有偶数，间隔时间为 1 s。

3. 软件仿真

1）仿真电路设计与分析

AT89C51 单片机的 P_0、P_2 分别与两个共阳极数码管的段选线相连，数码管公共端直接接 V_{CC}，仿真参考电路如图 6-10 所示，绘制仿真电路时所用的元器件清单如表 6-4 所示。

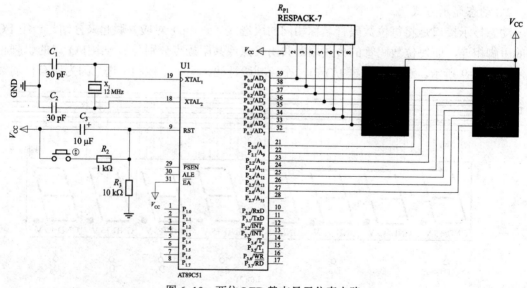

图 6-10 两位 LED 静态显示仿真电路

表 6-4 两位 LED 静态显示仿真电路元件清单

名称/编号	型号/参数	数量	用途
单片机（U1）	AT89C51	1	主控制器
晶振（X_1）	12 MHz	1	时钟
电容（C_1、C_2）	30 pF	2	时钟
电解电容（C_3）	10 μF/25 V	1	上电复位
电阻（R_3）	10 kΩ	1	上电复位
电阻（R_2）	1 kΩ	1	手动复位
排阻（R_{P1}）	RESPACK-7	1	P_0 口上拉电阻
数码管（共阳极）	7SEG-MPX1-CA	2	显示器

2）C 语言参考程序

```c
/*********************两位数码管（共阳极）静态显示代码****************/
#include "reg51.h"                    //调用头文件
#include "intrins.h"
unsigned char code Tab[10]={0xc0,0xf9,0xa4,0xb0,0x99,0x92,0x82,0xf8,0x80,0x90};
                                      //数字 0~9 共阳极段选码
void delay_10ms()                     //延时子程序，延时约 10 ms
{
  unsigned int i=800;
  while(i--)_nop_();
}
void main(void)
{
   unsigned int i,j;
   P0=0x80;           //端口初始化
   P2=0x80;           //数码管各个段全部点亮，做显示前的测试
   while(1)
   {
      for(i=0;i<100;i=i+2)          //循环显示 0~99 范围内的偶数
       {
         P0=Tab[i/10];               //$P_0$ 口显示数的十位
         P2=Tab[i%10];               //$P_2$ 口显示数的个位
         j=105;
         while(j--)delay_10ms();    //延时约 1s，视觉暂留
       }
   }
}
```

3）仿真结果

在 Keil 软件中对 C 程序代码进行编译链接，并生成可执行文件.hex，然后返回 Proteus 软件仿真原理图界面，将.hex 文件装载到 AT89C51 单片机中，单击 Play 按钮进入仿真状态，先是 P_0、P_2 口都送出数字 "0" 的共阳段选码，两位数码管同时显示 0，效果如图 6-11 所示；

保持大约 1 s 后，P_0、P_2 口分别送出数字"0"和数字"2"的共阳段选码，效果如图 6-12 所示，保持大约 1 s 后切换为下一个偶数，直到最大偶数 98 显示完成后返回到"00"，如此循环。

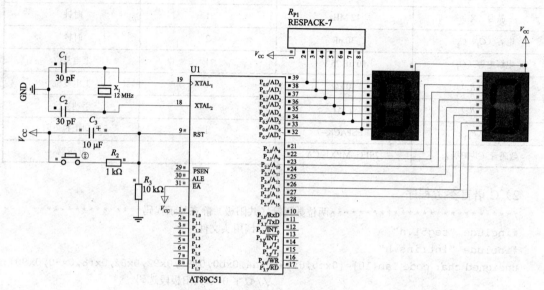

图 6-11　首个显示数值"00"

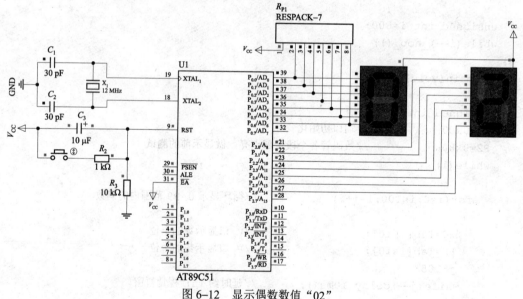

图 6-12　显示偶数数值"02"

实例 2　数码管动态显示

1. 具体任务

采用数码管动态显示方式，实现 4 位数字的显示。

2. 目标与要求

选用 AT89C51 单片机为主控芯片，4 位数码管（共阴或共阳）与单片机以动态显示方式连接，显示出当年的年份，如"2016"。

3. 软件仿真

1）仿真电路设计与分析

AT89C51 单片机的 P_0、P_2 分别与 4 位共阳极数码管的段选线和位选线相连，仿真参考电路如图 6–13 所示（图中复位电路与时钟电路部分缺省），绘制仿真电路时所用的元器件清单如表 6–5 所示。

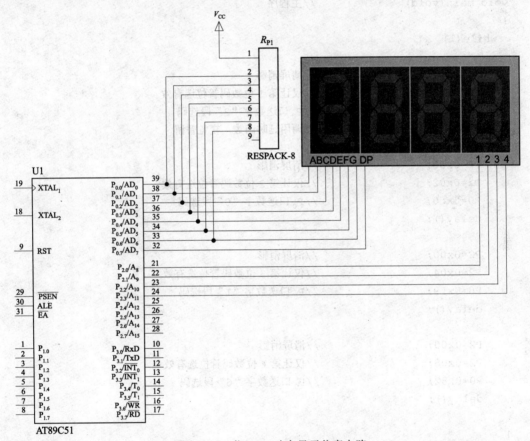

图 6–13　4 位 LED 动态显示仿真电路

表 6–5　4 位 LED 动态显示仿真电路元件清单

名称/编号	型号/参数	数量	用途
单片机（U1）	AT89C51	1	主控制器
排阻（R_{P1}）	RESPACK–8	1	P_0 口上拉电阻
数码管（共阳极）	7SEG–MPX4–CA	1	显示器

2）C 语言参考程序

```c
/***********************4位数码管（共阳极）动态显示代码****************/
#include <reg51.h>                //调用头文件

 void delay(void)                  //软件延时子程序，延时约 3.25 ms
{
   unsigned char i,j;
    for(i=0;i<100;i++)
     for(j=0;j<20;j++)
      ;
 }
void main(void)                   //主程序
{
  while(1)
   {
   P2=0x00;                       //清屏消影
   P2=0x01;                       //仅让第 1 位数码管位选有效
   P0=0xa4;                       //P0 口送数字"2"段选码
   delay();                       //调用延时函数，视觉暂留

   P2=0x00;                       //清屏消影
   P2=0x02;                       //仅让第 2 位数码管位选有效
   P0=0xc0;                       //P0 口送数字"0"段选码
   delay();

   P2=0x00;                       //清屏消影
   P2=0x04;                       //仅让第 3 位数码管位选有效
   P0=0xf9;                       //P0 口送数字"1"段选码
   delay();

   P2=0x00;                       //清屏消影
   P2=0x08;                       //仅让第 4 位数码管位选有效
   P0=0x82;                       //P0 口送数字"6"段选码
   delay();
   }
}
```

3）仿真结果

在 Keil 软件中对 C 程序代码进行编译链接，并生成可执行文件.hex，然后返回 Proteus 软件仿真原理图界面，将.hex 文件装载到 AT89C51 单片机中，单击 Play 按钮进入仿真状态，先是位选控制口 P_2 送出位选信号"0x01"，仅让首个显示位的位选有效并处于工作状态，紧接着段选控制口 P_0 送出首个显示位应显示数字"2"的共阳段选码，软件延时约 3.25 ms，按此操作流程轮流扫描其余显示位，分别显示数字"0""1"和"6"，且每位视觉暂留一段时间，最终从显示器上能看到"2016"稳定地显示，如图 6-14 所示。

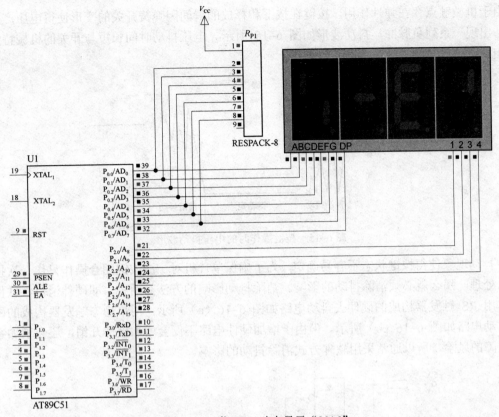

图 6-14 4 位 LED 动态显示 "2016"

6.2.3 拓展与思考

（1）动态扫描显示方式中，为什么要先送位选信号后送段选码？先送段选码后送位选信号可以吗？

（2）动态扫描显示方式中，为什么送出的位选信号只能让某一位选中有效，而不是两位或多位呢？

（3）尝试选用共阴极数码管完成实例 1 和实例 2 中的显示效果，并对比和采用共阳极数码管显示在实现上的区别。

（4）完成 8 位数码管动态显示实验，如显示个人身份证后 8 位数字。

6.3 按键识别与扫描

6.3.1 按键的基本工作原理

1. 按键特性与消抖

按键是利用了机械触点的合、断，从而实现电压信号的通、断来生成所需的电信号，但是由于机械触点存在弹性作用,按键在按下和释放的瞬间因弹簧开关的变形使得电压产生波动,出现一系列负脉冲,抖动波形如图 6–15 所示。电压抖动时间长短与开关的机械特性密切相关,一般时间为 5~10 ms。

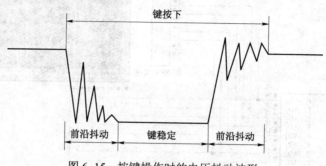

图 6–15 按键操作时的电压抖动波形

抖动现象使得按键状态不容易确定,为了确保单片机对一次按键闭合操作只作一次按键输入处理,那么就必须消除抖动的影响。消除抖动影响的方法有两种,即硬件消抖、软件消抖。用 RS 触发器构成的硬件去抖动电路如图 6–16(a)所示;用单稳态触发器构成的硬件去抖动电路如图 6–16(b)所示。但由于增加硬件电路不仅会增加硬件开销,还会增加系统遇故障的风险,所以通常采用软件方式消除抖动的影响。

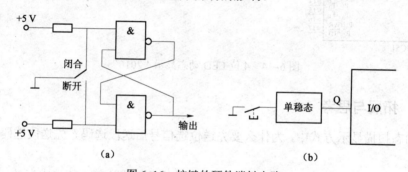

图 6–16 按键的硬件消抖电路
(a) RS 触发器去抖动电路;(b) 单稳态去抖动电路

软件消除抖动影响的办法是当检测到有按键按下时,先让单片机执行一个 10 ms 的延时程序,然后再一次检测并确认该按键的状态,如果仍保持闭合状态电平,则确认该键被真正按下;否则确认该键没有被按下,这样就消除了抖动影响。

2. 独立式按键

独立式按键是指按键作为最基本的输入设备,直接与 I/O 口线连接构成单个按键电路,每个按键单独占有一根 I/O 口线,I/O 口线上的输入电平状态只和其上的按键工作状态有关,不会受到其他 I/O 口线电平状态的影响。独立式按键电路如图 6–17 所示,其中图 6–17(a)为查询方式独立按键电路,图 6–17(b)为中断方式独立按键电路。

独立式按键电路结构简单灵活,但是一个按键必须占用一根 I/O 口线,比较适合按键数量较少的场合,如果按键数量较多则造成 I/O 口线严重浪费。

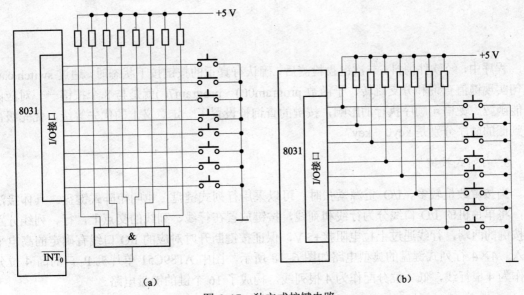

图 6-17 独立式按键电路
（a）查询方式独立按键电路；（b）中断方式独立按键电路

按键处理程序一般包括键盘检测、软件消抖、二次键盘检测、查询确定键值、键功能程序转移并处理。以图 6-17（a）所示的查询方式独立按键电路为例，AT89C51 单片机 P_1 口连接 8 个独立按键，按键一端接地，一端经上拉电阻接 $P_{1.x}$ 引脚。上拉电阻保证按键断开时 I/O 口线有确定的高电平，因 P_1 口内部有上拉电阻，外置上拉电阻也可以考虑省略。按键闭合时输入低电平，按键断开时输入高电平。

独立式按键处理子程序如下：

```
void keyscan( )
{
   char keyin;
   keyin=P1;              //读 P₁ 口输入电平,检测是否有按键按下
   if (keyin!=0xff)       //输入电平为非全 1,表示可能有按键按下
   {
      delay_10ms( );      //延时 10 ms,消除抖动影响
      keyin=P1;           //再次检测 P₁ 口输入电平
      if (P1==0xff)       //若再次检测恢复为全 1 状态,退出扫描
      return;             //若再次检测仍为非全 1 状态,则确定是一次真正的按键按下
      switch(keyin)       //进入键值查询和分支跳转
      {
       case 0xfe: program0( ); break;
       case 0xfd: program1( ); break;
       case 0xfb: program2( ); break;
       case 0xf7: program3( ); break;
       case 0xef: program4( ); break;
       case 0xdf: program5( ); break;
       case 0xbf: program6( ); break;
       case 0x7f: program7( ); break;
```

                }
        }
}

程序中，经软件消抖、二次键盘检测后，确认有真正的按键按下状态时，通过 switch case 语句实现键值查询和分支跳转，子函数 program0( )～program7( )就是与 8 个按键一一对应的功能函数。受语句顺序执行的影响，按键的查询被设置了一定意义上的优先等级，优先级由高到低的顺序分别是 key0～key7。

3. 行列式按键

当按键数量较多、I/O 资源紧张时，可以采用行列式键盘，也叫矩阵式键盘。具体接法是，将单片机的 I/O 口线分为行线和列线，按键放置在行线、列线的交点上，行、列线分别接按键的两端，行线通过上拉电阻接+5 V，保证按键断开时对应的 I/O 口线有确定的高电平输入。4×4 行列式键盘的典型电路如图 6-18 所示，图中 AT89C51 单片机 P_1 口的高 4 位分配作为 4 根行线，低 4 位分配作为 4 根列线，构成了 16 个键的键盘电路。

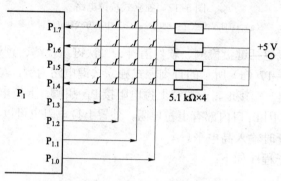

图 6-18　4×4 行列式键盘电路

行列式键盘的扫描与识别程序包括几个主要的步骤：键盘整体检测；软件延时消抖；二次键盘整体检测确定是否真正有按键按下；键值查询与识别；键功能程序转移并处理。

行列式按键处理子程序如下：

```
void keyscan( )
{
char keyin;
P1=0xf0;                //P1 口列线输出全 0,行线输出全 1
keyin=P1;               //读 P1 口输入电平,检测是否有按键按下
if(keyin&0xf0!=0xf0)    //若行线输入电平为非全 1,表示可能有按键按下
{
delay_10ms( );          //延时 10 ms,消除抖动影响
keyin=P1;               //再次读 P1 口输入电平,检测是否真正有按键按下
if(keyin&0xf0==0xf0 )   //若再次检测恢复为全 1 状态,退出扫描
return;                 //若再次检测仍为非全 1 状态,则确定是一次真正的按键按下
P1=0xfe;                //仅第一列即 P1.0 口输出 0,其他列线输出 1
keyin=P1;               //读行线输入电平,查询键值,识别按键并分支转移
switch(keyin&f0)
{
```

```
    case e0: program0();break;
    case d0: program4();break;
    case b0: program8();break;
    case 70: program12();break;
    default: break;
}
P1=0xfd;                    //仅第二列即 P_{1.1} 口输出 0,其他列线输出 1
keyin=P1;                   //读行线输入电平,查询键值,识别按键并分支转移
switch(keyin&f0)
{
    case e0: program1();break;
    case d0: program5();break;
    case b0: program9();break;
    case 70: program13();break;
    default: break;
}
P1=0xfb;                    //仅第三列即 P_{1.2} 口输出 0,其他列线输出 1
keyin=P1;                   //读行线输入电平,查询键值,识别按键并分支转移
switch(keyin&f0)
{
    case e0: program2();break;
    case d0: program6();break;
    case b0: program10();break;
    case 70: program14();break;
    default: break;
}
P1=0xf7;                    //仅第四列即 P_{1.3} 口输出 0,其他列线输出 1
keyin=P1;                   //读行线输入电平,查询键值,识别按键并分支转移
switch(keyin&f0)
{
    case e0: program3();break;
    case d0: program7();break;
    case b0: program11();break;
    case 70: program15();break;
    default: break;
}
}
P1=0xff;
}
```

6.3.2 课堂实践

实例 1 独立式键盘扫描实验

1. 具体任务

单片机外围配置独立式键盘和 LED 发光二极管电路,操作按键选择 LED 灯以不同的模

式点亮。

2. 目标与要求

选用 AT89C51 单片机为主控芯片，其中一组 I/O 口与 4 个独立按键 S_1~S_4 相连构成独立式键盘，另一组 I/O 口连接 8 个 LED 发光二极管，4 个不同的按键对应选择 4 种不同的灯亮模式：按下 S_1 键，LED 正向流水点亮；按下 S_2 键，LED 呈现反向流水点亮；按下 S_3 键，LED 全灭；按下 S_4 键，LED 亮灭闪烁。

3. 软件仿真

1）仿真电路设计与分析

AT89C51 单片机 P_1 口的高 4 位 $P_{1.4}$~$P_{1.7}$ 分别与按键 S_1~S_4 独立相连，P_3 口接 8 个发光二极管，共阳极接法，仿真参考电路如图 6-19 所示（图中复位电路与时钟电路部分缺省），绘制仿真电路时所用的元器件清单如表 6-6 所示。

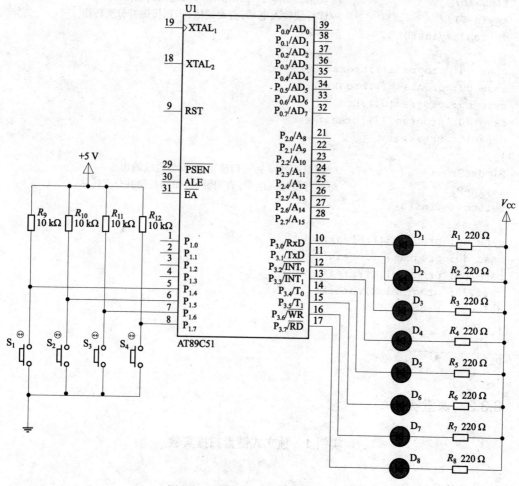

图 6-19 独立式键盘扫描仿真电路

表 6-6 独立式键盘扫描仿真电路元件清单

名称/编号	型号/参数	数量	用途
单片机（U1）	AT89C51	1	主控制器
发光二极管（$D_1 \sim D_8$）	LED–YELLOW	8	显示
电阻（$R_1 \sim R_8$）	220 Ω	8	限流
电阻（$R_9 \sim R_{12}$）	10 kΩ	1	P_1口上拉电阻
按键（$S_1 \sim S_4$）	Button	4	独立式键盘

2) C语言参考程序

```c
/********************独立式按键选择4种LED灯亮模式代码************************/
#include"reg51.h"           //包含51单片机寄存器定义的头文件
sbit S1=P1^4;               //将S₁位定义为P₁.₄引脚
sbit S2=P1^5;               //将S₂位定义为P₁.₅引脚
sbit S3=P1^6;               //将S₃位定义为P₁.₆引脚
sbit S4=P1^7;               //将S₄位定义为P₁.₇引脚
unsigned char keyval;       //存储按键值

void led_delay(void)    // 延时函数，用于流水灯延时
{
   unsigned char i,j;
     for(i=0;i<250;i++)
       for(j=0;j<250;j++);
}

void delay20ms(void)    // 延时函数，用于软件消抖
{
   unsigned char i,j;
     for(i=0;i<100;i++)
       for(j=0;j<100;j++);
}
/**************************************************************************
                    函数功能：正向流水点亮LED
***************************************************************************/
void forward(void)
{
    P3=0xfe;            //第一个灯亮
    led_delay();
    P3=0xfd;            //第二个灯亮
    led_delay();
    P3=0xfb;            //第三个灯亮
    led_delay();
```

```c
        P3=0xf7;            //第四个灯亮
        led_delay();
        P3=0xef;            //第五个灯亮
        led_delay();
        P3=0xdf;            //第六个灯亮
        led_delay();
        P3=0xbf;            //第七个灯亮
        led_delay();
        P3=0x7f;            //第八个灯亮
        led_delay();
        P3=0xff;
        P3=0xfe;            //第一个灯亮
        led_delay();
}
/******************************************************************
                函数功能：反向流水点亮 LED
*******************************************************************/
void backward(void)
{
    P3=0x7f;            //第八个灯亮
    led_delay();
    P3=0xbf;            //第七个灯亮
    led_delay();
    P3=0xdf;            //第六个灯亮
    led_delay();
    P3=0xef;            //第五个灯亮
    led_delay();
    P3=0xf7;            //第四个灯亮
    led_delay();
    P3=0xfb;            //第三个灯亮
    ed_delay();
    P3=0xfd;            //第二个灯亮
    led_delay();
    P3=0xfe;            //第一个灯亮
    led_delay();

}
/******************************************************************
                函数功能：关闭所有 LED
*******************************************************************/
void stop(void)
{
    P3=0xff;
```

```c
}
/*************************************************************************
                    函数功能：闪烁点亮 LED
*************************************************************************/
void flash(void)
{
    P3=0xff;
    led_delay();
    P3=0x00;
    led_delay();
}
/*************************************************************************
                    函数功能：键盘扫描子程序
*************************************************************************/
char key_scan(void)
{
 if((P1&0xf0)!=0xf0)         //第一次检测到有键按下
    {
            delay20ms();         //延时 20 ms 再去检测
              if(S1==0)          //按键 S1 被按下
               keyval=1;
              if(S2==0)          //按键 S2 被按下
               keyval=2;
              if(S3==0)          //按键 S3 被按下
               keyval=3;
              if(S4==0)          //按键 S4 被按下
               keyval=4;
    }
}
/*************************************************************************
                    函数功能：主函数
*************************************************************************/
void main(void)              //主函数
{
    keyval=0;                //按键值初始化为 0
    while(1)
        {
            key_scan();
            switch(keyval)
                {
                    case 1:forward();
                        break;
                    case 2:backward();
```

```
            break;
    case 3:stop();
            break;
    case 4:flash();
            break;
    }

}
```

3）仿真结果

在 Keil 软件中对 C 程序代码进行编译链接，并生成可执行文件.hex，然后返回 Proteus 软件仿真原理图界面，将.hex 文件装载到 AT89C51 单片机中，单击 Play 按钮进入仿真状态。按下 S_1 键，8 个 LED 灯按顺序从 D_1 到 D_8 正向循环流水点亮；按下 S_2 键，8 个 LED 灯按序从 D_8 到 D_1 反向循环流水点亮；按下 S_3 键，8 个 LED 灯全部熄灭；按下 S_4 键，8 个 LED 闪烁，全灭和全亮交替，部分仿真效果如图 6-20 和图 6-21 所示。

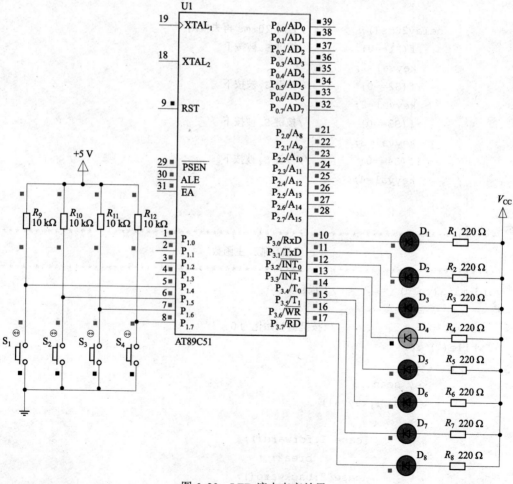

图 6-20　LED 流水点亮效果

第6章 通用I/O口及应用

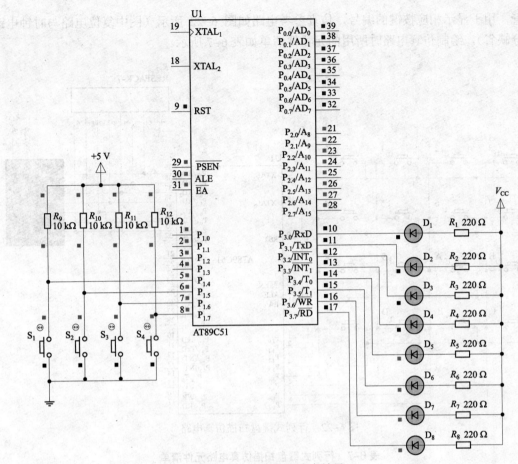

图 6-21 LED 闪烁点亮效果

实例 2 查询方式处理矩阵键盘

1. 具体任务

单片机外围配置行列式矩阵键盘和数码管显示电路,操作按键后,数码管会显示出其相应的编号。

2. 目标与要求

选用 AT89C51 单片机为主控芯片,4×4 行列矩阵键盘共 16 个按键作为输入设备,显示器采用 LED 数码管,16 个按键按顺序编号为 0~9、A~F,按下某一个按键则数码管显示出该按键对应的编号。

3. 软件仿真

1)仿真电路设计与分析

AT89C51 单片机 P_1 口的高 4 位引脚 $P_{1.4}$~$P_{1.7}$ 为 4×4 行列式键盘的列线,作输入口线,P_1 口的低 4 位引脚 $P_{1.0}$~$P_{1.3}$ 为 4×4 行列式键盘的行线,作输出口线。P_0 口接一个共阳极数码管，用于显示相应按键的编号，仿真参考电路如图 6-22 所示（图中复位电路与时钟电路部分缺省），绘制仿真电路时所用的元器件清单如表 6-7 所示。

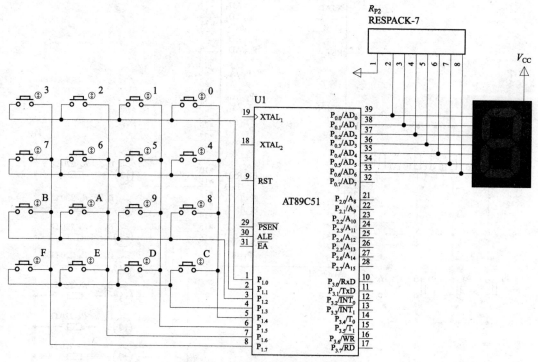

图 6-22 行列式键盘扫描仿真电路

表 6-7 行列式键盘扫描仿真电路元件清单

名称/编号	型号/参数	数量	用途
单片机（U1）	AT89C51	1	主控制器
独立按键（$S_1 \sim S_{16}$）	Button	16	4×4 行列式键盘
共阳极数码管	7SEG-COM-ANODE	1	显示
排阻（R_{P2}）	RESPACK-7	1	P_0 口上拉电阻

2）C 语言参考程序

```
/*********************行列式键盘扫描实验代码*************************/
#include"reg51.h"   //包含51单片机寄存器定义的头文件
unsigned char code Tab[ ]={0xc0,0xf9,0xa4,0xb0,0x99,0x92,0x82,0xf8,0x80,0x90,
0x88,0x83,0xc6,0xa1,0x86,0x8e};    //数字 0~F 的段码
/*****************************************************************
                      函数功能：软件延时子程序
******************************************************************/
 void delay20ms(void)
{
   unsigned char i,j;
    for(i=0;i<100;i++)
     for(j=0;j<60;j++);
```

}

/***
            函数功能：进行键盘扫描，查询键值，判断按键位置
***/
```c
void scan()
 {
    P1=0xf0;              //首次检测，所有行线置低电平"0"输出
    if((P1&0xf0)!=0xf0)   //屏蔽行线，若列线输入为非全"1"，可能有键按下
    {
      delay20ms();        //延时一段时间，约20 ms进行软件消抖
      if((P1&0xf0)==0xf0) //再次检测，确定是否真正有键按下
        return;           //若列线输入仍为非全"1"则真正有键按下，进行逐行扫描
      P1=0xfe;            //仅第一行输出低电平"0"
      switch(P1&0xf0)     //读列线输入电平状态，查询键值，
       {                  //识别键位后将编号送数码管显示
         case 0xe0:P0=Tab[0];break;
         case 0xd0:P0=Tab[1]; break;
         case 0xb0:P0=Tab[2]; break;
         case 0x70:P0=Tab[3]; break;
         default:break;
       }
     P1=0xfd;             //仅第二行输出低电平"0"
      switch(P1&0xf0)
       {
         case 0xe0:P0=Tab[4]; break;
         case 0xd0:P0=Tab[5]; break;
         case 0xb0:P0=Tab[6]; break;
         case 0x70:P0=Tab[7]; break;
         default:break;
       }
     P1=0xfb;             //仅第三行输出低电平"0"
      switch(P1&0xf0)
       {
          case 0xe0:P0=Tab[8];break;
          case 0xd0:P0=Tab[9]; break;
          case 0xb0:P0=Tab[10]; break;
          case 0x70:P0=Tab[11]; break;
          default:break;
       }
      P1=0xf7;            //仅第四行输出低电平"0"
       switch(P1&0xf0)
        {
         case 0xe0:P0=Tab[12];break;
         case 0xd0:P0=Tab[13];break;
         case 0xb0:P0=Tab[14];break;
         case 0x70:P0=Tab[15];break;
         default:break;
```

        }
      }
}

/**
                    函数功能：主函数
**/
void main()
{
    while(1)   //无限循环
       {
         scan();   //调用键盘扫描子函数
       }
}

3）仿真结果

在 Keil 软件中对 C 程序代码进行编译链接，并生成可执行文件.hex，然后返回 Proteus 软件仿真原理图界面，将.hex 文件装载到 AT89C51 单片机中，单击 Play 按钮进入仿真状态。当鼠标选中编号为"0"的按键，按下按键使其闭合一次后，数码管立即显示出数字"0"，与所按下按键的编号完全一致，仿真效果如图 6-23 所示；当鼠标选中编号为"A"的按键，按下按键使其闭合一次后，数码管立即显示出字符"A"，与所按下按键的编号完全一致，仿真效果如图 6-24 所示。

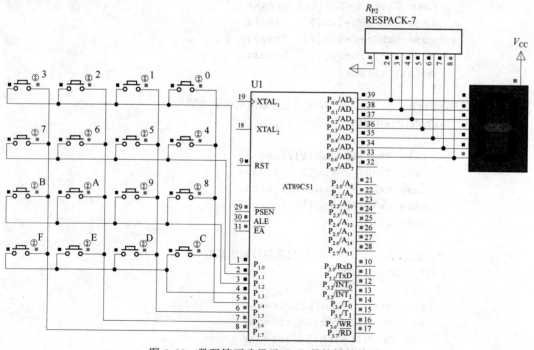

图 6-23 数码管正确显示"0"号按键的编号

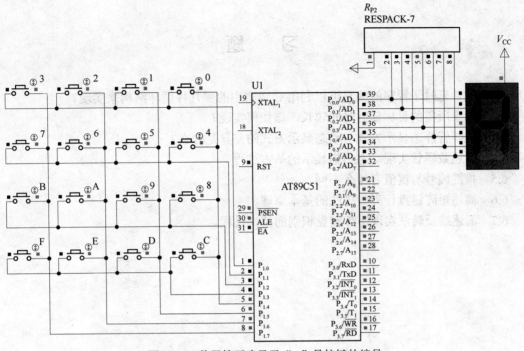

图 6-24 数码管正确显示"A"号按键的编号

6.3.3 拓展与思考

（1）为什么要进行消抖处理？
（2）实例完成按键处理过程中对比无消抖处理和有消抖处理存在哪些差异？
（3）完成行列式键盘编号的两位数显示，要求采用数码管动态显示方法。

本 章 小 结

AT89C51 单片机有 4 组 8 位的并行 I/O 口，作为单片机输入/输出数据的通道，既可以用作并行口输入/输出字节数据，也可以用作独立的位线传输位数据，从而实现单片机应用系统中的人机对话功能。

单片机应用系统向操作人员报告运行状态与运行结果的常用外部设备有指示灯、LED 显示器和 LCD 显示器等。其中 LED 数码管显示与单片机的连接和显示控制较为简单，按照显示方式与接口电路的不同，可以分为静态显示和动态显示两种。静态显示适合于显示位数较少的场合，程序控制简单；动态显示适合于显示位数较多的场合，常采取动态扫描原理实现显示控制。

操作人员对单片机应用系统状态的干预与数据输入的常用外部设备是按键和键盘，有对系统状态实现干预的功能键和向系统输入数据的数字键等。对于机械式的按键，必须采取去抖动措施。在按键数量较多时，采用矩阵式键盘可以节省 I/O 口线，分为编程扫描、定时扫描和中断扫描 3 种工作方式。

习 题

6.1 软件延时子程序的编写可以利用 C 语言中的哪几种循环结构来实现？
6.2 如果所需的目标延时时间较长，该如何实现？
6.3 数码管静态显示方式与动态显示方式的差异是什么？
6.4 简述数码管实现动态扫描显示的基本过程。
6.5 按键编号与键值有什么不同？
6.6 简述矩阵键盘行列扫描法的基本原理。
6.7 简述线反转法实现矩阵键盘识别的基本过程。

第 7 章

内部功能部件及应用

单片机应用于实时控制、故障自动处理时往往需要中断系统,与外围设备间传送数据及实现人机联系也常采用中断方式。而在检测与控制领域方面的应用,通常需要使用单片机内部的定时器/计数器来实现定时控制、延时控制或者对外界事件进行计数。MCS–51 单片机内部除含有 4 个并行 I/O 口外,还有一个串行通信 I/O 口,通过该串行口可以实现与其他系统的串行通信。

MCS–51 单片机在片内集成了中断管理系统、定时器/计数器和串行通信,增强了其应用于工业控制的能力。本章将结合具有代表性的应用实例来介绍 MCS–51 单片机内部这三大功能部件,即中断管理系统、定时器/计数器和串行通信的工作原理以及寄存器结构、工作方式和编程方法。

7.1 单片机的中断管理系统

7.1.1 中断管理系统的工作原理

1. 中断的基本概念

当 CPU 在执行程序时,由于内部或外部的随机事件产生,要求 CPU 暂停正在执行的程序,而转去处理该随机事件,即执行用于处理该随机事件的一段程序,处理完后又返回被中止的程序断点处继续执行,这一过程就叫作中断。

原来 CPU 正在运行的程序称为主程序,中断发生后 CPU 运行针对某事件的处理程序称为中断服务程序或中断处理子程序。主程序被暂时中断的位置称为断点。触发中断的事件不管是来自于内部还是外部,统称为中断源,中断源向 CPU 发送中断请求信号,申请被处理。

CPU 处理该事件是通过调用一段特定的函数或程序段,这段函数或程序段称为中断服务函数或中断服务程序。中断服务函数与程序中的一般函数不同,首先,一般函数是可以被主函数或其他函数调用的,而中断服务函数只能由主函数调用,不能被其他函数调用;其次,一般函数在程序中什么时候被调用时间上是固定的,而中断服务函数被调用时间上完全是随机的,取决于突发事件。

当 CPU 正在处理某个中断源请求时，又发生了另一个更紧急、事件优先级比当前事件高且 CPU 当前有条件可以暂时中止执行当前的中断服务函数，那么它会响应高优先级事件，处理高优先级事件的中断请求，待处理完后，再返回继续执行原来的低优先级中断服务函数，这一过程称为"中断嵌套"。含中断嵌套的中断过程如图 7-1 所示。

中断处理的优点包括：提高 CPU 的工作效率；实时处理工业现场状况；遇故障及时处理。

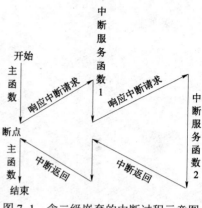

图 7-1　含二级嵌套的中断过程示意图

2. MCS-51 单片机的中断管理系统

1）中断管理系统结构

单片机内部有一个中断管理系统，它对内部事件，如定时器事件、串行通信的发送和接收事件以及外部事件（如按键操作等）进行自动检测，当某个事件偶然发生时，中断管理系统会置位相应标志，向 CPU 发出中断请求，等待 CPU 的处理。而 CPU 会在执行程序的周期中顺带对中断标志进行检测，且不影响指令的连续执行。中断管理系统与 CPU 并行运行，大大解放了 CPU，提高了工作效率。

MCS-51 系列单片机中，中断源数量因型号差异而有所不同，以 8051 单片机为例，它有 5 个中断源，两个中断优先级，可以处理两级中断嵌套，CPU 可以选择是否屏蔽某个中断源的中断请求，中断管理系统结构如图 7-2 所示。与中断管理系统配置有关的特殊功能寄存器包括中断控制寄存器 TCON 和 SCON、中断允许寄存器 IE、中断优先级寄存器 IP。5 个中断源是指外部中断请求 0、内部定时器 0、外部中断请求 1、内部定时器 1、串行口发送完和接收完数据中断请求，如表 7-1 所示。

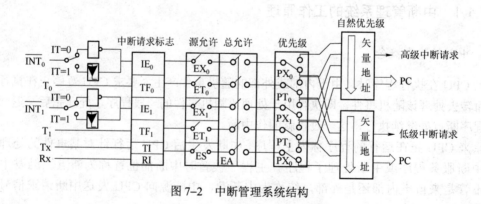

图 7-2　中断管理系统结构

表 7-1　51 子系列单片机的中断源

中断源名称	中断源编号	中断服务函数入口地址
外部中断 0	0	0003H
定时器 T_0 中断	1	000BH

续表

中断源名称	中断源编号	中断服务函数入口地址
外部中断 1	2	0013H
定时器 T_1 中断	3	001BH
串行口中断	4	0023H

2）相关特殊功能寄存器

（1）TCON 寄存器。

中断功能由定时器/计数器控制寄存器 TCON，字节地址为 88H，可位寻址。该字节寄存器中有 6 个位与中断有关，2 个位与定时器/计数器有关，TCON 寄存器的位定义如表 7-2 所示。

表 7-2 TCON 寄存器位定义

D_7	D_6	D_5	D_4	D_3	D_2	D_1	D_0
TF_1	TR_1	TF_0	TR_0	IE_1	IT_1	IE_0	IT_0

IE_0：外部中断 0 请求源（INT_0，$P_{3.2}$）标志。$IE_0=1$，表示外部中断 0 正在向 CPU 请求中断，当 CPU 响应该中断时由硬件清 IE_0 该标志位为 0，即 IE_0 为 0（边沿触发方式）。

IT_0：外部中断源 INT_0 触发方式控制位。

$IT_0=0$，外部中断 0 程控为电平触发方式，当 $P_{3.2}$ 输入低电平时，置位 IE_0。中断系统在每一个机器周期的 S_5P_2 期间采样输入电平，当采样到低电平时，置 IE_0 为 1。在 CPU 调用中断服务程序之前，$P_{3.2}$ 上的电平必须保持为低电平；否则当中断系统检测到的输入为高电平时，就清除 IE_0 标志位。

$IT_0=1$，外部中断 0 程控为边沿触发方式，中断系统在每一个机器周期的 S_5P_2 期间采样输入电平。如果相继的两次采样，一个周期中采样到为高电平，接着的下个周期中采样到为低电平，则置 IE_0 为 1，表示外部中断 0 正在向 CPU 申请中断，直到该中断被 CPU 响应时才由硬件清 IE_0 为 0。因为每个机器周期采样一次外部中断输入电平，因此，采用边沿触发方式时，外部中断源输入的高电平和低电平时间必须保持 12 个振荡周期以上，才能保证 CPU 检测到由高到低的负跳变。

IE_1：外部中断 1 请求（INT_1，$P_{3.3}$）标志。$IE_1=1$ 时外部中断 1 向 CPU 请求中断，当 CPU 响应外部中断时，由硬件清 IE_1 为 0（边沿触发方式）。

IT_1：外部中断 1 触发方式控制位。$IT_1=0$，外部中断 1 程控为电平触发方式；$IT_1=1$，外部中断 1 为边沿触发方式。其功能和 IT_0 类似。

TR_0：定时器/计数器 T_0 运行控制位。

TF_0：定时器/计数器 T_0 溢出中断标志位，CPU 执行中断服务程序时由硬件复位。

TR_1：定时器/计数器 T_1 运行控制位。

TF_1：定时器/计数器 T_1 溢出中断标志位，CPU 执行中断服务程序时由硬件复位。

（2）SCON 寄存器。

串行接口控制寄存器 SCON 的字节地址为 98H，可位寻址，其位定义如表 7-3 所示。

表 7-3　SCON 寄存器位定义

D_7	D_6	D_5	D_4	D_3	D_2	D_1	D_0
SM_0	SM_1	SM_2	REN	TB_8	RB_8	TI	RI

SCON 寄存器中只有两位与中断有关，即接收中断标志 RI、发送中断标志 TI。

串行口中断：串行口的接收中断标志 RI（SCON.0）和发送中断标志 TI（SCON.1）逻辑或以后，作为内部的一个中断源。当串行口发送完一个字符，由内部硬件置位发送中断标志 TI，接收到一个字符后也由内部硬件置位接收中断标志 RI。应该注意，CPU 响应串行口的中断时，并不清 TI 和 RI 中断标志为 0，TI 和 RI 必须由软件清 0（中断服务程序中必须有清 TI、RI 的指令）。

系统复位时，TCON 的各位均被清 0。

（3）IE 中断允许寄存器。

MCS-51 的 CPU 对中断源的开放或屏蔽，即每一个中断源是否被允许中断，是由内部的中断允许寄存器 IE（IE 为特殊功能寄存器，它的字节地址为 A8H，可位寻址）控制的，其位定义如表 7-4 所示。

表 7-4　IE 中断允许寄存器位定义

D_7	D_6	D_5	D_4	D_3	D_2	D_1	D_0
EA	—	—	ES	ET_1	EX_1	ET_0	EX_0

EA：CPU 的中断开放标志。EA=1，CPU 开放中断；EA=0，CPU 屏蔽所有的中断申请。

EX_0：外部中断 0 中断允许位。EX_0=1，允许中断；EX_0=0，禁止中断。

ET_0：定时器/计数器 T_0 的溢出中断允许位。ET_0=1，允许 T_0 中断；ET_0=0，禁止 T_0 中断。

EX_1：外部中断 1 中断允许位。EX_1=1，允许外部中断 1 中断；EX_1=0，禁止外部中断 1 中断。

ET_1：定时器/计数器 T_1 的溢出中断允许位。ET_1=1，允许 T_1 中断；ET_1=0，禁止 T_1 中断。

ES：串行口中断允许位。ES=1，允许串行口中断；ES=0，禁止串行口中断。

（4）IP 中断优先级寄存器。

MCS-51 有两个中断优先级，每一中断请求源可编程为高优先级中断或低优先级中断。实现二级中断嵌套。一个正在被执行的低优先级中断服务程序能被高优先级中断源所中断，但不能被另一个同级的或低优先级中断源所中断。若 CPU 正在执行高优先级的中断服务程序，则不能被任何中断源所中断，一直执行到结束，遇到返回指令 RETI，返回主程序后再执行一条指令才能响应新的中断源申请。为了实现上述功能，MCS–51 的中断系统有两个不可寻址的优先级状态触发器，一个指出 CPU 是否正在执行高优先级中断服务程序，另一个指出 CPU 是否正在执行低优先级中断服务程序。这两个触发器的"1"状态分别屏蔽所有的中断申请和同一优先级的其他中断源申请。另外，MCS–51 的片内有一个中断优先级寄存器 IP（IP 为特殊功能寄存器，它的字节地址为 B8H，可位寻址），其位定义如表 7–5 所示。

表 7–5 IP 寄存器位定义

D_7	D_6	D_5	D_4	D_3	D_2	D_1	D_0
—	—	—	PS	PT_1	PX_1	PT_0	PX_0

PX_0：外部中断 0 中断优先级控制位。PX_0=1，外部中断 0 中断定义为高优先级中断；PX_0=0，外部中断 0 中断定义为低优先级中断。

PT_0：定时器 T_0 中断优先级控制位。PT_0=1，定时器 T_0 中断定义为高优先级中断；PT_0=0，定时器 T_0 中断定义为低优先级中断。

PX_1：外部中断 1 中断优先级控制位。PX_1=1，外部中断 1 中断定义为高优先级中断；PX_1=0，外部中断 1 中断定义为低优先级中断。

PT_1：定时器 T_1 中断优先级控制位。PT_1=1，定时器 T_1 中断定义为高优先级中断；PT_1=0，定时器 T_1 中断定义为低优先级中断。

PS：串行口中断优先级控制位。PS=1，串行口中断定义为高优先级中断；PS=0，串行口中断定义为低优先级中断。

在 CPU 接收到同样等级优先级的几个中断请求源时，一个内部的硬件查询序列确定优先服务于哪一个中断申请，这样在同一个优先级里，由查询序列确定了优先级结构，其优先级排列如下：

外部中断 0　　　　　　　最高
定时器 T_0 中断
外部中断 1
定时器 T_1 中断
串行口中断　　　　　　　最低

MCS–51 复位以后，特殊功能寄存器 IE、IP 的内容均为 0，由初始化程序对 IE、IP 编程，以开放中央处理器 CPU 中断、允许某些中断源中断和改变中断的优先级。

3. 外部中断

外部中断 0（$\overline{INT_0}$）信号通过 $P_{3.2}$ 引脚引入，外部中断 1（$\overline{INT_1}$）信号通过 $P_{3.3}$ 引脚引入。

$\overline{INT_0}$ 和 $\overline{INT_1}$ 电平在每一个机器周期的 S_5P_2 期间被采样并锁存到 IE_0、IE_1 中，这个新置入的 IE_0、IE_1 状态等到下一个机器周期才被查询电路查询到。如果中断被激活，并且满足响应条件，CPU 接着执行一条硬件子程序调用指令以转到相应的服务程序入口，该调用指令本身需两个机器周期。这样,在产生外部中断请求到开始执行中断服务程序的第一条指令之间,最少需要 3 个完整的机器周期。

如果中断请求被前面列出的 3 个条件之一所阻止,则需要更长的响应时间。如果已经在处理同级或更高级中断,额外的等待时间明显地取决于别的中断服务程序的处理过程。当没有处理同级或更高级中断时,如果正在处理的指令没有执行到最后的机器周期,所需的额外等待时间不会多于 3 个机器周期,因为最长的指令(乘法指令 MUL 和除法指令 DIV)也只有 4 个机器周期,如果正在执行的指令为 IE、IP 的指令,额外的等待时间不会多于 5 个机器周期(最多需一个周期完成正在处理的指令,完成下一条指令(设 MUL 或 DIV)需要 4 个机器周期)。这样,在一个单一中断优先级的系统里,外部中断响应时间总是在 3~8 个机器周期之间。

1) 电平触发方式

若外部中断定为电平触发方式,外部引脚中断输入必须有效(保持低电平),直到 CPU 实际响应该中断时为止,同时在中断服务程序返回之前,外部中断输入必须无效(高电平);否则 CPU 返回后会再次引起中断。所以电平触发方式适合于外部中断输入以低电平输入的,而且中断服务程序能清除外部中断输入请求信号的情况。在用户系统中,可将中断输入信号经一个 D 触发器接入,并使 D 触发器的 D 端接地,当外部中断请求的正脉冲信号出现在 D 触发器的 CLK 端时,D 触发器的 Q 端产生负电平,INT_x 有效,发出中断请求,CPU 执行中断服务程序时,利用一根口线,如 $P_{1.0}$,输出一负电平脉冲使 D 触发器置位,撤销中断请求。

2) 边沿触发方式

外部中断若定义为边沿触发方式,外部中断申请触发器能锁存外部中断输入线上的负跳变,即使 CPU 暂时不能响应,中断申请标志也不会丢失。在这种方式下,如果相继连续两次采样,一个周期采样到外部中断输入为高电平,下个周期采样到低电平,则置位中断申请触发器,直到 CPU 响应此中断时才清 0。这样不会丢失中断,但输入的脉冲宽度至少保持 12 个时钟周期(若晶振频率为 6 MHz,即 2 μs)才能被 CPU 采样到。外部中断的边沿触发方式适合于以脉冲形式输入的外部输入请求,如 ADC0809 的 A/D 转换结果的标志信号 EOC 为正脉冲,取反后连到 8031 的 INT_x,就可以中断方式读取 A/D 的转换结果。

外部中断源触发方式配置与控制寄存器 TCON 中的 IT_0 和 IT_1 这两个功能位相关。其中,外部中断源 0 的触发方式控制位是 IT_0,IT_0=0,外部中断 0 为电平触发方式,IT_0=1,外部中断 0 为边沿触发方式,当输入信号有效时则相应请求标志 IE_0 被置位;外部中断源 1 的触发方式控制位是 IT_1,IT_1=0,外部中断 1 为电平触发方式,IT_1=1,外部中断 1 为边沿触发方式,当输入信号有效时则相应请求标志 IE_1 被置位。

4. 中断服务函数

用 C51 语言编写中断服务函数的一般形式为:
```
void 函数名(void) interrupt n using m
{
```

　　　　函数体语句；
　　}

该形式中，interrupt 和 using 是中断服务函数中的关键词，作为中断服务函数的标志信息，不能用于其他函数。interrupt 后的整数 n 指定与该中断服务函数对应的中断源，每个中断源都有固定的中断编号。using 后的整数 m 指定与该中断服务函数对应的工作寄存器组，组号为 0~3。若 "using m" 缺省，则默认使用当前工作寄存器组的 8 个工作寄存器，其中，当前工作寄存器组号由标志状态寄存器 PSW 中的 RS_0 和 RS_1 位确定。

决定采用中断方式处理相应事件发生后，为了使 CPU 在事件发生后及时做出响应并执行中断服务函数，前提是在主程序中对中断管理系统进行有效的初始化设置，包括中断源允许、中断总允许、中断优先级以及中断触发方式设定等。例如，实现允许 $\overline{INT_0}$、$\overline{INT_1}$、T_0、串行口中断，且使 T_0 中断为高优先级，那么初始化程序语句如下：

```
EX0=1;          //外部中断 0 中断允许
EX1=1;          //外部中断 1 中断允许
ET0=1;          //定时器 T0 中断允许
ES=1;           //串行口中断允许
EA=1;           //中断总允许
PT0=1;          //定时器 T0 设置为高优先级
IT0=0;          //外部中断 0 电平触发
IT1=1;          //外部中断 1 边沿触发
```

7.1.2　课堂实践

实例 1　外部中断控制流水灯往返

1. 具体任务

单片机外围配置一独立按键和 LED 发光二极管电路，操作按键切换 LED 灯点亮模式。

2. 目标与要求

选用 AT89C51 单片机为主控芯片，I/O 口连接 8 个 LED 发光二极管，外部中断 0 引脚 $\overline{INT_0}$ 接一按键 S_1，每按下一次 S_1 键，LED 将改变一次点亮模式。例如，系统复位初始 8 个 LED 发光二极管执行正向流水模式，即按照 $D_1 \rightarrow D_2 \rightarrow D_3 \cdots$ 顺序熄灭，按下 S_1 键后，LED 立即切换为反向流水模式，即按照 $D_8 \rightarrow D_7 \rightarrow D_6 \cdots$ 顺序熄灭，若再次按下 S_1 键后又将切换为正向流水模式。

3. 软件仿真

1）仿真电路设计与分析

AT89C51 单片机 P_1 口接 8 个发光二极管，共阳极接法，仿真参考电路如图 7-3 所示，绘制仿真电路时所用的元器件清单如表 7-6 所示。

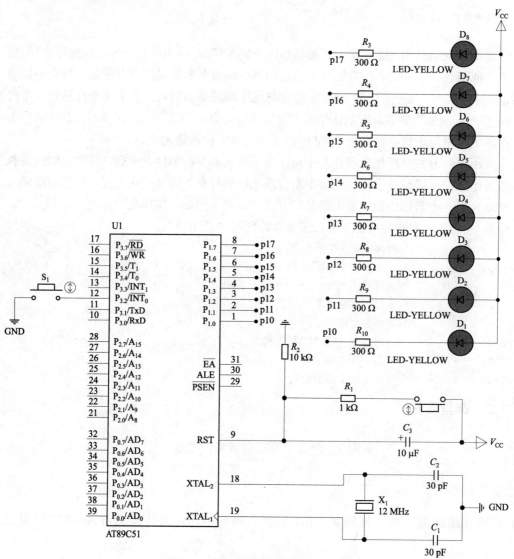

图 7-3 外部中断控制流水灯往返仿真电路

表 7-6 外部中断控制流水灯往返仿真电路元件清单

名称/编号	型号/参数	数量	用途
单片机（U1）	AT89C51	1	主控制器
晶振（X_1）	12 MHz	1	时钟
电容（C_1、C_2）	30 pF	2	时钟
电解电容（C_3）	10 μF/25 V	1	上电复位
电阻（R_2）	10 kΩ	1	上电复位
电阻（R_1）	1 kΩ	1	手动复位
按键开关	Button	1	手动复位
发光二极管（$D_1 \sim D_8$）	LED-YELLOW	8	显示
电阻（$R_3 \sim R_{10}$）	300 Ω	8	限流
按键（S_1）	Button	1	外部中断

2）C语言参考程序
```c
/********************外部中断控制流水灯往返********************************/
include "reg51.h"        //包含51头文件
bit direct;              //定义一个代表方向的位变量
/*************************************************************************
                    函数功能：软件延时子程序
**************************************************************************/
void delay()
{
  unsigned int b;
  b=50000;               //计数赋初始值
  while(--b);            //循环等待
}
/*************************************************************************
                    函数功能：外部中断0服务子程序
**************************************************************************/
void int0_srv(void) interrupt 0 using 1
{
   direct=!direct;       //外部中断0触发一次方向取反
}
/*************************************************************************
                    函数功能：主程序
**************************************************************************/
void main()
{
  unsigned char a=1;
  P1=0;
  EX0=1;                 //使能外部中断0
  IT0=1;                 //边沿触发方式
  EA=1;                  //总使能开启
  while(1)
  {
    if(!direct)          //若direct=0,则正向流动
      {
       P1=a;
       a=a<<1;
       if(a==0)a=1;
       delay();
      }
    else                 //若direct=1,则反向流动
      {
       P1=a;
       a=a>>1;
       if(a==0)a=0x80;
       delay();
      }
```

        }
    }

3）仿真结果

在 Keil 软件中对 C 程序代码进行编译链接，并生成可执行文件.hex，然后返回 Proteus 软件仿真原理图界面，将.hex 文件装载到 AT89C51 单片机中，单击 Play 按钮进入仿真状态。系统起始 8 个 LED 发光二极管执行正向流水模式，即按照 $D_1 \rightarrow D_2 \rightarrow D_3 \cdots$ 顺序熄灭，如图 7-4（a）、（b）所示；按下 S_1 键后，8 个 LED 发光二极管执行反向流水模式，即按照 $D_8 \rightarrow D_7 \rightarrow D_6 \cdots$ 顺序熄灭，如图 7-5（a）、（b）所示。

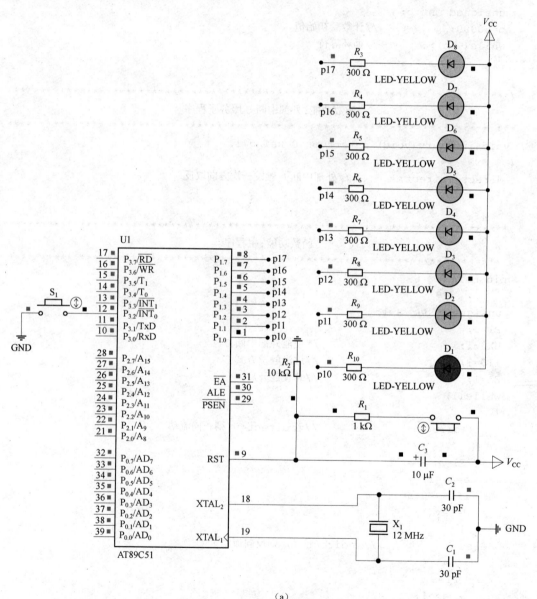

(a)

图 7-4 正向流水模式

(a) 正向流水模式 D_1 灯灭

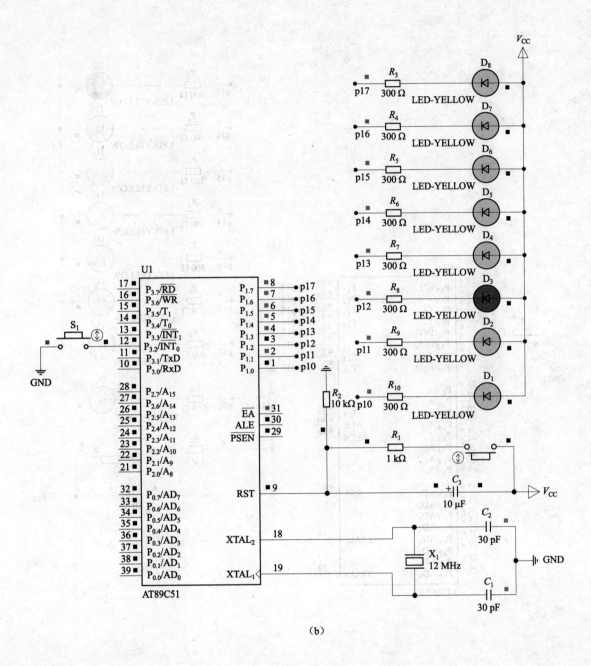

(b)

图 7-4 正向流水模式（续）
(b) 正向流水模式 D_3 灯灭

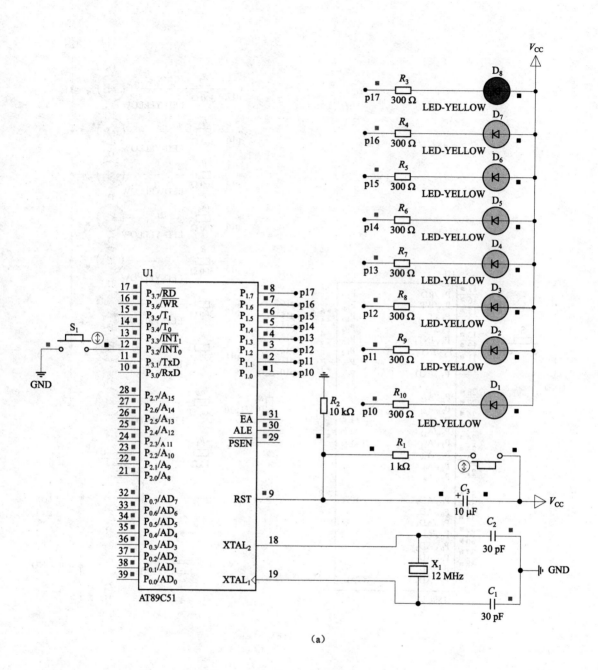

(a)

图 7-5 反向流水模式
(a) 反向流水模式 D_8 灯灭

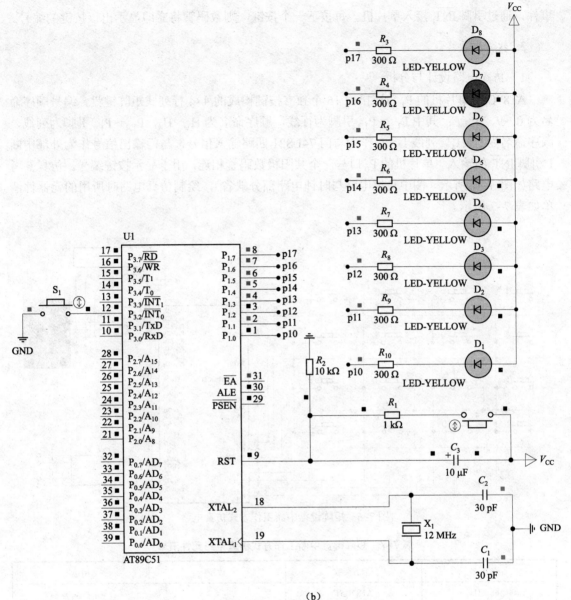

(b)

图 7-5 反向流水模式（续）

(b) 反向流水模式 D_7 灯灭

实例 2 中断方式处理矩阵键盘

1. 具体任务

单片机外围配置矩阵键盘和 LED 数码管显示电路，键盘工作于中断扫描方式。

2. 目标与要求

选用 AT89C51 单片机为主控芯片，I/O 口连接 4×4 行列式矩阵键盘，键盘扫描作为外部事件，通过引脚 $\overline{INT_1}$ 接入单片机。每按下一个按键，则数码管将立即显示出该按键的编号。

3. 软件仿真

1）仿真电路设计与分析

AT89C51 单片机的 P_1 口连接由 16 个独立按键构成的 4×4 行列式矩阵键盘，编号顺序命名为 0~9、A~F；其中 $P_{1.0}$~$P_{1.3}$ 引脚为行线，顺序命名为 H_1~H_4，$P_{1.4}$~$P_{1.7}$ 引脚为列线，顺序命名为 I_1~I_4。列线 I_1~I_4 作为与门 74LS21 四路输入信号，与门输出信号作为外部中断 1 引脚 $\overline{INT_1}$ 的输入。单片机的 P_0 口与一个共阳极数码管相连，用于显示按键编号。仿真参考电路如图 7-6 所示（图中复位电路与时钟电路部分缺省），绘制仿真电路时所用的元器件清单如表 7-7 所示。

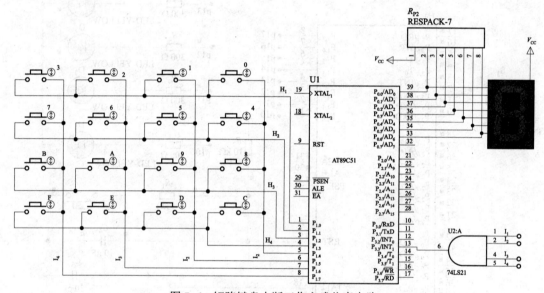

图 7-6 矩阵键盘中断工作方式仿真电路

表 7-7 矩阵键盘中断工作方式仿真电路元件清单

名称/编号	型号/参数	数量	用途
单片机（U1）	AT89C51	1	主控制器
独立按键（S_1~S_{16}）	Button	16	4×4 行列式键盘
共阳极数码管	7SEG-COM-ANODE	1	显示
排阻（R_{P2}）	RESPACK-7	1	P_0 口上拉电阻
与门（U2）	74LS21	1	外部中断 1 触发源

2）C 语言参考程序

/**********************中断扫描方式处理矩阵键盘程序代码********************/
```
#include <reg51.h>           //调用 51 头文件
#include <stdio.h>           //调用标准函数库
```

```c
#define uchar unsigned char
uchar data tab[]={0xC0,0xF9,0xA4,0xB0,0x99,0x92,0x82,0xF8,0x80,0x90,
0x88,0x83,0xC6,0xA1,0x86,0x8E};        //共阳极数码管 0~9、a~f 字符的段选码

/*********************************************************************
        函数功能:外部中断 1 中断服务函数,进行键盘扫描、识别与显示处理等
*********************************************************************/
void keyinterrupt()    interrupt 2  using 1
{
    int t;
    uchar keycode,scancode,flag=0xff;
    t=5000;
    while(t--);                     //软件延时
    if(INT1==1)                     //若外部中断1引脚为高电平则返回
    return ;

    EX1=0;                          //关外部中断1的中断允许位,避免多次触发中断
    scancode=0xef;                  //先从第一列开始扫描,置 $I_1$ 为 0
    while(scancode!=0xff)
      {
        P1=scancode;                //$P_1$ 口输出列扫描码
        keycode=P1;                 //读取行线输入电平
        if((keycode&0x0f)!=0x0f)    //若行线输入为非全"1",则确认本行有按键按下
          break;
        scancode=(keycode<<1)|0x0f; //移位生成下一列的扫描码
      }
    switch(keycode)                 //识别按键,显示其编号
      {
        case 0xee: P0=tab[0];break;
        case 0xed: P0=tab[4];break;
        case 0xeb: P0=tab[8];break;
        case 0xe7: P0=tab[12];break;

        case 0xde: P0=tab[1];break;
        case 0xdd: P0=tab[5];break;
        case 0xdb: P0=tab[9];break;
        case 0xd7: P0=tab[13];break;

        case 0xbe: P0=tab[2];break;
        case 0xbd: P0=tab[6];break;
        case 0xbb: P0=tab[10];break;
        case 0xb7: P0=tab[14];break;

        case 0x7e: P0=tab[3];break;
        case 0x7d: P0=tab[7];break;
        case 0x7b: P0=tab[11];break;
```

```c
            case 0x77: P0=tab[15];break;
        }
    P1=0x0f;                    //P1口恢复初始值
    while(!INT1);               //等待外部中断1引脚输入电平变换为高电平
    EX1=1;                      //退出中断服务函数前,使能外部中断1
}
/*******************************************************************
            函数功能:主函数,进行中断系统初始化、端口初始化操作
********************************************************************/
void main()
{
    IE=0;                       //外部中断1设置为电平触发方式
    EX1=1;                      //允许外部中断1中断
    EA=1;                       //CPU开放中断
    P0=0xff;                    //P0口初始化
    P1=0x0f;                    //P1口初始化
    while(1);                   //等待中断触发
}
```

3）仿真结果

在 Keil 软件中对 C 程序代码进行编译链接,并生成可执行文件.hex,然后返回 Proteus 软件仿真原理图界面,将.hex 文件装载到 AT89C51 单片机中,单击 Play 按钮进入仿真状态。当鼠标选中编号为"0"的按键,按下按键使其闭合一次后,数码管立即显示出数字"0",与所按下按键的编号完全一致,仿真效果如图 7-7 所示;当鼠标选中编号为"A"的按键,按下按键使其闭合一次后,数码管立即显示出字符"A",与所按下按键的编号完全一致,仿真效果如图 7-8 所示。

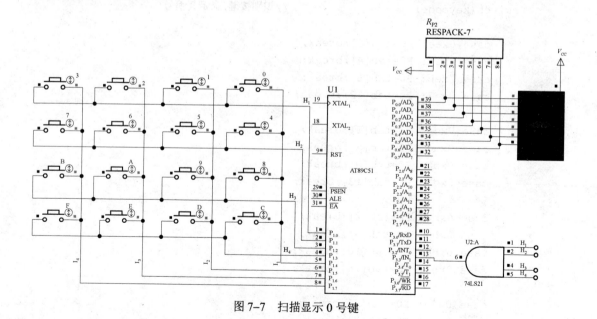

图 7-7　扫描显示 0 号键

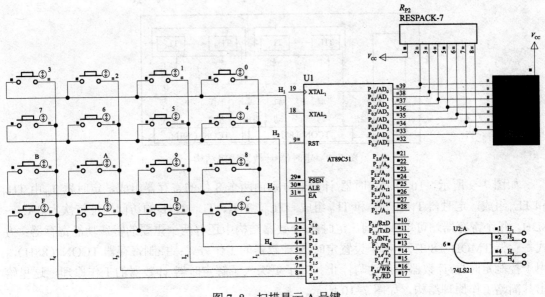

图 7-8 扫描显示 A 号键

7.1.3 拓展与思考

（1）对比外部中断电平触发方式与边沿触发方式程序处理上的差异。

（2）在实例 1 中的电路中添加一个按键 S_2，引入外部中断 $\overline{INT_1}$，用按键 S_1 和 S_2 来实现 3 种流水模式的自由切换，请完成中断嵌套程序和仿真验证。

（3）实例 2 中如果采用行扫描法，即行输出、列输入，请完成程序修改。

（4）中断方式处理矩阵键盘较之查询方式处理矩阵键盘的优点是什么？

7.2 单片机的定时器/计数器

7.2.1 定时器/计数器的工作原理

由于在大多数的微机应用系统中都要使用定时器/计数器，所以 MCS-51 几乎所有单片机内部都集成有定时器/计数器。MCS-51 系列单片机 8051 型有两个 16 位定时器/计数器（T_0、T_1），8052 型有 3 个 16 位定时器/计数器（T_0、T_1 和 T_2）。它们都可以用作定时器或外部事件计数器，并有 4 种工作方式。

1. 定时器/计数器内部结构

例如，AT80C51、AT89C51 的内部有两个 16 位的可编程定时器/计数器，称为定时器 0（T_0）、定时器 1（T_1），可软件编程选择作为定时器或计数器使用，定时器/计数器的逻辑结构如图 7-9 所示。

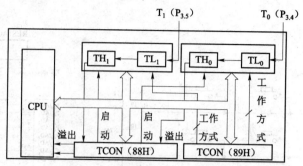

图 7-9 定时器/计数器逻辑结构

如图 7-9 所示,16 位的定时器/计数器分别由两个 8 位的寄存器组成,定时器 T_0 由 TH_0 和 TL_0 组成,定时器 T_1 由 TH_1 和 TL_1 组成。TL_0、TH_0、TL_1、TH_1 的访问地址依次为 8AH~8DH,每个寄存器均可单独访问。定时器/计数器结构中还有两个重要的特殊功能寄存器:方式寄存器 TMOD(89H),用于设置定时器/计数器的工作方式;控制寄存器 TCON(88H),用于控制定时器/计数器的启动与停止。为了更深入了解定时器/计数器的工作原理,这里给出其简略工作原理结构,如图 7-10 所示。

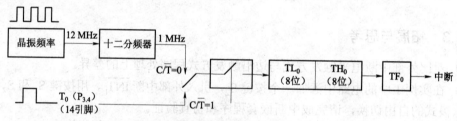

图 7-10 定时器/计数器的工作原理结构

(1)用作计数器时,T_0、T_1 分别对芯片外部引脚 T_0($P_{3.4}$)或引脚 T_1($P_{3.5}$)上输入的脉冲计数,每输入一个脉冲,加法计数器加 1;计数是由外部脉冲的下降沿触发,而系统检测一个由 1 到 0 的负跳变需要两个机器周期,所以能够识别的外部脉冲的最高频率为 $f_{osc}/24$。

(2)用作定时器时,T_0、T_1 是对来自系统内部振荡信号 f_{osc} 经 12 分频后的脉冲计数,该信号周期刚好是一个内部机器周期,也就相当于每过一个机器周期,计数器加 1,直至计满溢出。因机器周期一定,当计数次数确定,计数时间(即定时时间)也就随之确定了。

总体来说,T_0、T_1 不管用作定时器还是计数器,本质上都是步进为 1 的加法计数器。定时器功能与计数器功能的区别仅在于触发脉冲源不同:一个来源于系统内部,脉冲信号的频率、周期是定值;另一个则来源于芯片外部引脚,脉冲信号的频率、周期不定。定时器主要用于定时,计数器功能通常用于测量脉冲频率、脉冲周期以及脉冲计数等场合。

2. 相关控制寄存器

T_0、T_1 有两种功能方式、两种运行方式及 4 种工作方式,可通过方式寄存器 TMOD 的相关功能位编程配置,TMOD 的低 4 位、高 4 位分别作为 T_0、T_1 的方式控制字。TMOD 寄存器位定义如表 7-8 所示。

表 7–8 TMOD 寄存器位定义

D_7	D_6	D_5	D_4	D_3	D_2	D_1	D_0
GATE	$C/\overline{T}$	M_1	M_0	GATE	$C/\overline{T}$	M_1	M_0

TMOD 的低 4 位为 T_0 的方式字,高 4 位为 T_1 的方式字。TMOD 不能位寻址,必须整体赋值。TMOD 各位的设定对定时器/计数器功能影响如下。

两种功能方式是指定时器功能与计数器功能,可通过 TMOD 中的定时和外部事件计数方式选择位 $C/\overline{T}$ 位来设定。

$C/\overline{T}=0$,选择定时器功能。

$C/\overline{T}=1$,选择计数器功能。

两种运行方式是指定时器/计数器启停控制有软件启停方式和硬件启停方式,可通过 TMOD 中的门控位 GATE 位来设定。

GATE=0,为软件启停方式,只需要一条指令 $TR_x=0$(或 1)即可控制定时器/计数器停止(或运行)。

GATE=1,为硬件启停方式,此时只有与定时器/计数器 T_0、T_1 相关的外部引脚 $\overline{INT_0}$、$\overline{INT_1}$ 保持高电平输入,软件指令 $TR_x=0$(或 1)才能有效实现对定时器/计数器停止(或运行)控制。

4 种工作方式是指有方式 0~3 这 4 种可供使用,由 TMOD 中的 M_1、M_0 位共同设定,规则见表 7–9。

表 7–9 定时器/计数器的工作方式

M_1	M_0	方式	具体功能
0	0	0	13 位定时器/计数器
0	1	1	16 位定时器/计数器
1	0	2	8 位定时器/计数器,初值自动重装入
1	1	3	T_0 分为两个 8 位定时器/计数器,T_1 停止工作

由表 7–9 可知,T_0、T_1 工作于方式 0~方式 3 时,其内部加 1 计数器的位数依次为 13 位、16 位、8 位、8 位,最大计数次数依次为 2^{13}(8 192)、2^{16}(65 536)、2^8(256)、2^8(256)。

在特殊功能寄存器 TCON 中存放着定时器的运行控制位和溢出标志位。

定时器 T_0 运行控制位 TR_0:TR_0(TCON.4)由软件置位和清零。当门控位 GATE 为 0 时,T_0 的计数仅由 TR_0 控制,TR_0 为 1 时允许 T_0 计数,TR_0 为 0 时禁止 T_0 计数,这时,定时器仅由软件控制。门控位 GATE 为 1 时,仅当 TR_0 等于 1 且 $P_{3.2}$ 的输入信号为高电平时 T_0 才计数,TR_0 为 0 或输入低电平时都禁止 T_0 计数,这时置 TR_0 为 1,则定时器仅由引脚信号的状态控制启停,因而是硬件控制的。用 TR_0 和 INT_0 一起控制定时器的启停,则为软、硬件配合控制。

定时器 T_1 运行控制位 TR_1:TR_1 由软件置位和清零。当门控位 GATE 为 0 时,T_1 的计数仅由 TR_1 控制,TR_1 为 1 时允许 T_1 计数,TR_1 为 0 时禁止 T_1 计数。门控位 GATE 为 1 时,仅

当 TR_1 为 1 且 $\overline{INT_1}$（$P_{3.3}$）输入为高电平时才允许 T_1 计数，TR_1 为 0 或输入低电平时都将禁止 T_1 计数。

3. 4 种工作方式

1) 方式 0

当 M_1M_0 为 00 时，定时器工作于方式 0，如图 7-11 所示。

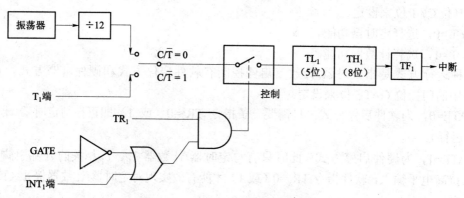

图 7-11　定时器/计数器工作方式 0

方式 0 为 13 位的计数器，由 TL_1 的低 5 位和 TH_1 的 8 位组成，TL_1 低 5 位计数溢出时向 TH_1 进位，TH_1 计数溢出时置位溢出标志 TF_1。若 T_1 工作于定时方式，计数初值为 a，晶振频率为 12 MHz，则 T_1 从初值计数到溢出的定时时间为 $t=(2^{13}-a)$ μs。

2) 方式 1

当 M_1M_0 为 01 时，定时器工作于方式 1，如图 7-12 所示。

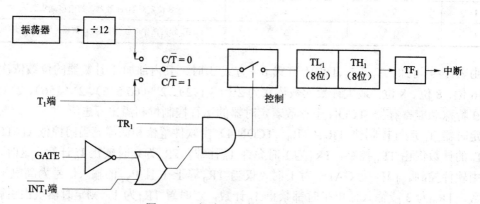

图 7-12　定时器/计数器工作方式 1

T_1 工作于方式 1 时，由 TH_1 作为高 8 位，TL_1 作为低 8 位，构成一个 16 位的计数器。若 T_1 工作于定时方式 1，计数初值为 a，晶振频率为 12 MHz，则 T_1 从计数初值计数到溢出的定时时间为 $t=(2^{16}-a)$ μs。

3) 方式 2

M_1M_0 为 10 时,定时器/计数器工作于方式 2,方式 2 为自动恢复初值的 8 位计数器,如图 7–13 所示。

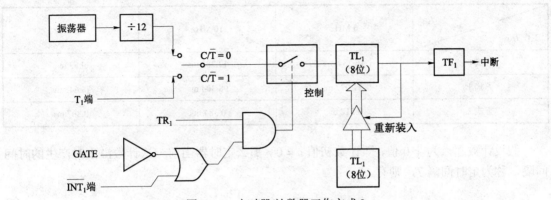

图 7–13 定时器/计数器工作方式 2

4) 方式 3

若 T_1 设置为工作方式 3 时,则使 T_1 停止计数。T_0 方式字段中置 M_1M_0 为 11 时,T_0 被设置为方式 3,如图 7–14 所示。

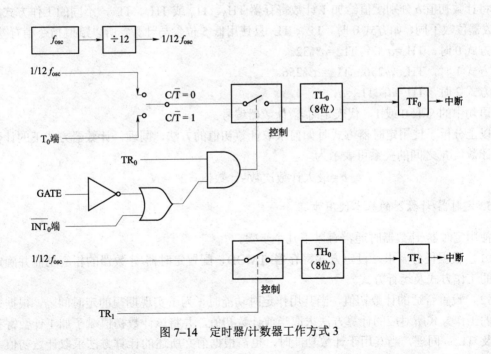

图 7–14 定时器/计数器工作方式 3

4. 计数初始值的计算方法

假设系统晶振频率为 f_{osc},计数起点从 0 开始,即初值 $a=0$,那么定时器当前一次计数溢出时产生的定时间隔将是最大定时间隔,称为最大定时间隔 $T_{\_max}$,用公式表达为:$T_{\_max}=12/f_{osc}\times T_{\_all}$;最大定时间隔 $T_{\_max}$ 不仅与定时器/计数器位数有关,还受 f_{osc} 因素影响,见表 7–10。

表 7–10 不同位数、f_{osc} 下最大定时间隔 $T_{\_max}$ 的取值

工作方式 \ f_{osc}	6 MHz	10 MHz	12 MHz
方式 0	16.384 ms	12.288 ms	9.83 ms
方式 1	131.072 ms	98.304 ms	78.643 ms
方式 2	0.512 ms	0.384 ms	0.307 ms

假设计数起点为非 0 值,即计数初值 $a\neq 0$,那么定时器当前一次计数溢出时产生的时间间隔,称为定时间隔 T,则有

$$T=(T_{\_all}-a)\times \frac{12}{f_{osc}}$$

$$a=T_{\_all}-T\times \frac{f_{osc}}{12}$$

$$=-T\times \frac{f_{osc}}{12}$$

将计数初值 a 分别赋值给加 1 计数寄存器 TH_0、TL_0 或 TH_1、TL_1,不同的工作方式因加 1 计数器位数不同,如方式 0 时,TL_0、TL_1 只使用低 5 位参与计数,所以赋值指令稍有差异。

方式 0 时,$TH_x=a/32$;$TL_x=a\%32$。

方式 1 时,$TH_x=a/256$;$TL_x=a\%256$。

方式 2 时,$TH_x=a$;$TL_x=a$;

语句中的 x 取 0 或 1,代表定时器/计数器编号。

以上分析了使用定时器方式时如何求取计数初值的方法,同理,计数器方式下的计数初值与计数值 N 之间的关系可表示为

$$a=最大计数次数-计数值=2^n-N$$

5. 定时器/计数器的基本使用步骤

使用定时器/计数器时通常有以下几个步骤。

(1) 根据任务要求,设定方式寄存器 TMOD,配置定时器/计数器的相应功能并确定所适合的工作方式及运行方式。

(2) 设置合适的计数初值,当其用作定时功能时,为了实现期望的定时间隔,根据之前选择的工作方式所对应的计算方法求取当前计数初值,并将该计数初值赋予加 1 计数寄存器 TH_x 及 TL_x;同理,当其用于计数功能时,也需根据前文所述的计算方法求取计数初值并做赋值处理。注意,当需要的目标定时间隔远大于最大定时间隔 $T_{\_max}$ 时,可将定时间隔等分,每段时间均为 T($T\leq T_{\_max}$),然后按上述方法计算。

(3) 启动定时器,即执行语句 $TR_x=1$。

（4）采用查询方式处理定时器/计数器溢出时，则主程序中采用查询等待语句检测 TF_X 标志位状态，即执行以下语句：

```
while(TFx==0);          //等待TFx状态从0变化为1
TFx=0;                  //TFx标志软件复位
```

采用中断方式处理定时器/计数器溢出时，由中断管理系统检测 TF_X 标志位状态，当 TF_X 标志位从 0 变成 1 时，将产生一次中断请求送往 CPU，CPU 响应并执行一段处理该溢出事件的中断服务函数。CPU 能及时响应该中断请求的前提是必须在主程序中完成中断管理系统的有效初始化，即执行以下语句：

```
ETx=1;                  //中断源允许
EA=1;                   //中断总允许
PTx=1;                  //高优先级设定（可选）
```

同时，编写一段溢出事件相应的处理程序，即中断服务函数：

```
void Tx_srv(void) interrupt n using m
{
    THx=... ;           //再次赋初值（方式2时可省略）
    TLx=... ;
    其他功能语句；
}
```

其中 n 的取值为 1 或 3，分别是定时器/计数器 T_0 与 T_1 对应的中断源编号；m 取值为 0~3，遇到处理多个中断源事件时，不同的中断服务函数，m 取值需不同。

7.2.2 课堂实践

实例 1 简易秒计时器

1. 具体任务

利用定时器/计数器工作于定时功能来实现较长时间定时，如 1s 定时。

2. 目标与要求

以 0 为起点，每隔 1s 数值加 1，当前值以 BCD 码形式由 P_1 口输出送显示器；单片机的外部中断 0 引脚外接一按键 S_1，每按下 S_1 键一次数值加 1；外部中断 1 引脚外接一按键 S_2，每按下 S_2 键一次数值清零。总体功能上实现从 0 累加计数并显示，数值增加步进为 1。

（1）自动累加，时间间隔为 1s。
（2）手动按键调节快速累加。
（3）手动按键清零。

3. 软件仿真

1）仿真电路设计与分析

AT89C51 单片机 P_1 口接 8 个发光二极管，共阳极接法，外部中断 $\overline{INT_0}$、$\overline{INT_1}$ 引脚分别

接按键 S_1、S_2，仿真参考电路如图 7-15 所示，绘制仿真电路时所用的元器件清单如表 7-11 所示。

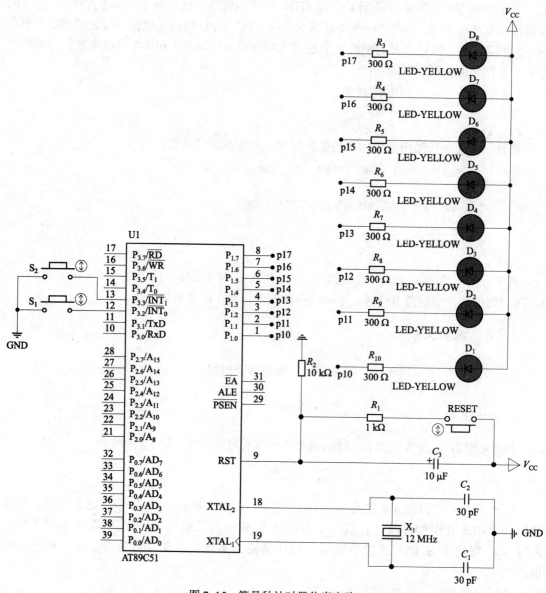

图 7-15 简易秒计时器仿真电路

表 7-11 简易秒计时器仿真电路元件清单

名称/编号	型号/参数	数量	用途
单片机（U1）	AT89C51	1	主控制器
晶振（X_1）	12 MHz	1	时钟

续表

名称/编号	型号/参数	数量	用途
电容（C_1、C_2）	30 pF	2	时钟
电解电容（C_3）	10 μF/25 V	1	上电复位
电阻（R_2）	10 kΩ	1	上电复位
电阻（R_1）	1 kΩ	1	手动复位
复位按键	RESET	1	手动复位
发光二极管（$D_1 \sim D_8$）	LED-YELLOW	8	显示
电阻（$R_3 \sim R_{10}$）	300 Ω	8	限流
按键（S_1）	Button	1	外部中断 0
按键（S_2）	Button	1	外部中断 1

2）C 语言参考程序

```c
/********************简易秒计时器参考程序************************/
#include "reg51.h"    //包含 51 头文件
unsigned char a,b,i;


/************************主函数****************************/
void main()
{   TMOD=0x10;              //定时器 T1 工作于方式 1
    TH1=(65536-50000)/256;  //配置定时器初始值
    TL1=(65536-50000)%256;
    EA=1;                   //总允许
    EX1=1;                  //外部中断 1、外部中断 0、定时器 T1 源允许
    EX0=1;
    ET1=1;
    PX1=1;                  //配置外部中断 1、外部中断 0、定时器 T1 中断优先级
    PX0=1;
    PT1=0;
    IT0=1;                  //选定外部中断触发方式为边沿触发
    IT1=1;
    TR1=1;                  //启动定时器
    a=0;
    while(1);               //等待中断
}

/****************定时器 T1 中断服务函数************************/
void t1() interrupt 3 using 0
{
```

```
            TH1=(65536-50000)/256;      //50 ms 到则定时器/计数器清零,重新赋计数初值
            TL1=(65536-50000)%256;
            i++;
            if(i==20)
             {
               i=0;
               a++;
               b=0;              //1s 时间到 a 变量加 1
               b=a+a/10*6;       //将原二进制形式的数值转换为 BCD 码形式
               if(b==0xa0)       //在 0~100 范围内计数
                { b=0;
                   a=0;
                }
               P1=~b;            //数值对应的 BCD 码取反后送 P1 口显示
             }
     }

/*******************外部中断 INT0 中断服务函数****************************/
void int0() interrupt 0 using 1
{  a++;           //每进入一次外部中断 0 服务函数,a 加 1
    b=0;
    b=a+a/10*6;
    if(b==0xa0)
     {
       b=0;
       a=0;
     }
    P1=~b;
}


/*******************外部中断 INT1 中断服务函数****************************/
void int1() interrupt 2 using 2
{  a=0;           //每进入一次外部中断 1 服务函数,a 清零
    P1=~a;
 }
```

3）仿真结果

在 Keil 软件中对 C 程序代码进行编译链接，并生成可执行文件.hex，然后返回 Proteus 软件仿真原理图界面，将.hex 文件装载到 AT89C51 单片机中，单击 Play 按钮进入仿真状态。计时 1 s 到，P_1 口以 BCD 码形式显示出 0000 0001H，如图 7-16（a）所示；计时 2 s 到，P_1 口以 BCD 码形式显示出 0000 0010H，如图 7-16（b）所示；计时 21 s 到，P_1 口以 BCD 码形式显示出 0010 0001H，如图 7-16（c）所示；计时 39 s 到，P_1 口以 BCD 码形式显示出 0011 1001H，如图 7-16（d）所示。

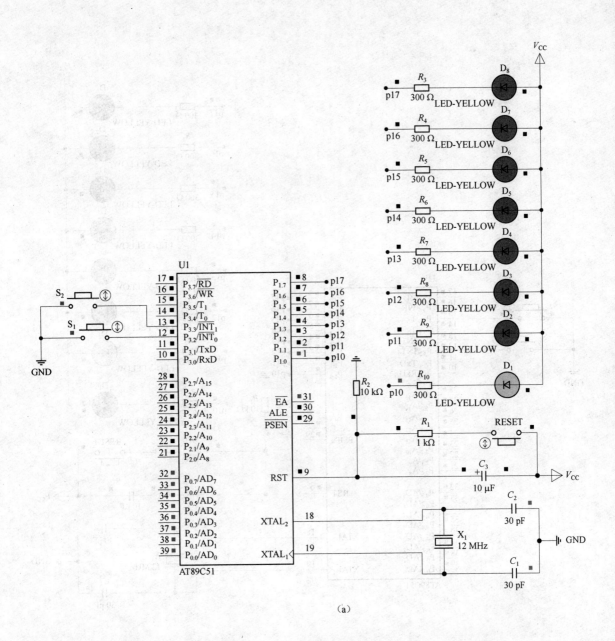

图 7-16 P_1 口 BCD 码形式显示秒计结果

(a) 显示计时 1 s

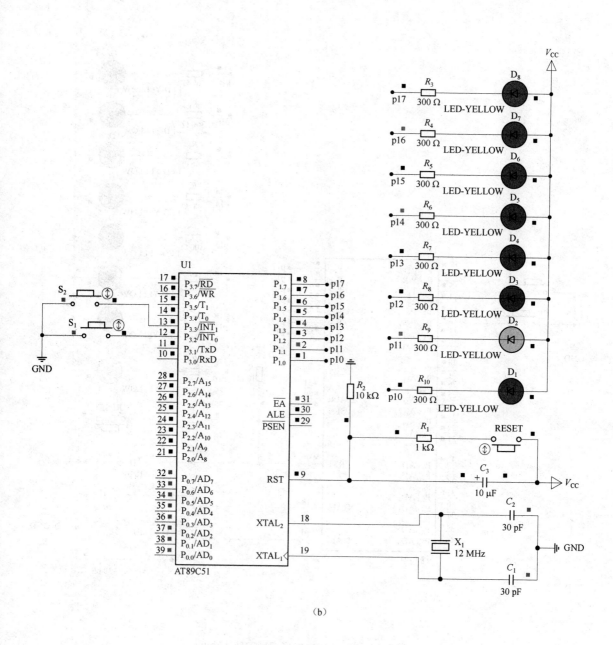

图 7-16 P₁ 口 BCD 码形式显示秒计结果（续）

(b) 显示计时 2 s

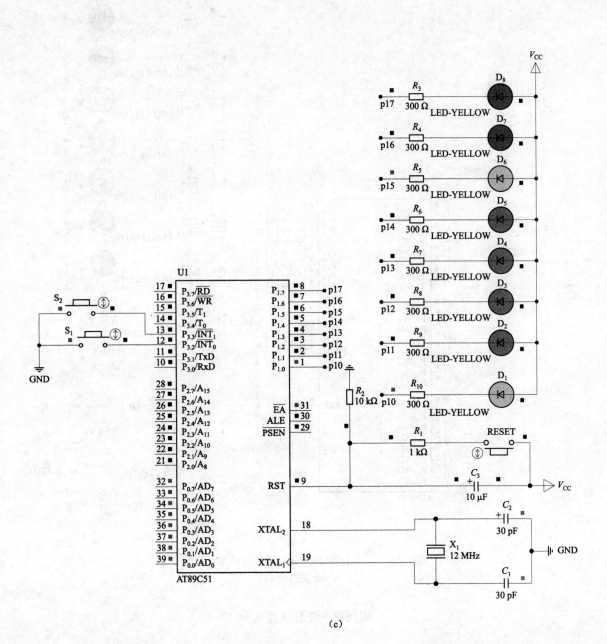

图 7-16 P₁ 口 BCD 码形式显示秒计结果（续）

(c) 显示计时 21 s

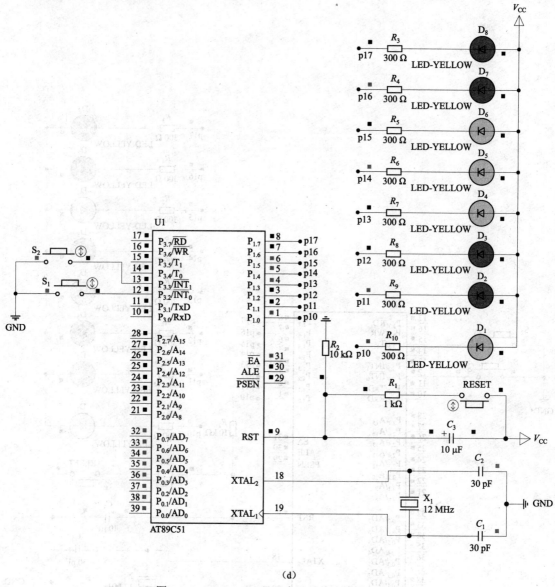

图 7-16　P_1 口 BCD 码形式显示秒计结果（续）

（d）显示计时 39 s

实例 2　波形展宽实验

1. 具体任务

将定时器/计数器的计数功能和定时功能结合使用，实现低频窄脉冲信号的输入检测并进行波形展宽处理。

2. 目标与要求

由单片机 $P_{3.4}$（T_0）口输入一个外部低频窄脉冲信号，要求在输入信号发生负跳变时，

$P_{3.7}$ 口输出一个宽度为 400 μs 的同步脉冲。设系统晶振频率为 6 MHz。

3. 软件仿真

1）仿真电路设计与分析

要求输入 $P_{3.4}$（T_0）口的外部低频窄脉冲信号，仿真时使用 Proteus 软件内置的虚拟信号发生器，信号频率为 1 kHz，占空比为 80%，幅度为 5 V，参数设置窗口如图 7-17 所示。$P_{3.4}$（T_0）每输入一个负跳变，$P_{3.7}$ 口将同步输出宽度为 400 μs 的脉冲，如此循环。使用 Proteus 软件内置的虚拟示波器观测输入与输出信号。仿真电路如图 7-18 所示，元件清单如表 7-12 所示。

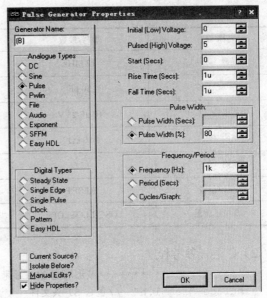

图 7-17 低频窄脉冲信号参数设置

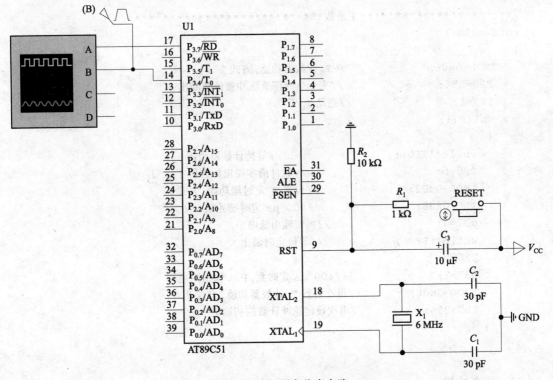

图 7-18 波形展宽仿真电路

表 7-12 波形展宽仿真电路元件清单

名称/编号	型号/参数	数量	用途
单片机（U1）	AT89C51	1	主控制器

续表

名称/编号	型号/参数	数量	用途
晶振（X_1）	12 MHz	1	时钟
电容（C_1、C_2）	30 pF	2	时钟
电解电容（C_3）	10 μF/25 V	1	上电复位
电阻（R_2）	10 kΩ	1	上电复位
电阻（R_1）	1 kΩ	1	手动复位
复位按键	RESET	1	手动复位
虚拟示波器	OSCILLOSCOPE	1	波形观测

2）C语言参考程序

```
/***********************波形展宽C51参考程序****************************/
#include "reg51.h"      //包含51头文件
sbit p37=P3^7;          //引脚位定义

/*********************主函数***************************/
void main()
{
    TMOD=0x06;              //T0计数器功能,方式2
    TL0=255;                //来一个外部负脉冲就计数溢出
    TR0=1;                  //启动T0工作
    while(1)
    {
        while(!TF0);        //等待计数器溢出
        TF0=0;              //软件清零溢出标志位TF0
        TMOD=0x02;          //设定T0定时器功能,方式2
        TL0=0x38;           //400 μs定时初始值
        p37=0;              //P3.7输出低电平
        while(!TF0);        //等待定时溢出
        TF0=0;
        p37=1;              //400 μs定时到,P3.7输出高电平
        TMOD=0x06;          //再次设置T0计数器功能,方式2
        TL0=255;            //再次设定脉冲计数的初始值
    }
}
```

3) 仿真结果

在 Keil 软件中对 C 程序代码进行编译链接，并生成可执行文件.hex，然后返回 Proteus 软件仿真原理图界面，将.hex 文件装载到 AT89C51 单片机中，单击 Play 按钮进入仿真状态。数字示波器窗口 A 通道、B 通道波形对比如图 7-19 所示。

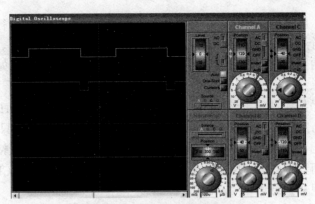

图 7-19　A 通道、B 通道波形对比

7.2.3　拓展与思考

（1）定时器/计数器不同工作方式下最大定时间隔受哪些因素影响？

（2）处理多个中断源事件时如何设置优先级？

（3）尝试采用中断方式实现实例 2 的要求。

（4）设系统晶振为 12 MHz，完成用外部中断 $\overline{INT_0}$ 测量负脉冲宽度的实验，其中被测输入脉冲信号周期小于 100 ms。

7.3　单片机的串行接口

7.3.1　MCS-51 单片机的串行接口

1. 串行接口的组成结构

MCS-51 单片机内部集成一个 UART，用于全双工方式的串行通信，可以同时发送和接收数据，串行通信接口内部结构组成如图 7-20 所示。

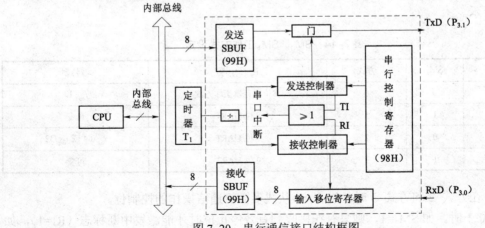

图 7-20　串行通信接口结构框图

在图 7-20 中，虚线框内画出了串行接口的主要功能部分，包括串行控制寄存器 SCON（地址为 98H）、两个数据缓冲器 SBUF、接收控制器、输入移位寄存器、发送控制器和输出移位寄存器，除了内部部件以外，还需要其他外部功能模块加以配合，如定时器 T_1、单片机内部总线等。

其内部的两个数据缓冲器虽然同名（SBUF），共用一个地址号（99H），但两个功能上却相互独立，分别称为接收数据缓冲器与发送数据缓冲器，且发送缓冲器只能写入，不能读出，接收缓冲器只能读出，不能写入。如果要启动发送某字节数据，只需直接将该字节数据写入发送数据缓冲器即可，语句为"SBUF=a；"。当 UART 接收到数据后，CPU 想从接收数据缓冲器中读取数据，只需执行语句"a=SBUF；"。

内部还有两个移位寄存器：一个用于串行发送，对发送 SBUF 中的字节数据进行并串转换；另一个用于串行接收，将从传输线上接收到的串行数据完成串并转换存入接收 SBUF 中。

定时器 T_1 作为波特率发生器，波特率发生器的溢出信号作接收或发送移位寄存器的移位时钟。TI 与 RI 分别为发送完数据与接收完数据的中断标志，用来向 CPU 发送中断请求。

2. 串行接口的控制寄存器

串行接口的控制寄存器有两个，即串行控制寄存器 SCON 和能改变波特率的特殊功能寄存器 PCON。其作用如下。

1) 串行控制寄存器 SCON（字节地址为 98H，可位寻址）

SCON 用于确定串行通道的操作方式和控制串行通道的某些功能。也可用于发送和接收第九个数据位（TB_8、RB_8），并有接收和发送中断标志（RI 及 TI）位。SCON 各位的定义如表 7-13 所示。

表 7-13 SCON 各位的定义

D_7	D_6	D_5	D_4	D_3	D_2	D_1	D_0
SM_0	SM_1	SM_2	REN	TB_8	RB_8	TI	RI

SM_0、SM_1：指定了串行通道的工作方式，若设振荡器频率为 f_{osc}，则工作方式设定如表 7-14 所示。

表 7-14 SM_0、SM_1 工作方式设定

SM_0	SM_1	方式	说明	波特率
0	0	0	移位寄存器工作方式	$f_{osc}/12$
0	1	1	8 位 UART	可变
1	0	2	9 位 UART	$f_{osc}/64$ 或 $f_{osc}/32$
1	1	3	9 位 UART	可变

SM_2：在方式 2 和方式 3 时，进行主-从式多微机通信操作的控制位。

在方式 1 时，如 $SM_2=1$，则只有在接收到有效停止位时才能激发中断标志（RI=1），如

没有接收到有效停止位则 RI 仍然为 0。

在方式 0 时，SM_2 应为 0。

REN：允许串行 I/O 口接收控制位。用软件置 REN=1 时为允许接收状态，可启动串行口的接收器 RxD，开始接收数据。用软件复位（REN=0）时，为禁止接收状态。

TB_8：在方式 2 和方式 3 时，它是要发送的第九个数据位，按需要由软件进行置位或清零。例如，可用作数据的奇偶校验位，或在多机通信中表示是地址帧/数据帧标志位（TB_8=1/0）。

RB_8：在方式 2 和方式 3 时，它是接收到的第九位数据，作为奇偶校验位或地址帧/数据帧标志位。在方式 1 时，若 SM_2=0，则 RB_8 是接收到的停止位，在方式 0 时，不使用 RB_8。

TI：发送中断标志位。在方式 0 时，当串行发送数据字节第八位结束时，由内部硬件置位（TI=1），向 CPU 申请发送中断。CPU 响应中断后，必须用软件清零，取消此中断标志。在其他方式时，它在停止位开始发送时由硬件置位。同样，必须用软件使其复位。

RI：接收中断标志位。在方式 0 时，串行接收到第八位数据时由内部硬件置位。在其他方式中，它在接收到停止位的中间时刻由硬件置位（例外情况见 SM_2 说明），也必须用软件来复位。

SCON 的所有位在系统复位之后均为 0。

当一幅行帧发送完成时，发送中断标志 TI 被置位，接着发生串行口中断，当接收完一幅行帧时，接收中断标志 RI 被置位，同样产生串行口中断。如 CPU 允许中断，则进入串行口中断服务程序。但 CPU 事先并不能分辨是由 TI 还是由 RI 引起的中断请求，而必须在中断服务程序中用位测试指令加以判别。两个中断标志位 TI 及 RI 均不能自动复位，故必须在中断服务程序设置清中断标志位指令，撤销中断请求状态；否则原先的中断标志位状态又将表示有中断请求。

2）特殊功能寄存器 PCON（字节地址为 87H，不能位寻址）

PCON 各位的定义如表 7-15 所示。

表 7-15 PCON 各位的定义

D_7	D_6	D_5	D_4	D_3	D_2	D_1	D_0
SMOD	—	—	—	—	—	—	—

PCON 寄存器中的 D_7 位为串行口波特率选择位。当用软件使 SMOD=1 时（如使用 PCON=0x80 指令），则使方式 1、方式 2、方式 3 的波特率加倍。SMOD=0 时，各工作方式下波特率不加倍。

整机复位时，SMOD 为 0。

3. 工作方式的差异分析

方式 0 也称为移位寄存器方式，不再作为通常意义上的异步串行通信接口来使用，该方式下串行口输出端可以直接与外部移位寄存器相连，用于扩展 I/O 口，或外接同步输入/输出设备。设置时注意 SCON 中的 SM_2 位清零，避免对 TB_8 和 RB_8 产生影响；另外，波特率固定为 $f_{osc}/12$，与定时器 T_1 无关；若采用中断方式处理数据传输，在中断服务函数中必须对 TI、RI 标志位进行软件清零操作，即执行语句"TI=0;"及"RI=0;"。

方式 1、方式 2 与方式 3 才是异步串行通信方式，简称 UART 方式。3 种方式的区别体现在两个技术指标上，即数据帧和波特率。数据帧结构有以下两种，即

起始位+8 位数据位+停止位

或
起始位+9 位数据位+停止位

起始位为低电平，停止位为高电平。

方式 1 采用 8 位异步通信格式，第 1 位是起始位 0，其后是 8 位数据位，最后一位是停止位 1，共 10 位信息；方式 2 与方式 3 采用 9 位异步通信格式，第 1 位是起始位 0，然后是 8 位数据位，第 10 位是可编程位 1/0，最后 1 位是停止位 1，共 11 位信息。

4. 串行接口的波特率设定

从通信速率来看，方式 2 的波特率固定为 $f_{osc}/64$ 或 $f_{osc}/32$，与定时器 T_1 无关；方式 1 与方式 3 的是波特率可变，通过软件编程定时器 T_1 方式寄存器 TMOD 和计数初值产生不同的计数溢出率，再配合特殊功能寄存器 PCON 中的 SMOD 位就可实现不同波特率的选择。定时器 T_1 此时称为波特率发生器，只工作在定时方式，方式 2。波特率计算公式为：

$$波特率 = \frac{2^{SMOD}}{32} \times \frac{f_{osc}}{12 \times [256 - (TH_1)]} \quad (f_{osc} = 11.0592 \text{ MHz})$$

注意：串行通信过程中，系统晶振频率配置为 11.059 2 MHz，能有效抑制通信过程中实际的波特率与理论波特率之间的误差，误差率可以达到 0%。

因公式计算较为烦琐，这里给出常用串行口波特率与定时器 T_1 参数间的对应关系，如表 7-16 所示。

表 7-16 常用波特率与定时器 T_1 参数的关系

波特率/kHz	f_{osc}/MHz	SMOD	定时器 T_1		
			$C/\overline{T}$	方式	计数初值（TH_1）
方式 0：1000	12	×	×	×	×
方式 2：35	12	1	×	×	×
方式 1、3：62.5	12	1	0	2	FFH
19.2	11.059 2	1	0	2	FDH
9.6	11.059 2	0	0	2	FDH
4.8	11.059 2	0	0	2	FAH
2.4	11.059 2	0	0	2	F4H
1.2	11.059 2	0	0	2	E8H
137.5	11.059 2	0	0	2	1DH
110	6	0	0	2	72H

注：表中"×"表示任意数值，如为 0、1 或其他取值。

7.3.2 课堂实践

实例 1 单片机与上位机 PC 进行单工通信

1. 具体任务

单片机通过串行口 TxD（$P_{3.1}$ 引脚）端向 PC 发送一组数据。

2. 目标与要求

单片机串口工作于方式 1，波特率为 2 400 b/s，向 PC 发送一组字符数据"I am coming from Nan Jing"，发送的数据做偶检验处理。

3. 软件仿真

1）仿真电路设计与分析

仿真芯片选用 AT89C51 单片机，其通过 UART 接口的 TxD（$P_{3.1}$ 引脚）端向上位机 PC 发送数据，由于单片机的电压是 0～5 V，而 PC 上 RS-232C 的电压是 ±12 V，所以需要进行电平转换处理，这里选用 MAX232 芯片来实现这一转换。但是，Proteus 仿真里用不到 MAX232 电平转换芯片，因为仿真时模拟的 COM（RS-232）里相当于已经包含了电平转换，只需在连接实际电路时将 MAX232 准确地接到电路里就可以了，仿真电路较为简易，如图 7-21 所示（复位电路缺省），绘制电路原理图的元件清单见表 7-17。

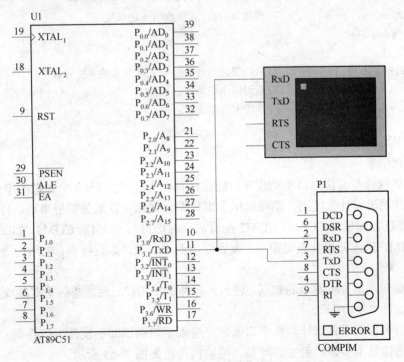

图 7-21 单片机向上位机 PC 发送数据仿真电路

表 7-17 单片机向上位机 PC 发送数据仿真电路元件清单

名称/编号	型号/参数	数量	用途
单片机（U1）	AT89C51	1	主控制器
RS-232C 串口（P1）	COMPIM	1	串行数据传输通道
虚拟终端	VIRTUAL TERMINAL	1	观测串口电平状态

2）C 语言参考程序

```
/****************单片机与上位机PC进行单工通信C51参考程序******************/
#include "reg51.h"        //包含"reg51.h"头文件
#include "string.h"       //包含字符串处理库函数的文件"string.h"
char s[]="I am coming from Nan Jing.";

/******************************主函数******************************/
void main()
{
  char a,b=0;
  TMOD=0x20;        //TMOD=0010 0000,T₁作为波特率发生器,定时器功能,方式2
  SCON=0x40;        //串口工作方式1,8位数据帧结构,SCON=0100 0000 或者 0110 0000
  TH1=0xF4;
  TL1=0xF4;         //设置计数寄存器初始值i,配置波特率为2400 b/s
  TR1=1;            //启动T₁工作,因GATE=0,软启动即可
  a=strlen(s);      //调用库函数,求取数组s的长度
  for(;b<a;b++)
   {
     SBUF=s[b];    //启动发送当前数组s下标为b的字符元素
     while(!TI);   //查询发送结束标志位TI
     TI=0;         //清除发送结束标志位TI
   }
}
```

3）仿真结果

VSPDXP 软件是虚拟串口驱动程序，能在计算机上虚拟出 2～4 个虚拟的串口来，同 PC 本身的串口几乎没有什么区别，都可以用于串口编程调试，以避免扩展串口。打开 VSPDXP 软件，将计算机物理串口 COM1、COM2 配置成一对虚拟端 COM3、COM4，如图 7-22 所示。双击 COMPIM，进入元器件编辑窗口，设置通信基本参数，如波特率、帧结构等，如图 7-23 所示。

虚拟终端观测单片机发送的数据，进入元器件编辑窗口，设置通信基本参数，如波特率、帧结构等，如图 7-24 所示。

借助串口调试助手调试计算机串口通信。进入串口调试助手软件工作界面，同发送方一致也设置好通信基本参数，包括波特率、帧结构等，如图 7-25 所示。

以上设置正确无误完成之后，将.hex 文件装载到 AT89C51 单片机中，单击 Play 按钮进

入仿真状态。仿真结果如图 7-26、图 7-27 所示。

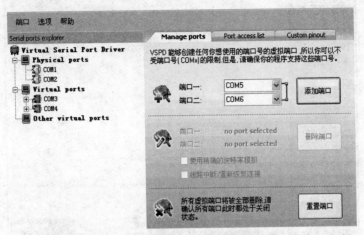

图 7-22 虚拟端口 COMX 配对

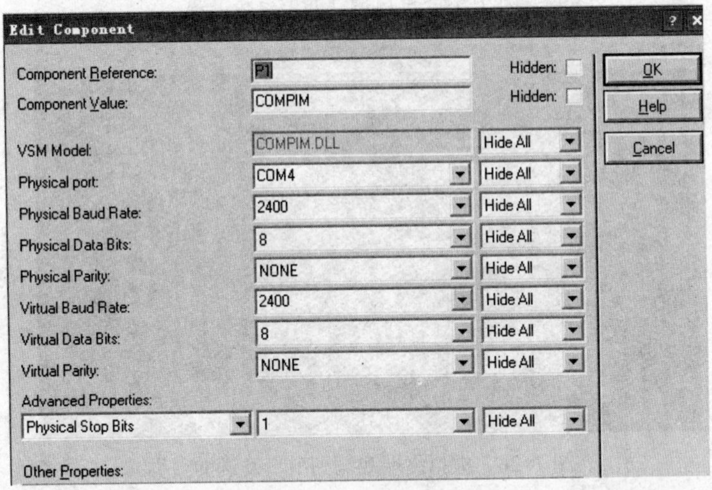

图 7-23 COM 口参数设置

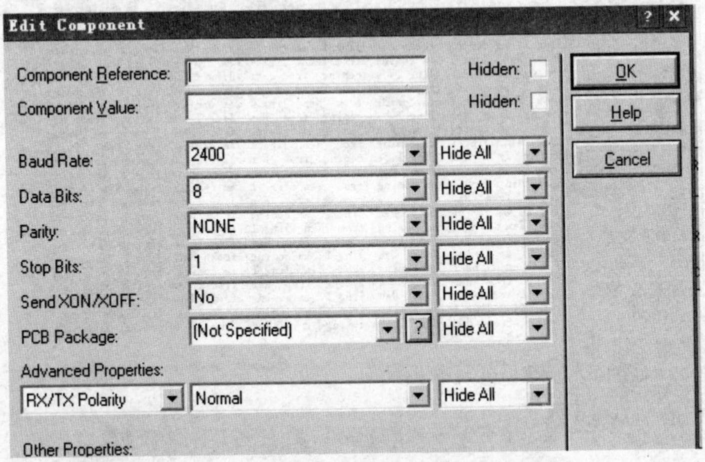

图 7-24 虚拟终端参数设置模拟

图 7-25 串口调试助手参数设置

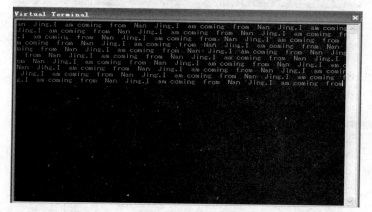

图 7-26 虚拟终端观测到串口发送的数据

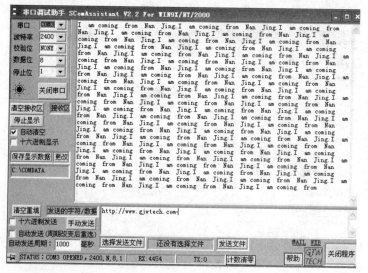

图 7-27 观测到 PC 机串口接收的数据

实例2 单片机与上位机PC进行半双工通信

1. 具体任务

PC机串行口发送数据给单片机,单片机接收到时给PC一个应答信号。

2. 目标与要求

单片机接收到上位机PC送来的字符"T"(ASCII码为0x54)时,返回一个应答信号"A"(ASCII码为0x41),而在PC机一端,以接收到应答信号"A"(ASCII码为0x41)为完成本次通信,双方通信波特率均为4 800 b/s。

3. 软件仿真

1)仿真电路设计与分析

单片机与上位机PC进行半双工通信的仿真电路(Proteus软件仿真,缺省复位电路、时钟电路)如图7-28所示,绘制电路原理图的元件清单见表7-18。

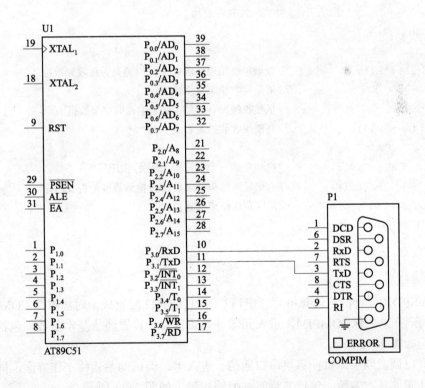

图7-28 单片机与上位机PC进行半双工通信仿真电路

表 7–18　单片机与 PC 进行半双工通信仿真电路元件清单

名称/编号	型号/参数	数量	用途
单片机（U1）	AT89C51	1	主控制器
RS–232C 串口（P1）	COMPIM	1	串行数据传输通道

2）C 语言参考程序

```
/******************单片机与上位机 PC 进行半双工通信 C51 参考程序*************/
#include "reg51.h"           //包含"reg51.h"头文件

/***************************主函数*****************************************/
void main()
{
  unsigned char a;
  TMOD=0x20;       // 0010 0000,T₁作为波特率发生器,定时器功能,方式 2
  SCON=0x70;       //0x50 或者 0x70 串口工作方式 1 接收 0111 00000
  TH1=0xFA;        //TH₁存放计数初始值
  TL1=0xFA;        // 首次赋予初始值给计数寄存器 TL₁,8 bit
  TR1=1;           // 启动工作,GATE=0,软件启动
  while(1)
  {
    while(!RI);    //查询接收结束标志位 RI,检测是否接收到数据
    RI=0;          //清除接收结束标志位 RI
    a=SBUF;        //从接收缓冲寄存器 SBUF 中读取字节数据
    if(a==0x54)    //判断接收到的是否是字符"T"
    {
      SBUF=0x41;   //启动发送一个字符"A"返回,做应答
      while(!TI);  //查询发送结束标志位 TI,检测数据是否发送完
      TI=0;        //清除发送结束标志位 TI
    }
  }
}
```

3）仿真结果

打开 VSPDXP 软件,将计算机物理串口 COM1、COM2 配置成一对虚拟端 COM3、COM4,如图 7–29 所示。双击 COMPIM,进入元器件编辑窗口,设置通信基本参数,包括波特率、帧结构等,如图 7–30 所示。

借助串口调试助手调试计算机串口通信。进入串口调试助手软件工作界面,同发送方一致也设置好通信基本参数,包括波特率、帧结构等,如图 7–31 所示。

以上设置正确无误完成之后,将.hex 文件装载到 AT89C51 单片机中,单击 Play 按钮进入仿真状态。在串口调试助手软件工作界面的发送窗口键盘输入大写字符"T",单击窗口旁的"手动发送"按钮,启动 PC 机串口发送,如图 7–32 所示;之后,在接收窗口即可显示一

个已接收的大写字符"A",如图 7-33 所示。如果 PC 端发送的是大写字符"U",则单片机不做任何反馈,接收窗口也无任何数据显示,如图 7-34 所示。

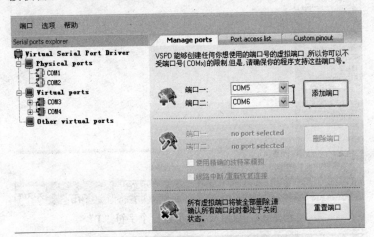

图 7-29 虚拟端口 COMX 配对

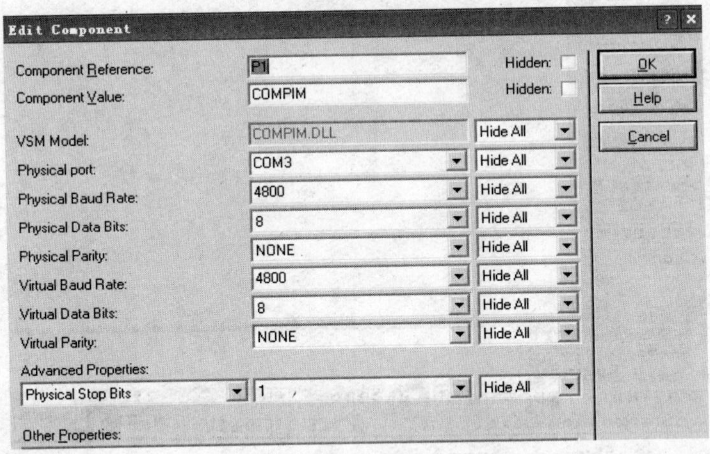

图 7-30 模拟 COM 口参数设置

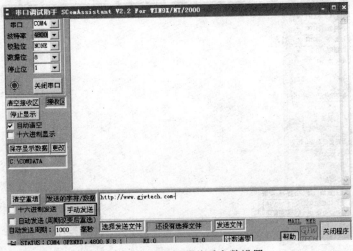

图 7-31 串口调试助手参数设置

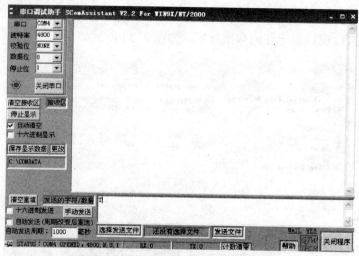

图 7-32 数据发送区准备一个字符"T"

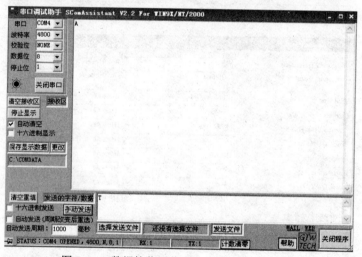

图 7-33 数据接收区收到一个应答字符"A"

图 7-34 单片机收到非"T"字符不做应答

7.3.3 拓展与思考

（1）上文中的参考程序对串口发送或接收事件的处理全部采用的是查询处理方式，请改用中断方式加以实现。

（2）单片机与单片机之间如何进行串行通信？考虑实现以下要求：实现基于方式1的单工通信，发送方以一定波特率发一串有效数据，接收方接收后送 P_1 口通过 LED 灯显示。

本 章 小 结

中断是指当机器正在执行程序的过程中，一旦遇到某些异常情况或特殊请求时，暂停正在执行的程序，转入中断服务子程序，处理完毕后再返回到断点继续执行。引起中断的事件称为中断源，8051 单片机提供 5 个中断源，即 $\overline{INT_0}$、$\overline{INT_1}$、TF_0、TF_1 和串行中断请求。中断请求的优先级由用户编程和自然优先级共同确定。中断编程包括设置中断入口地址、中断优先级、中断开放或关闭以及编写中断服务子程序。

AT89C51 单片机内部有两个可编程定时器/计数器（T_0、T_1），每个定时器/计数器有 4 种工作方式，即方式 0 至方式 3。方式 0 是 13 位的定时器/计数器，方式 1 是 16 位的定时器/计数器，方式 2 是初值重载的 8 位定时器/计数器，方式 3 只适用于 T_0，将 T_0 分为两个独立的定时器/计数器，同时 T_1 可以作为串行接口波特率发生器。不同位数的定时器/计数器的最大计数值也不同。对于定时器/计数器的编程包括设置方式寄存器、初值及控制寄存器。初值由定时时间及定时器/计数器的位数决定。

MCS-51 系列单片机内部有一个全双工的异步串行通信接口，该串行口的波特率和帧格式可以编程设定，有 4 种工作方式，即方式 0、方式 1、方式 2、方式 3。方式 0 和方式 2 的传送波特率是固定的，方式 1 和方式 3 的波特率是可变的，由定时器的溢出率决定。单片机与单片机之间以及单片机与 PC 机之间都可以进行通信，异步通信的发送和接收程序通常采用两种方法，即查询法和中断法。

习 题

7.1 简述中断的概念以及单片机处理中断的基本流程。

7.2 编写中断系统初始化程序，允许 INT_0、INT_1、T_0、串行口中断，使 T_0 中断为高优先级。

7.3 MCS-51 系列单片机能处理哪些中断源？当这些中断源同属一个中断优先级时如何确定优先级次序？

7.4 定时器/计数器的定时方式与计数方式差别是什么？试举例说明两者的用途。

7.5 若晶振为 12 MHz，用 T_0 产生 1 s 的定时，写出定时器的方式字和计数初值。

7.6 若晶振为 12 MHz，编写程序，用 T_1 来测试频率范围为 2～1 kHz 的输入方波的周期。

7.7 若晶振为 12 MHz，编写程序，用定时器 T_0 产生 500 s 定时，在 $P_{1.0}$ 上产生频率为 1 kHz 的方波。

7.8 编写初始化程序和中断服务子程序，晶振为 6 MHz，用 T_0 产生 1 s 的定时中断，时钟计数值的时、分、秒送到 6 位数码管中显示出来。

7.9 编写串行口初始化子程序，使串行口工作于方式 1，晶振为 11.059 2 MHz，波特率为 1 200，发送字符串 "Hello，MCS-51."

7.10 编写串行口初始化子程序，使串行口工作于方式 3，晶振为 11.059 2 MHz，波特率为 2 400，第 9 位数据为奇校验位。编写串行口接收子程序，采用查询方式，接收 16 个字符，存放于某一数组中。若对 RB_8 校验出错，则停止接收，并将 $P_{1.0}$ 清零；若正确地接收到 16 个字符则停止接收，并将 $P_{1.1}$ 清零。

第 8 章

系统扩展与接口技术

由单片机组成应用系统时,如单片机本身所具有的功能满足应用系统的要求,这样的系统称为最小系统。最小系统包括外接的晶振电路、复位电路和电源部分等。若单片机最小系统不能满足应用系统的功能需求,就需要在片外扩展一些外围芯片,以增强单片机的功能。

系统扩展是以单片机为核心进行的,包括资源扩展和功能扩展,其中资源扩展用来弥补单片机最小系统资源上的不足,扩展内容包括 ROM、RAM、I/O 接口等;功能扩展用来补充单片机最小系统功能上的不足,扩展内容包括 ADC、DAC、显示器、键盘等。扩展是通过系统总线进行的,即通过总线把各扩展部件连接起来,进行数据、地址和控制信号的传送。利用单片机的接口电路,增加某些功能器件,构建具有特定功能的单片机应用系统,称为单片机的接口技术。本章首先讲解了存储器扩展技术及 I^2C 总线的应用;然后介绍了 ADC 扩展技术与应用、DAC 扩展技术与应用。

8.1 单片机的系统总线

单片机片内资源不足时可以通过外部扩展相应的芯片实现资源的扩充,如存储器资源、I/O 口资源等。为了使得单片机能方便地与各种扩展芯片连接,应把单片机 I/O 口看作为一般的总线结构。而总线结构又可划分为并行总线和串行总线两种形式。单片机系统扩展时可以根据外围芯片的具体接口特征,选择采用并行总线扩展方法或串行总线扩展方法。

8.1.1 并行总线结构

1. 三总线结构

单片机进行并行扩展时是把单片机的 I/O 口作为一般的微型机三总线结构形式。

那么,微型机三总线结构是指什么呢?

微型计算机硬件系统由多个功能部件组成,即 CPU、存储器、I/O 接口等,各个功能部件承担系统整体功能中的一个部分,CPU 与其他功能部件之间的信息交互通过总线完成。总线(Bus)是一组公共连线,它是由共性的连线归并而成的,这样既减少了部件之间的连接线,也简化了系统的组成结构。通常的微机采用三总线结构,按照其传输的信息类型不同,分别命名为数据总线、地址总线和控制总线,也统称"三总线"。数据总线(Data Bus,DB)专门用于传输数据信息;地址总线(Address Bus,AB)专门用于传输地址信息;控制总线(Control Bus,CB)专门用于传输实施控制的信息。

51 单片机也属于总线型结构,其片内的各功能部件之间同样是通过总线方式连接并集成为整体的。51 单片机与外部设备的连接一般可以选择采取 I/O 方式,即单片机引脚直接与按键、发光二极管、数码管等相连;或者选择采取总线方式,即单片机引脚按照三总线原则进行分配使用,P_0 口作为传输数据与低 8 位地址的总线,P_2 口作为传输高 8 位地址总线,P_3 口部分口线作为传输控制信号的总线。其中 P_0 口为地址/数据分时复用,为保持整个取指周期内低 8 位地址的稳定,需外加地址锁存器以锁存低 8 位的地址信息,如 74373 或 74273,51 单片机并行扩展的总线构成如图 8-1 所示。采用片外三总线连接外设可以充分发挥 51 单片机的总线结构特点,简化编程,节省 I/O 口线,便于外设扩展。

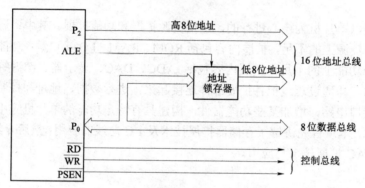

图 8-1 51 单片机并行总线结构

2. 地址锁存原理

图 8-2 给出了采用 74373 芯片构造的典型地址/数据接口电路。

用于地址锁存的接口芯片 74373 是一个统称,其实有很多商业型号,如 74LS373、74HC373 以及 54HC373 等。74373 型片内部是由 8 个负边沿触发的 D 触发器和 8 个负逻辑控制的三态门所组成。$D_0 \sim D_7$ 为片外数据输入端,$Q_0 \sim Q_7$ 为片外数据输出端。LE 为 D 触发器的时钟输入端,$\overline{OE}$ 端为三态门的控制端。当 $\overline{OE}$ 为低电平时三态门导通,D 触发器的 $\overline{Q}$ 端与片外输出端 Q 取反后接通。当 $\overline{OE}$ 为高电平时三态门输出端呈现高阻态,D 触发器的 $\overline{Q}$ 端与片外输出端 Q 断开。因此,如果无须输出控制则可将 $\overline{OE}$ 端接地。LE 端为 D 触发器的时钟输入端,当 LE 为高电平时,D 与 $\overline{Q}$ 端接通;LE 由高电平向低电平负跳变时,$\overline{Q}$ 端锁存 D 端数据;LE 为低电平时,D 与 $\overline{Q}$ 端隔离。可见,如果 LE 端接入一个正脉冲信号,便可实现 D 触发器的"接通—锁存—隔离"功能。

由此可见,图 8-2 中的接口连线:$D_0 \sim D_7$ 端接 P_0,是要从单片机中分时地输出地址信息和输入/输出数据信息;$\overline{OE}$ 端接地是为了满足无缓冲直通输出要求;LE 端接单片机的 ALE 引脚是要利用其提供的触发信号。

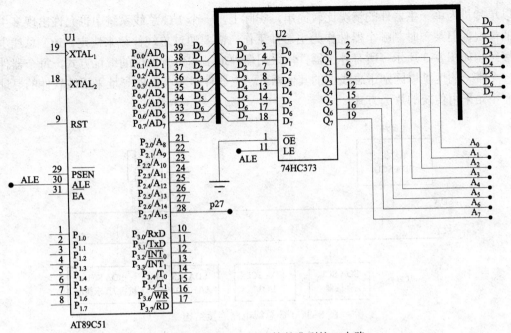

图 8-2 采用 74373 连接的典型接口电路

8.1.2 串行总线结构

若选择外围扩展芯片具备串行接口,且以串行总线方式与外部器件进行数据交互时,单片机与该芯片只能选择采取串行扩展方法与之连接。常用的串行接口总线有:UART(Universal Asynchronous Receiver/Transmitter,通用异步接收器/发送器)的工作方式 0、SPI(Serial Peripheral Interface,串行外设接口)总线和 I^2C(Inter Integrate Circuit,芯片间)总线。其中,I^2C 是使用较广泛的串行总线,最初由 Philips 公司在 1992 年推出,具备完整的技术规范,结构独立性强,使用简单。该总线用两根连线实现全双工同步数据传输,可以非常方便地扩展外围器件,具有 I^2C 总线的单片机可以直接与 I^2C 总线接口的各种器件连接;而不带 I^2C 总线的单片机,如 MCS-51 系列,可以采用 I/O 口结合软件模拟 I^2C 总线的方法,完成与 I^2C 总线接口器件的连接。

1. I^2C 总线接口技术

I^2C 总线采用两线制(不包括地线),由数据线(SDA)和时钟线(SCL)构成,且 SDA 上的信号完全与时钟同步,即 SCL 线上的时钟信号对 SDA 线上的数据传输起同步控制作用,SDA 线上的起始信号、停止信号及数据位均要根据 SCL 线上的时钟信号来判断。

I^2C 总线可以连接多个器件,所有器件的数据线都连接到 SDA 上,时钟线都接到 SCL 上,且 SDA 及 SCL 都是"与"的关系。电路接法上,SDA 及 SCL 必须接上拉电阻,以便 I^2C 器件输出端构成漏极或集电极开路结构。在单片机应用系统的串行总线扩展中,主器件通常由单片机来担当,其他外围接口器件为从器件。主器件控制整个总线系统的运行,负责发出起始信号、时钟信号、停止信号,主器件不一定带有 I^2C 总线接口;从器件一般是存储器、I/O 口、A/D、D/A、键盘、显示器等一些外围器件,从器件一定带有 I^2C 总线接口。这种以单片机为单一主器件的情况比较简单,实际上,一个 I²C 总线系统中也允许出现多主器件的情况,但某一时刻哪个器件作为主器件工作,需要通过总线仲裁来决定。I²C 总线电路连接结构如图 8-3 所示。所有外围器件均采用器件地址和引脚地址的编址方式,每个器件都有一个唯一的地址以区别于总线上的其他器件,主器件对从节点的寻址采用纯软件的寻址方式而不是采用传统的片选方式。

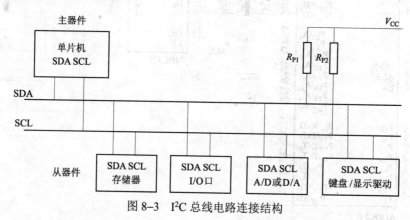

图 8-3　I²C 总线电路连接结构

目前有很多半导体集成电路上都集成了 I²C 接口,很多外围器件如 SRAM、EEPROM、I/O 口、ADC/DAC 等也提供 I²C 接口。即使无 I²C 总线接口的器件,只要通过与具有 I²C 结构的 I/O 接口电路连接,也能成为 I²C 总线扩展器件。例如,MCS-51 系列单片机(80C51)自身没有 I²C 总线接口,采用并行 I/O 口线软件模拟 I²C 总线接口,就能在外围扩展 I²C 接口器件。带有 I²C 接口的单片机有 CYGNAL 的 C8051F0xx 系列、PHILIPSP87LPC7xx 系列、MICROCHIP 的 PIC16C6xx 系列等。常用的外围器件如 Atmel 公司生产的 AT24Cxx 系列是具有 I²C 总线接口功能的串行 EEPROM,该系列产品主要有 24C02、24C04、24C08、24C16 和 24C32,容量分别对应于 2~32 KB。它们一般具有并口 EEPROM 的特点,但以串行方式传送数据,一般仅占用 2~4 条 I/O 线,价格低廉。Philips 公司生产的 PCF8563 是一款基于 I²C 总线接口的低功耗 CMOS 实时时钟/日历芯片,芯片最大总线速度为 400 Kb/s,每次读写数据后,其内嵌的字地址寄存器会自动产生增量。PCF8563 可广泛应用于移动电话、便携仪器、传真机、电池电源等产品中。

2. SPI 总线接口技术

SPI 总线是 Motorola 公司提出的一个同步串行外设接口,用于 CPU 与各种外围器件进行全双工、同步串行通信。SPI 可以同时发出和接收串行数据。它只需 4 条线就可以完成 MCU 与各种外围器件的通信。这些外围器件可以是简单的 TTL 移位寄存器、复杂的 LCD 驱动器、A/D 和 D/A 转换子系统或其他的 MCU。

SPI 的通信原理很简单,它以主从方式工作,这种模式通常有一个主设备和一个或多个从设备,需要至少 4 根线,事实上 3 根也可以(单向传输时)。也是所有基于 SPI 的设备共有的,它们是 SDI(数据输入)、SDO(数据输出)、SCLK(时钟)、CS(片选)。

(1) SDI:主设备数据输入,从设备数据输出。

(2) SDO:主设备数据输出,从设备数据输入。

（3）SCLK：时钟信号，由主设备产生。
（4）CS：从设备使能信号，由主设备控制。

其中，CS控制芯片是否被选中，也就是说，只有片选信号为预先规定的使能信号时（高电位或低电位），对此芯片的操作才有效。这就允许在同一总线上连接多个SPI设备成为可能。典型的结构如图8-4所示。

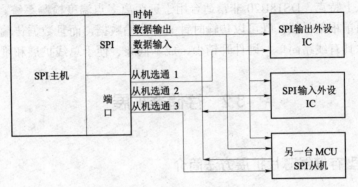

图8-4 SPI接口典型结构

SPI是一种高速、全双工、同步的通信总线，并且在芯片的引脚上只占用4根线，节约了芯片的引脚，同时为PCB的布局节省空间，正是由于这种简单易用的特性，如今越来越多的芯片集成了这种通信协议，如AT91RM9200。

3. 单总线接口技术

单总线（1-wire Bus）就是在单根信号线上完成系统所需要进行的数据、地址和控制信号的交换。它是由美国的Dallas（达拉斯）半导体公司推出的一项总线技术。

单总线适用于单主机系统，支持单主机控制一个或多个从机设备。从机设备通过一个漏极开路或三态端口连接到数据总线，以允许设备在不发送数据时能够释放总线，且通常单总线器件要外接一个约4.7 kΩ的上拉电阻。当总线处于空闲状态时，总线状态能保持为高电平。其内部等效电路如图8-5所示。

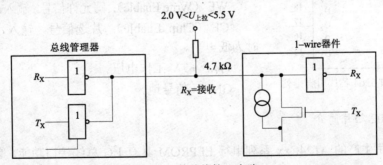

图8-5 单总线接口电路

单总线适用于单主机系统，能控制一个或多个从机设备。主机可以是微控制器，从机可以是单总线器件，它们之间的数据交换只通过一条信号线。主从机之间的通信建立需要3个步骤，分别是初始化1-wire器件、识别1-wire器件以及交换数据（读写）。由于它们是主从结构,只有主机呼叫从机时,从机才能应答,因此主机访问1-wire器件都必须严格遵循单总线协议规定的命令时序。

DS18B20就是这样一款应用了单总线技术的典型器件,它是由Dallas公司生产的单总线数字温度传感器。其检测的温度以符号扩展成16位数字量方式串行输出,这样CPU只需一根端口就能与诸多DS18B20通信,占用微处理器的端口资源较少,大大节省了引线和逻辑电路。正是基于以上特点,DS18B20非常适合用于远距离多点温度检测系统。

单总线采用单根信号线,既可以传输时钟又能传输数据,而且数据传输是双向的,因而这种单总线技术具有线路简单、硬件开销少、成本低廉、便于总线扩展和维护等优点。

8.2 存储器扩展

8.2.1 典型存储器芯片扩展方法简介

1. SRAM 6264芯片简介

静态数据存储器SRAM的典型芯片有2 KB的6116、8 KB的6264以及32 KB的62256,其中6264芯片应用最为广泛。Intel 6264采用CMOS工艺制造,是8K×8 SRAM,单一的+5 V电源供电,所有的输入端和输出端都与TTL电路兼容。它是28引脚双列直插式芯片,外围引脚配置如图8-6所示。SRAM 6264的引脚信号定义如下。

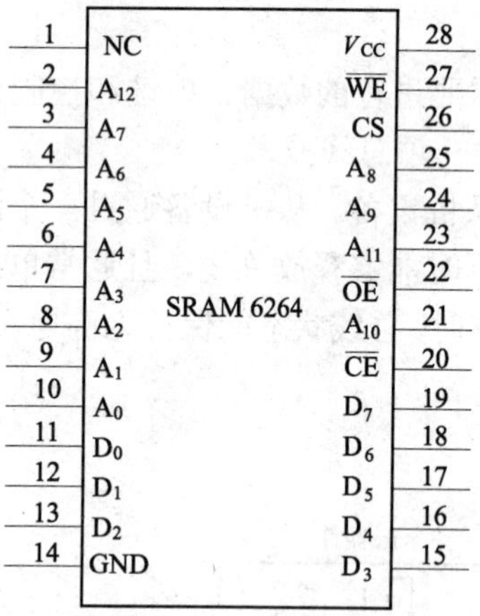

$A_{12} \sim A_0$(Address Inputs):13根地址线,可寻址8 KB的存储空间。

$D_7 \sim D_0$(Data Bus):8位数据线,双向,三态。

$\overline{OE}$(Output Enable):输出允许信号,输入,低电平有效。

$\overline{WE}$(Write Enable):写允许信号,输入,低电平有效。

$\overline{CE}$(Chip Enable):片选信号,输入,在读/写方式时为低电平。

V_{CC}:+5 V工作电压。

GND:信号地。

图8-6 SRAM 6264芯片引脚排列

2. AT24C02芯片简介

Atmel公司生产的AT24Cxx系列串行EEPROM具有I²C总线接口功能,常用的型号有AT24C01(128×8 bit)、AT24C02(256×8 bit)、AT24C04(512×8 bit)、AT24C08(1 024×8 bit)、AT24C16(2 048×8 bit)等。AT24Cxx系列器件支持两种写入方式,即字节写入方式和页写入方式,也就是允许在一个写周期内对一个字节到一页的若干字节编程写入。页的大小取决于芯片内页寄存器的大小,具有8 B数据的页面写入能力,AT24C02/04/08/16具有16 B数据的页面写入能力。其中,AT24C02采用低功耗CMOS工艺制造,它内含256×8 bit存储空间,具有工作电压宽（2.5～5.5 V）、写入速度快（小于 10 ms）、擦写次数多（大于 100 万次）、保存时间长（大于 100 年）等特点。

1）AT24C02 引脚排列及引脚说明

AT24C02 有多种封装类型，PDIP8 封装的芯片引脚排列如图 8-7 所示。

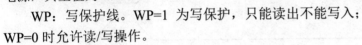

引脚功能定义如下。

SCL：串行时钟输入线。数据发送或接收的时钟从该引脚输入。

SDA：串行数据/地址线。其用于传送地址和发送/接收数据，为双向传输。SDA 为漏极开路，要求接一个上拉电阻到电源，典型值为 10 kΩ。

图 8-7 AT24C02 引脚排列

WP：写保护线。WP=1 为写保护，只能读出不能写入；WP=0 时允许读/写操作。

A_0～A_2：器件地址输入线。

V_{SS}：接地。

V_{CC}：电源。

2）AT24C02 的信号时序

根据 I^2C 总线协议，总线上数据传送的信号由起始命令 S、停止命令 P、应答 A、非应答 $\overline{A}$ 以及数据位 D 组成。

起始命令 S：在 SCL 为高电平期间，SDA 由高电平向低电平的变化被视为起始命令。起始命令为任何一次读/写操作命令的开始，如图 8-8 所示。

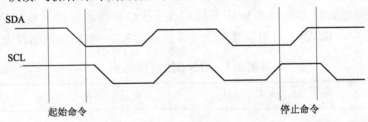

图 8-8 起始命令与停止命令的定义

停止命令 P：当 SCL 为高电平期间，SDA 由低电平向高电平的变化被视为停止命令，随着停止命令的出现，所有外部操作都结束，如图 8-8 所示。

数据位 D：在 SCL 为高电平期间，SDA 上出现的高、低电平就是对应的数据位，且在此期间数据要保持稳定，若出现电平变化，将视为一个起始命令或停止命令；数据可以在 SCL 为低电平期间变化，如图 8-9 所示。

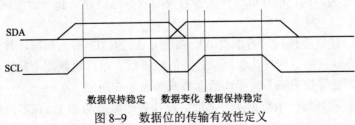

图 8-9 数据位的传输有效性定义

应答 A：I²C 总线在每传送一个字节数据后都必须有应答信号，数据位第 8 位传送完成之后，在第 9 个时钟脉冲位上，发送器件必须使得数据线 SDA 处于高电平，以便接收器此时可以输出低电平来作为应答信号，如图 8-10 所示。

非应答 $\overline{A}$：I²C 总线每传送完一个字节数据后，在第 9 个时钟脉冲位上接收方输出高电平，作为非应答信号，如图 8-10 所示。

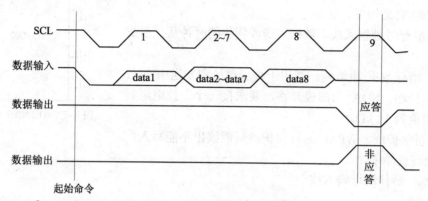

图 8-10 应答与非应答信号的定义

3）器件寻址与读写操作

I²C 总线上传送的数据位是广义的，既指地址也包括真正的数据。带有 I²C 总线接口的器件都有规范的器件地址，地址由 7 位组成。AT24Cxx 系列串行 EEPROM 寻址控制字节中的最高 4 位（$DA_3 \sim DA_0$）为器件地址，固定为 1010，寻址控制字节中的 $D_3 \sim D_1$ 位为器件地址 A_2、A_1、A_0，$A_2 \sim A_0$ 在电路中可以接电源、接地或悬空，形成地址编码。这样 7 位地址再加上最低位 D_0 的数据传送方向位 $R/\overline{W}$，共同构成了 I²C 总线器件的寻址字节，具体格式如表 8-1 所示。其中，$R/\overline{W}$=1 时对从器件进行读操作；$R/\overline{W}$=0 时对从器件进行写操作。

表 8-1 AT24C02 器件地址

DA_3	DA_2	DA_1	DA_0	A_2	A_1	A_0	$R/\overline{W}$
器件地址固定为 1010				器件的引脚地址			读写方向控制位

I²C 总线上主从器件建立有效通信连接以及完成读写操作的过程如下。

（1）呼叫寻访从器件。首先单片机通过 I²C 总线广播式发送从器件地址，呼叫地址的形式是在起始信号后跟从器件的 7 位地址码和写方向位"0"，发送完后释放 SDA 线并在 SCL 线上产生第 9 个时钟信号，目标从器件 AT24C02 在确认是自己的地址后，在 SDA 线上产生一个应答信号 A 作为回应，单片机收到应答后说明双方已经建立起有效通信连接，可以进行后续数据交互。

（2）写操作。建立连接后，若本次单片机要向 AT24C02 写入数据，首先发送一个字节的被写入器件的存储区的首地址，收到从器件的应答后，单片机就逐个发送各数据字节，每发送一个字节后都要等待应答。写操作数据格式如表 8-2 所示。

AT24C02 在接收到每一个数据字节地址后，片内地址自动加 1，在芯片的"一次装载字节数"限度内（16 B），只需输入首地址就可以连续装载多个字节的数据。装载字节数超过 16 B 时，数据地址将"上卷"，前面的数据将被覆盖。

表 8–2　写操作数据格式

S	100xxx0	A	字节首地址	A	Data 1	A	Data 2	A	…	Data n	A	P

数据传送完后，单片机发出停止信号来结束本次写操作。

（3）读操作。建立连接后，若本次单片机要从 AT24C02 读出数据，首先单片机先发一个字节的要读出器件的存储区的首地址，收到从器件应答后，单片机再重复一次起始信号并发出器件地址和读方向位"1"，收到器件应答后就可以读出数据字节，每读出一个字节，单片机都要回复应答信号 A。当最后一个字节数据读完后，单片机应返回非应答 $\overline{A}$，并发出终止信号结束读操作。读操作数据格式如表 8–3 所示。

表 8–3　读操作数据格式

S	1010xxx0	A	字节首地址	A	S	1010xxx1	A	Data 1	A	…	Data n	$\overline{A}$	P

3. 字符型液晶显示器 LCD1602 简介

LCD1602 工业字符型液晶显示器，能够同时显示 16×2 即 32 个字符。主要用来显示数字、字母、图形以及少量自定义字符。由于其显示控制简单、性价比高，广泛用于电子表、冰箱、空调、汽车电子仪表等装置中。

模块化编程软件包

1) LCD1602 液晶显示器的特性

LCD1602 液晶也叫 1602 字符型液晶，它由若干个 5×7 或者 5×11 等点阵字符位组成，每个点阵字符位都可以显示一个字符，每位之间有一个点距的间隔，每行之间也有间隔，起到了字符间距和行间距的作用，正因为如此，它不能很好地显示图形（用自定义 CGRAM，显示效果也不好）。3 V 或 5 V 工作电压，对比度可调，内含复位电路，提供各种控制命令，如清屏、字符闪烁、光标闪烁、显示移位等多种功能，内建有 80 B 显示数据存储器 DDRAM，有 192 个 5×7 点阵的字型的字符发生器 CGROM，8 个可由用户自定义的 5×7 的字符发生器 CGRAM。

市面上字符液晶大多数是基于 HD44780 液晶芯片的，控制原理是完全相同的，因此基于 HD44780 的控制程序，可以很方便地应用于市面上大部分的字符型液晶。

2) LCD1602 液晶显示器的引脚功能

LCD1602 采用标准的 16 脚接口，引脚排列如图 8–11 所示。

第 1 脚：V_{SS} 为电源地。

第 2 脚：V_{CC} 接 5 V 电源正极。

第 3 脚：V_0 为液晶显示器对比度调整端，接正电源时对比度最弱，接地电源时对比度最高（对比

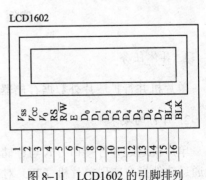

图 8–11　LCD1602 的引脚排列

度过高时会产生"鬼影",使用时可以通过一个 10 kΩ 的电位器调整对比度)。

第 4 脚:RS 为寄存器选择,高电平(1)时选择数据寄存器,低电平(0)时选择指令寄存器。

第 5 脚:R/$\overline{W}$ 为读写信号线,高电平(1)时进行读操作,低电平(0)时进行写操作。

第 6 脚:E(或 EN)端为使能(Enable)端,高电平(1)时读取信息,负跳变时执行指令。

第 7~14 脚:D_0~D_7 为 8 位双向数据端。

第 15、16 脚:空脚或背灯电源。

4. Keil C51 指针定义的含义

Keil C51 中通过定义指针并完成一定的操作时,程序员自身需要非常清楚地知道指令所操作的数据对象所处的存储空间,以及完成怎样的数据处理。下面通过几个例子介绍一下指针的含义。

(1) unsigned char xdata *x;
　　　x=0x0123;
　　　*x=0x45;

以上语句定义了一个指向 xdata 片外数据存储器地址为 0x0123 单元的指针 x,并向该单元写入单字节无符号字符类型(unsigned char)数据 0x45。

(2) unsigned char pdata *x;
　　　x=0x012;
　　　*x=0x34;

以上语句定义了一个指向 pdata 片外数据存储器中 0x00 页面中地址为 0x12 单元的指针 x,并向该单元写入单字节无符号字符类型(unsigned char)数据 0x34。

(3) unsigned char data *x;
　　　x=0x56;
　　　*x=0x78;

以上语句定义了一个指向 data 片内数据存储器低 128 B 中地址为 0x56 单元的指针 x,并向该单元写入单字节无符号字符类型(unsigned char)数据 0x78。

8.2.2　课堂实践

实例 1　并行扩展片外存储器

1. 具体任务

单片机并行扩展片外数据存储器资源。

2. 目标与要求

单片机通过并行接口方式与存储器芯片连接,扩展出一定容量的片外数据存储区间,并能通过软件指令实现单片机 CPU 对片外数据存储器的随机读写访问以及单片机片内数据存储器与片外数据存储器之间特定存储区域的数据交换。

3. 软件仿真

1）仿真电路设计与分析

AT89C51 单片机与扩展片外数据存储器芯片 SRAM 6264 采用并行接口电路连接，仿真参考电路如图 8-12 所示，其中 P_0 口复用为数据/地址总线，通过外置锁存器 74LS373，实现地址线和数据线功能分离使用。微机组成的三总线结构原则是：数据总线与数据总线相连，图 8-12 所示，单片机 P_0 口 $P_{0.0} \sim P_{0.7}$ 与 SRAM 6264 数据口 $D_0 \sim D_7$ 对应连接；地址总线与地址总线相连，图 8-12 所示，单片机 P_0 口经地址锁存器 74LS373 锁存输出后的地址 $Q_0 \sim Q_7$ 与 SRAM 6264 地址线 $A_0 \sim A_7$ 对应相连；控制线与控制线相连，如图 8-12 所示，单片机的读控制信号 $\overline{RD}$ 与 SRAM 6264 的读允许控制信号 $\overline{OE}$ 相连，单片机的写控制信号 $\overline{WR}$ 与 SRAM 6264 的读允许控制信号 $\overline{WE}$ 相连。另外，片选线 $\overline{CE}$ 与 CS 分别接地（GND）和+5 V（V_{CC}），确保芯片选中有效。绘制仿真电路时所用的元器件清单如表 8-4 所示。

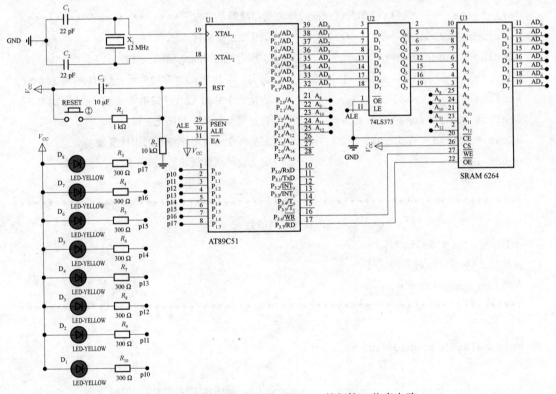

图 8-12 AT89C51 与 SRAM 6264 并行接口仿真电路

表 8-4 并行扩展 SRAM 6264 芯片仿真电路元件清单

名称/编号	型号/参数	数量	用途
单片机（U1）	AT89C51	1	主控制器
晶振（X_1）	12 MHz	1	时钟
电容（C_1、C_2）	22 pF	2	时钟

续表

名称/编号	型号/参数	数量	用途
电解电容（C_3）	10 μF/25 V	1	上电复位
电阻（R_1）	1 kΩ	1	手动复位
电阻（R_2）	10 kΩ	1	上电复位
复位按键	RESET	1	手动复位
发光二极管（$D_1 \sim D_8$）	LED–YELLOW	8	显示
电阻（$R_3 \sim R_{10}$）	300 Ω	8	限流
锁存器（U2）	74LS373	1	地址锁存
数据存储器芯片（U3）	SRAM 6264	1	片外数据存储空间

2）C 语言参考程序

```
/*******************单片机访问片外数据存储器参考程序********************/
#include <reg51.h>              //调用 51 头文件
#include <absacc.h>             //调用含绝对地址访问的头文件
#define xram XBYTE[0x1000]      //定义一个片外 RAM 存储单元,绝对地址为 1000H
#define ram  DBYTE[0x30]        //定义一个片内 RAM 存储单元,绝对地址为 30H
#define uchar unsigned char     //自定义数据类型的简化关键词
uchar *addrsd, *addrsx;         //定义两个无符号字符型的指针变量
uchar i;                        //定义循环统计变量

/******************************************************************
                        软件延时函数
函数原型:void delay()
函数功能:实现一段时间的延时
参数:unsigned int n
*******************************************************************/

void delay(unsigned int n)
{
    while(n--);                 //while 循环体实现延时时间控制
}

/******************************************************************
                     片内数据存储器写操作函数
函数原型:void  DataWtoRam()
函数功能:通过指针变量 addrsd,访问片内数据存储器中以 30H 单元起始的后续 50 个单元并完成数
```

据的连续写入操作

参数：无

***/

```
void DataWtoRam()
{   addrsd=&ram;
    for(i=0;i<50;i++)
    {
        *addrsd=i;
        delay(200);
        addrsd++;
    }
}
```

/**

片内数据存储器与片外数据存储器数据搬移函数

函数原型：void RamWtoXRam ()

函数功能：通过两个指针变量 addrsd、addrsx 分别访问片内数据存储器 RAM 中以 30H 单元起始的后续 50 个单元与片外数据存储器 SRAM 中以 1000H 单元起始的后续 50 个单元，并完成数据的连续传递

参数：无

***/

```
void RamWtoXRam()
{
addrsx=&xram;
    for(i=0;i<50;i++)
    {
        *addrsx=*addrsd;
        delay(200);
        addrsx++;
        addrsd++;
    }
}
```

/**

片外数据存储器读操作函数

函数原型：void XRamWtoIO()

函数功能:通过指针变量addrsx,访问片外数据存储器中以1000H单元起始的后续50个单元,并将数据连续从端口P_1输出显示

参数:无

***/

```c
void XRamWtoIO()
{
    addrsx=&xram;
    for(i=0;i<50;i++)
    {
        P1=*addrsx;
        delay(40000);
        addrsx++;
    }
}
```

/**

主函数

函数原型:void main()

函数功能:CPU先将一组数据顺序写入片内数据存储器RAM,然后将从片内数据存储器读取的数组依次写入片外数据存储器SRAM,最后读取片外数据存储器SRAM中的数据并送P_1口输出显示

***/

```c
void main()
{
    DataWtoRam();
    addrsd=&ram;
    RamWtoXRam();
    XRamWtoIO();
}
```

3) 仿真结果

在Keil软件中对C程序代码进行编译链接,并生成可执行文件.hex,然后返回Proteus软件仿真原理图界面,将.hex文件装载到AT89C51单片机中,单击Play按钮进入仿真状态。系统复位启动后,执行程序,P_1口改变原全1初始状态(8个LED灯全灭),按序显示从片外数据存储器SRAM的1000H单元起读取来的字节数据。首个单元(单元地址为1000H)的字节数据00H送P_1口显示,效果如图8-13所示;第35个单元(单元地址为1023H)的字节数据23H送P_1口显示,效果如图8-14所示。

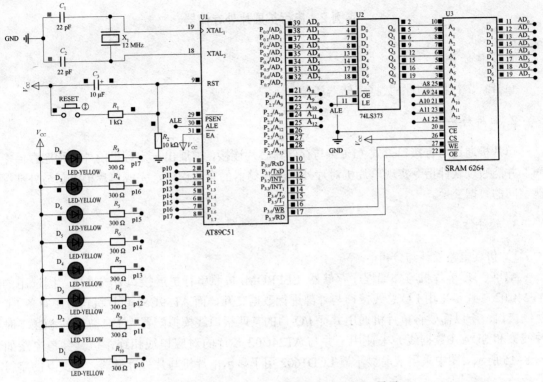

图 8-13 首个存储单元的数据 00H 送 P_1 口显示

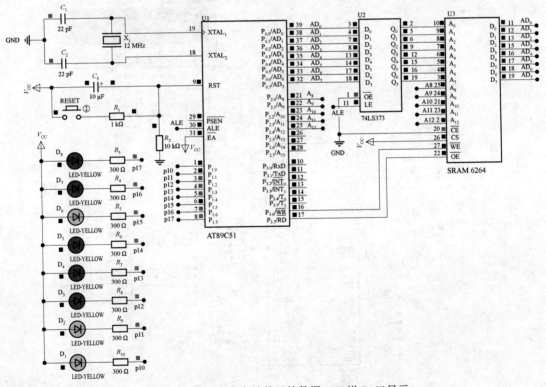

图 8-14 第 35 个存储单元的数据 23H 送 P_1 口显示

实例 2　串行扩展片外存储器

1. 具体任务

单片机串行扩展片外数据存储器资源。

2. 目标与要求

单片机通过串行接口方式（I²C）与存储器芯片连接，扩展出一定容量的外部程序存储空间，并能通过软件指令实现单片机对片外程序存储器的有效访问，完成单片机内部与外部存储空间的数据交换。

3. 软件仿真

1）仿真电路设计与分析

AT89C51 单片机与外部程序存储器 EEPROM 按照串行扩展接口方式连接。因选用的 AT24C02 芯片是采用 I²C 总线接口与外部进行数据交互，而 AT89C51 单片机自身不具备 I²C 总线接口，所以需要将单片机通用并行 I/O 口的某两根口线模拟配置为 I²C 总线的 SCL（时钟线）和 SDA（数据线）来使用，并与 AT24C02 芯片的对应口线相连，仿真参考电路如图 8-15 所示。图中采用液晶显示器 LCD1602 用于显示单片机与片外存储器之间交互的字符

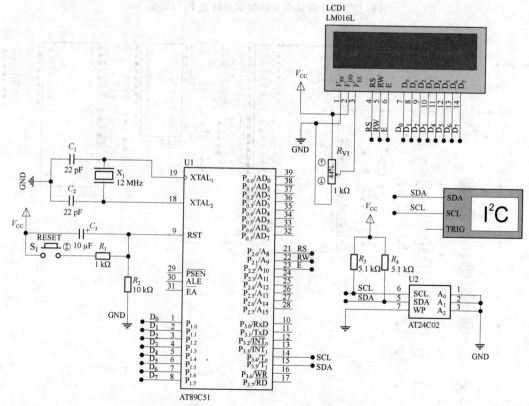

图 8-15　AT89C51 与 AT24C02 串行接口仿真电路

数据，采用虚拟仪器 I^2C 调试器（I^2C DEBUGGER）用于实时观察 I^2C 总线工作时的数据传输状态。绘制仿真电路时所用的元器件清单如表 8-5 所示。

表 8-5　串行扩展 AT24C02 芯片仿真电路元件清单

名称/编号	型号/参数	数量	用途
单片机（U1）	AT89C51	1	主控制器
晶振（X_1）	12 MHz	1	时钟
电容（C_1、C_2）	22 pF	2	时钟
电解电容（C_3）	10 μF/25 V	1	上电复位
电阻（R_1）	1 kΩ	1	手动复位
电阻（R_2）	10 kΩ	1	上电复位
电阻（R_3、R_4）	5.1 kΩ	2	上拉电阻
滑动变阻器（R_{v1}）	1 kΩ	1	可变电阻
复位按键（S_1）	Button	1	手动复位
EEPROM 程序存储器（U2）	AT24C02	1	外部程序存储空间
液晶显示器（LCD1）	LM016L	1	显示
I^2C 调试器	I^2C DEBUGGER	1	调试 I^2C 总线工作状态

2）C 语言参考程序

```
/******************单片机与片外程序存储器数据交互参考程序******************/
#include <reg51.h>              //调用 51 头文件
#include <viic.h>               //调用 I²C 软件包
#include <1602.h>               //调用 LCD1602 软件包

unsigned char word1[16]={"It's I2C Serial"};    //第 1 行要显示的字符信息
unsigned char word2[16]={"Bus By AT24C02"};     //第 2 行要显示的字符信息
unsigned char word3[16]={0};                    //定义两组数据缓冲区
unsigned char word4[16]={0};


/****************************************************************
                           主函数
```

函数原型:void main(void)

函数功能:先对 LCD 显示器做初始化，接着调用 I^2C 软件包中的 ISendStr(uchar sla,uchar suba, uchar *s, uchar no) 向有子地址器件发送多字节数据函数，实现单片机与 AT24C02 的通信，并将数组写入目标地址；间隔一段时间后，调用 I^2C 软件包中的 IRcvStr(uchar sla, uchar suba, uchar *s, uchar no) 向有子地址器件读取多字节数据函数，实现单片机与 AT24C02 的通信，并从目标地址中读取数组，最终调用 LCD1602 软件包中的显示函数完成数据显示。

参数:无

**/

```
void main(void)
{
    LCD_init();                    //液晶屏初始化
    ISendStr(0xa0,0x00,word2,16);
                                   //将字符串连续写入 AT24C02 中以 0x00 起始的存储单元中
    delay(100);                    //软件延时
    IRcvStr(0xa0,0x00,word3,16);
                                   //连续读取 AT24C02 中以 0x00 起始的存储单元中存储的多字节数据
    while(1)
        {
        LCD_disp_cs(0,0,word1);    //第 1 组字符数据送首行从首位显示
        LCD_disp_cs(1,1,word3);    //第 2 组字符数据送第 2 行从第 2 位显示
        }
}
```

3）仿真结果

在 Keil 软件中对 C 程序代码进行编译链接，并生成可执行文件.hex，然后返回 Proteus 软件仿真原理图界面，将.hex 文件装载到 AT89C51 单片机中，单击 Play 按钮进入仿真状态。LCD1602 液晶显示器分两行显示字符串信息 "It's I^{2}C Serial Bus By AT24C02"，如图 8-16 所示；

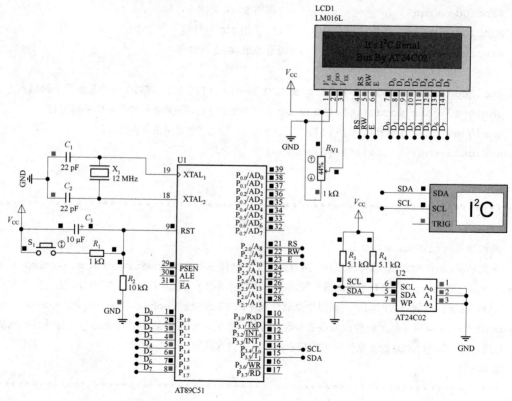

图 8-16　访问外部存储器并将信息送显示器显示

单片机遵循 I²C 总线通信协议访问外扩存储器芯片 AT24C02，I²C 总线数据的传输过程可以通过 I²C 调试器进行实时观测，如图 8-17 所示。

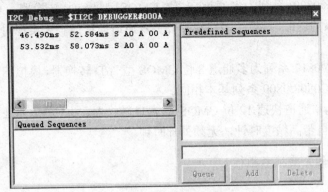

图 8-17　I²C 调试器观测总线通信过程

8.2.3　拓展与思考

（1）单片机如何实现对 I²C 总线接口器件的寻址。

（2）进一步实践 I²C 总线，考虑 AT89C51 单片机与 AT24C02 的数据传输，要求实现将数据"0x0f"写入 AT24C02 再读出送 P_1 口，P_1 口可以接 LED 灯来显示。以上实验可在 Proteus 软件中仿真实现。

8.3　A/D 转换与应用

8.3.1　A/D 转换原理与 ADC0809 概述

1. A/D 转换器的基本概况

单片机应用系统进行实时测量时，经常会对模拟量进行采集处理，如温度、压力、位移、速度、流量等，都是从时间到数值连续变化的典型模拟量，与此相对应的电信号称为模拟电信号。因单片机只能处理数字量，所以必须将这些模拟电信号转换成离散的数字信号，这样才能送给单片机进行相应的处理。A/D 转换器就是用于实现"模拟量"到"数字量"转换的器件。单片机应用系统进行模拟信号采集时，A/D 转换是信号采集通道中的一个重要环节。A/D 转换与数据采集配合从一个或几个信号源中采集模拟信号，并将这些信号转换为数字信号后才能输入单片机进行后续的处理。

A/D 转换芯片种类繁多，根据转换原理不同，可以分为逐次逼近式、双积分式、量化反馈式和并行式 A/D 转换器。目前比较常用的是双积分式 A/D 转换器和逐次逼近式 A/D 转换器。其中，双积分式 A/D 转换器的转换精度高，抗干扰性能好，价格便宜，但是转换速度较慢；逐次逼近式 A/D 转换器转换速度较快（转换时间为几微秒到几百微秒）、精度较高，且种类最多、数量最大，所以成为应用最广泛的转换器件。常用的逐次逼近式 A/D 转换器芯片有以下几种。

（1）ADC0801~0805 系列为单通道 8 位 MOS 型 A/D 转换器，单一+5 V 电源电压供电。

（2）ADC0808/0809 系列为多通道 8 位 CMOS 型 A/D 转换器，电路结构、性能与 ADC0801~0805 系列近似，增设了多路模拟开关及通道地址译码来实现对多路模拟信号分时采集与转换。

（3）ADC0816/0817 系列为多通道 8 位 CMOS 型 A/D 转换器，模拟信号输入通道增加至 16 个，性能与 ADC0808/0809 系列基本相同。

（4）AD574 为单通道快速 12 位 CMOS 型 A/D 转换器，±15 V（或±12 V）和 5 V 双电源电压供电，片内自带高精度时钟，无须外部时钟。

2. A/D 转换器的主要技术指标

1）分辨率

分辨率是指输出数字量变化一个单位数码所对应的输入模拟电压的变化量，习惯上用输出的二进制位数或 BCD 码位数表示。例如，分辨率为 8 位的 A/D 转换器，表示该转换器的输出数据可以用 2^8 个二进制数进行量化。分辨率用百分数表示为

$$\frac{1}{2^8} \times 100\% = \frac{1}{256} \times 100\% = 0.390\,6\%$$

故一个满刻度为 5 V 的 8 位 A/D 转换器能够分辨输入电压变化的最小值为 19.53 mV。

2）量化误差

量化误差是因为 A/D 转换器的有限分辨率，用有限数字对模拟量进行离散取值（量化）而引起的误差，理论上等于分辨率。

3）转换精度

转换精度反映出 A/D 转换器的一个实际量化值与一个理想 A/D 转换值的差值，可以表示为绝对误差和相对误差。

实际上即便是同一数字量，其模拟量输入也不是一个定值，而是一个范围。比如说，理论上 5 V 对应数字量 800H，而实际上 4.997~4.99 V 都产生数字量 800H，则绝对误差就是 (4.997+4.99)/2−5 = −2 mV，相对误差就是 |绝对误差|/5=0.002/5=0.04%。

4）转换时间与转换效率

A/D 转换时间表示 A/D 转换器完成一次转换所需要的时间。转换速率就是指能够重复进行数据转换的速度，即每秒转换的次数。转换速率与转换时间互为倒数。

3. ADC0808/0809 系列结构与性能

1）内部结构与引脚功能

ADC0808/0809 的内部逻辑结构如图 8-18 所示，图中多路选择开关可选通 8 个模拟通道，允许 8 路模拟量分时输入，共用一个 A/D 转换器进行转换。地址锁存与译码电路完成对 A、B、C 这 3 个地址信号的锁存和译码，经三−八译码电路译码输出，通过控制模拟开关，从而选中相应通道。内部核心部件是一个 8 位 A/D 转换器，完成将选通通道输入的模拟量转换成 8 位数字量，转换结果经三态输出缓冲器存储缓冲后输出到外部数据输出端。

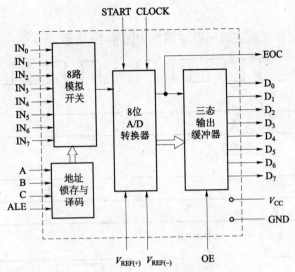

图 8-18 ADC0808/0809 的内部逻辑结构

ADC0808 芯片与 ADC0809 芯片引脚完全兼容，为 28 引脚双列直插式封装，引脚排列如图 8-19 所示。ADC0808/0809 引脚功能如下。

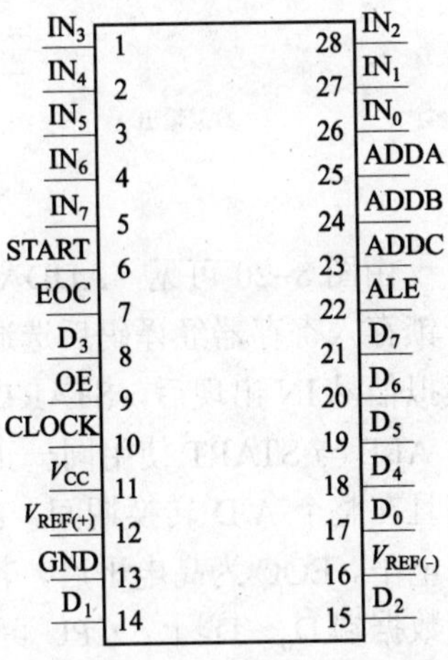

（1）$IN_0 \sim IN_7$：模拟信号输入通道，8 路。对输入模拟量的要求主要有：信号单极性，电压范围为 0～5 V，若信号过小，需要进行放大处理。另外，在 A/D 转换过程中，模拟量输入的值不应变化太快，对变化速度快的模拟量，在输入前应增加采样保持电路。

（2）$D_0 \sim D_7$：数据输出端，8 位，以三态缓冲形式输出，该数据线可以与单片机的数据线直接相连。

（3）ADDA、ADDB、ADDC：地址线。输入地址经译码后用于选择 8 路模拟通道。

图 8-19 ADC0808 引脚排列

（4）ALE：地址锁存信号输入端，上升沿有效，当此引脚输入一个正脉冲时，ADDA、ADDB、ADDC 输入的 3 位地址选择信号将锁存于地址寄存器内，经译码后选通相应通道。

（5）START：转换启动信号。此引脚需输入一个正脉冲。上升沿时，所有内部寄存器清零，下降沿时，开始进行 A/D 转换；A/D 转换期间，该引脚需保持低电平输入。

（6）CLOCK：时钟信号输入端，典型值为 640 kHz。

（7）EOC：转换结束状态信号，上升沿有效。EOC 输出低电平，表示正在进行 A/D 转换；EOC 输出从低电平跳变为高电平，表示转换结束。

（8）OE：输出允许信号，高电平有效。用于控制三态输出缓冲器向单片机输出转换得到的数据。

（9）V_{CC}：+5 V 电源。

（10）$V_{REF(+)}$、$V_{REF(-)}$：参考电压输入，是逐次逼近的基准，典型值 $V_{REF(+)}$=+5 V，$V_{REF(-)}$=0 V。

2）工作时序

ADC0808/0809 工作控制逻辑（时序图）如图 8-20 所示。

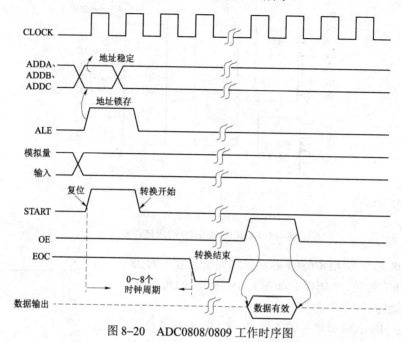

图 8-20　ADC0808/0809 工作时序图

由图 8-20 可见，ADDA、ADDB、ADDC 输入通道地址，地址锁存 ALE 有效时，将地址锁存入寄存器经译码后选通某一输入通道（地址信号与选择通道对应关系如表 8-6 所示），模拟信号 IN 出现后，START 引脚出现正脉冲信号，可启动 A/D 转换过程。一般情况下，允许 ALE 与 START 使用同一正脉冲；A/D 转换启动后，EOC 自动从初始高电平跳变为低电平，并且在整个 A/D 转换期间，EOC 始终保持低电平，转换结束后，EOC 自动从低电平跳变为高电平。EOC 为高电平后，若使得 OE 为高电平，转换结果 data 即可从三态输出缓冲器锁存到数据端 $D_0 \sim D_7$ 上。CPU 可以通过读取与 $D_0 \sim D_7$ 相连的数据线获取转换后的数字量 data，之后 OE 变为低电平，一次 A/D 转换过程结束。

表 8-6　ADC0808/0809 地址码与通道的对应关系

地址码			模拟通道编号	地址码			模拟通道编号
ADDA	ADDB	ADDC		ADDA	ADDB	ADDC	
0	0	0	IN_0	1	0	0	IN_4
0	0	1	IN_1	1	0	1	IN_5
0	1	0	IN_2	1	1	0	IN_6
0	1	1	IN_3	1	1	1	IN_7

3）应用步骤

（1）根据 A/D 转换芯片的引脚特性来设计与单片机的接口电路，如单片机采取并行接口电路来与外部扩展的 ADC0808/0809 芯片连接，即按照微机的"三总线"原则互连：单片机的地址总线与 ADC0808/0809 芯片的地址线对应相连；单片机数据总线与 ADC0808/0809 芯片的数据线对应相连；控制线根据信号特性需求进行配置。接口电路确定后，经地址译码计算得出各个模拟信号输入通道的 16 位绝对地址。

（2）A/D 转换器对观测变量进行有规律的周期采样时，须使用定时器进行周期定时，当定时器溢出时，启动 A/D 转换器开始一次 A/D 转换。

（3）当前一次 A/D 转换完成后，通过利用 EOC 引脚转换期间和转换结束后的状态变化，单片机 CPU 可以选择采用查询方式或中断方式对该状态变化进行处理，确认 A/D 转换完成，并读取 A/D 转换结果进行后续的程序处理，这样才算完成了一次 A/D 采样。

若 EOC 信号连接任意一 I/O 口线，单片机 CPU 可通过查询方式检测 A/D 是否完成当前一次转换处理，查询语句如下：

while（!INT0）;

while（INT0）;

若选择采取中断方式检测 A/D 是否完成当前一次转换处理，EOC 信号是上升沿状态，为了配合外部中断的有效触发方式，EOC 信号经非门处理后再与外部中断引脚 $\overline{INT_0}$ 或 $\overline{INT_1}$ 相连，且外部中断触发方式应采用下降沿触发方式，即 IT_0 或 IT_1 为 1，中断语句如下：

EX0=1;（或 EX1=1;）

EA=1;

IT0=1 ;　（或 IT1=1;）

void Adover_ser(void) interrupt 0 using 1

{

unsigned char a;

a=XBYTE[选通通道的 16 位绝对地址];

…(后续处理语句);

}

（4）随着定时器按照既定的时间周期有规律的溢出中断，A/D 采样周而复始地进行。

8.3.2　课堂实践

实例　单路数据采集

1. 具体任务

利用 ADC 与 51 单片机实现数据采集。

2. 目标与要求

采用 ADC0808 对某一路模拟信号进行采集处理，采样周期为 0.1 s，采样值经单片机处理进行必要的数值转换后送显示器显示，显示结果精确到小数点后两位。

3. 软件仿真

1）仿真电路设计与分析

AT89C51 单片机与扩展的模/数转换功能芯片 ADC0808 采用并行方式连接，接口参考电路如图 8-21 所示。Proteus 软件中绘制仿真参考电路所用到的元器件清单如表 8-7 所示。因单路电压信号由模拟信号输入端 IN_0 引入，通道选择地址线 ADDA、ADDB、ADDC 直接接地；为了简化电路，软件仿真时在 CLOCK 端直接提供一模拟时钟信号，频率为 1 000 kHz；地址锁存信号输入端 ALE 与启动 A/D 转换 START 端同时由 $P_{2.7}$ 与 $\overline{WR}$ 组合控制，读取 A/D 结果，输出允许控制端 OE 由 $P_{2.7}$ 与 $\overline{RD}$ 组合控制，尽管 ADC0808 系列芯片没有片选信号，但是 $P_{2.7}$ 控制了 $\overline{RD}$ 和 $\overline{WR}$ 信号的输出，起到了片选的作用。

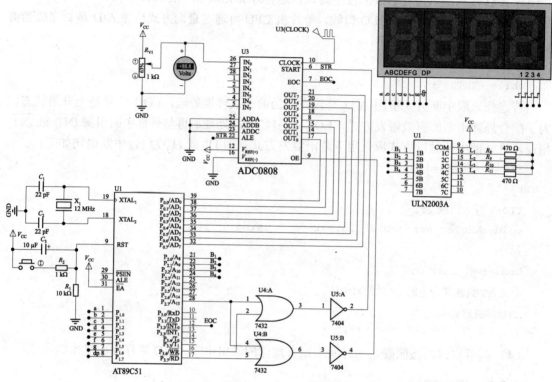

图 8-21 单路电压采集仿真参考电路

表 8-7 单路电压采集仿真参考电路元件清单

名称/编号	型号/参数	数量	用途
单片机（U2）	AT89C51	1	主控制器
晶振（X_1）	12 MHz	1	时钟
电容（C_1、C_2）	22 pF	2	时钟
电解电容（C_3）	10 μF/25 V	1	上电复位
电阻（R_1）	1 kΩ	1	手动复位
电阻（R_2）	10 kΩ	1	上电复位
电阻（$R_8 \sim R_{11}$）	470 Ω	4	上拉电阻
复位按键	RESET	1	手动复位
滑动变阻器（R_{V1}）	1 kΩ	1	调节输入电压
A/D 转换器（U3）	ADC0808	1	模/数转换

续表

名称/编号	型号/参数	数量	用途
非门（U1）	ULN2003A	1	驱动显示器
或门（U4）	7432	1	输入信号相或
非门（U5）	7404	1	输入信号取反
数码管显示器	7SEG–MPX4–CC	1	显示电压值

启动 A/D 转换：$P_{2.7}$ 引脚需保持低电平，$\overline{WR}$ 控制线输出低电平，即单片机执行一次向片外数据存储空间的写操作，语句如下：

XBYTE[0x7FF8]=data;

其中 0x7FF8 是经地址译码后确定的模拟信号输入 0 通道的 16 bit 绝对地址，data 为任意字节数据，与数值大小无关。

读取 A/D 转换结果：$P_{2.7}$ 引脚需保持低电平，$\overline{RD}$ 控制线输出低电平，即单片机执行一次向片外数据存储空间的读操作，语句如下：

x=XBYTE[0x7FF8];

其中 0x7FF8 是经地址译码后确定的模拟信号输入 0 通道的 16 bit 绝对地址，x 为字符型变量，用于存储当前一次转换结果。

显示电路由 4 联排 LED 数码管构成，采取动态显示方式与单片机端口相连。单片机 P_1 口线作为 a～dp 段选线，送段选码；$P_{2.0}$～$P_{2.3}$ 作为位选线，送位选码，用于选定当前唯一的一个显示位。

2）C 语言参考程序

```
/************************单路电压采集参考程序**************************/
#include <reg51.h>
#include <intrins.h>
#include <absacc.h>

#define PIN0  XBYTE[0X7FF8]
typedef unsigned char byte;
typedef unsigned int word;
bit Timer_flag;
byte Timer_count;
byte k2,l,i;
float result=0;
float result_reg;
int a,b,c,d,e,r;
unsigned char code tab[]={0x3f,0x06,0x5b,0x4f,0x66,0x6d,0x7d,0x07,0x7f,
        0x6f,0x77,0x7c,0x39,0x5e,0x79,0x71,0x73,0x3e,0x31,0x6e,0xff};


/*****************************************************************
```

延时函数

函数原型:void delay(word i)

参数:无

函数功能:设定一段时间的延时

**/

```
void delay(word i)
  { word j=0;
    while (j<i)
    j++;
  }
```

/**

A/D 转换函数

函数原型:void AD_Covert(void)

参数:无

函数功能:依次启动 A/D 转换、等待当前 A/D 转换结束、读取本次 A/D 转换结果、完成数字量信息的处理

**/

```
void  AD_Covert(void)
{
  PIN0=0xFF;
  while(INT0);
  while(!INT0);
  result_reg=PIN0;
  result=result_reg*5/255;
}
```

/**

数据处理函数

函数原型:void Data_change(void)

参数:无

函数功能:完成浮点型数据后续处理,分别提取浮点型数据的个位、小数点后一位以及小数点后两位

**/

```
void Data_change(void)
  {
    r=result*100;
    a=r/100;
    b=(r-a*100)/10;
    c=(r-a*100)%10;
```

}

/***
                        数码管动态显示函数
函数原型:void Display(int ax,bx,cx)
参数:无
函数功能：完成 3 位数码管动态显示控制,清屏、先 P_2 口送位选码,P_1 口后送段选码,依次完成小数点后两位数、小数点后一位数以及个位数
***/
void Display(int ax,bx,cx)
{
    P1=0x00;
    P2=0xf4;
    P1=tab[cx];
    delay(100);
    P1=0x00;
    P2=0xf2;
    P1=tab[bx];
    delay(100);
    P1=0x00;
    P2=0xf1;
    P1=tab[ax]+0x80;
    delay(100);
    P1=0x00;
}

/***
                              主函数
函数原型:void main(void)
参数:无
函数功能：采用 ADC0808(0809)对单路模拟信号进行采集,采样周期为 0.1s,采集到的电压值(0～5V)送数码管显示,精确到小数点后两位
***/
void main(void)
{
    TMOD=0x01;
    TH0=0xb0;
    TL0=0x3c;
    TR0=1;

```c
        ET0=1;
        EA=1;
       while(1)
       {
         if(Timer_flag==1)
         {
          Timer_flag=0;
          AD_Covert( );
          Data_change( );
          Display(a,b,c);
         }
       }
     }
```

/***
                        定时器 0 中断服务函数
函数原型:void timer0_int(void) interrupt 1 using 0
参数:无
函数功能：处理 50 ms 定时器中断
**/

```c
    void timer0_int(void) interrupt 1 using 0
    {
      TH0=0xb0;
      TL0=0x3c;
      Timer_count++;
      if(Timer_count==2)        /* 0.1 s 定时时间到*/
      {
       Timer_count=0;
       Timer_flag=1;
      }
    }
```

3）仿真结果

在 Keil 软件中对 C 程序代码进行编译链接，并生成可执行文件.hex，然后返回 Proteus 软件仿真原理图界面，将.hex 文件装载到 AT89C51 单片机中，单击 Play 按钮进入仿真状态。调节滑动变阻器 R_{V1}，电压表显示当前模拟输入电压 3.15 V，经 A/D 转换、单片机处理后送数码管显示，显示当前测量值为 3.15 V，与实际输入电压值相比较，误差为 0 V，符合预期测量精度要求，仿真结果如图 8-22 所示。二次调节滑动变阻器 R_{V1}，电压表显示当前模拟输入电压 0.55 V，经 A/D 转换，单片机处理后送数码管显示，显示当前测量值为 0.54 V，与实际输入电压值相比较，误差为 0.01 V，符合预期测量精度要求，仿真结果如图 8-23 所示。

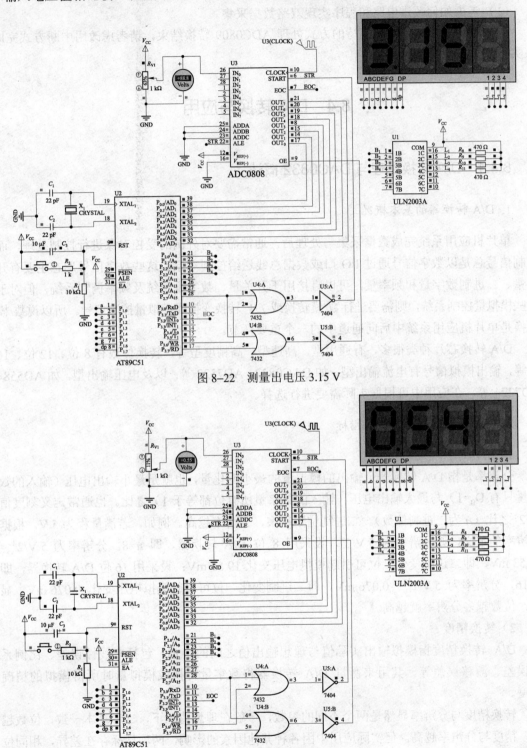

图 8-22 测量出电压 3.15 V

图 8-23 测量出电压 0.54 V

8.3.3 拓展与思考

（1）考虑如何改进电路和程序实现双路数据采集。
（2）以上是采用了延时等待的方式处理 ADC0809 转换结束，请考虑改用中断方式完成该实验任务。

8.4 D/A 转换与应用

8.4.1 D/A 转换原理与 DAC0832 概述

1. D/A 转换器的基本概况

单片机应用系统完成数据采集与处理后，通常需要对外围的受控对象进行控制处理，而控制信号总是以数字信号通过 I/O 口或数据总线送给控制对象。这些数字信号形态主要有开关量、二进制数字量和频率量，可以直接用于开关量、数字量系统及频率调制系统，但对于一些模拟量控制系统，则需要进行数/模转换或 f/V 转换变换成模拟量控制信号。所以说数/模转换是单片机应用系统中后向通道中的一个重要环节。

D/A 转换芯片种类很多，有通用型、高速型、高精度型等，转换位数有 8 位、12 位、16 位等，输出模拟信号有电流输出型，如 DAC0832、AD7522 等；以及电压输出型，如 AD558、AD7224 等，在应用中可根据实际需要进行选择。

2. D/A 转换器的主要技术指标

1）分辨率

分辨率是指 D/A 转换器可输出的模拟量的最小变化量，也就是最小输出电压（输入的数字量只有 $D_0=1$）与最大输出电压（输入的数字量所有位都等于 1）之比。也通常定义刻度值与 2^n 之比（n 为二进制位数）。二进制位数越多，分辨率越高。例如，若满量程为 5 V，根据分辨率的定义，则分辨率为 $5\text{ V}/2^n$。设采用 8 位 D/A 转换器，即 $n=8$，分辨率为 $5\text{ V}/2^8 \approx 19.53\text{ mV}$，即二进制变化一位可引起模拟电压变化 19.53 mV；设采用 16 位 D/A 转换器，即 $n=16$，分辨率为 $5\text{ V}/2^{16} \approx 0.076\text{ mV}$，即二进制变化一位可引起模拟电压变化 0.076 mV。显然，位数越多分辨率就越高。

2）转换精度

D/A 转换精度指模拟输出实际值与理想输出值之间的误差，包括非线性误差、比例系数误差、漂移误差等。其用来衡量 D/A 转换器将数字量转换成模拟量时所得模拟的精确程度。

转换精度与分辨率显然是两个不同的参数，一般在理想情况下，二者基本一致，位数越多，精度与分辨率越高。但实际应用中因各种其他因素的影响，两项指标存在差异，相同位数的不同转换器精度会有所不同。

3）影响精度的误差

影响精度的误差有失调误差、增益误差及线性误差。

失调误差也叫零位误差，是指当数字量输入全为"0"时，输出电压却不为 0 V，该电压值就称为失调误差，该值越大，误差就越大。

增益误差是指实际转换增益与理想增益之误差。

线性误差是描述 D/A 转换线性度的参数，指的是实际输出电压与理想输出电压之误差，一般用百分数表示。

4）转换速度

D/A 转换速度是指从二进制数输入到模拟量输出的时间，时间越短则说明转换速度越快，时间一般为几十到几百微秒。

5）输出电平范围

输出电平范围是当 D/A 转换器可输出的最低电压与可输出的最高电压的电压差值。常用的 D/A 转换器的输出范围是 0～+5 V、0～10 V、–2.5～+2.5 V、–5～+5 V 和–10～+10 V 等。

3. DAC0832 芯片的组成结构与性能

1）内部结构与引脚功能

DAC0832 是常用的 8 位 D/A 转换芯片，采用 CMOS 工艺制造，电流输出型，分辨率为 8 位，功耗为 20 mW，数字输入电平为 TTL 电平。其结构框图如图 8-24 所示。

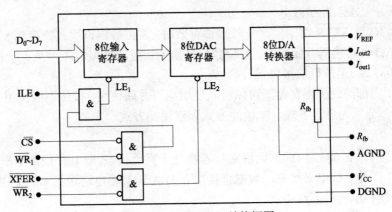

图 8-24 DAC0832 结构框图

DAC0832 芯片为 20 引脚双列直插式封装结构，引脚排列如图 8-25 所示。

各个引脚的功能说明如下。

$D_0 \sim D_7$：8 位数据输入线，用于数字量输入。

ILE：数字锁存允许信号，高电平有效，一般接 V_{CC}。

$\overline{CS}$：片选信号，低电平有效，与 ILE 组合决定 $\overline{WR_1}$ 是否有效。

$\overline{WR_1}$：输入锁存器写控制信号；当 $\overline{WR_1}$=0 且 ILE 和 $\overline{CS}$ 有效时，把输入数据锁存入输入寄存器；$\overline{WR_1}$、ILE、$\overline{CS}$

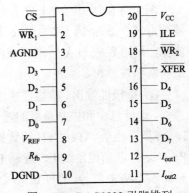

图 8-25 DAC0832 引脚排列

这 3 个控制信号构成了第一级输入锁存器命令。

$\overline{WR_2}$：DAC 锁存器写控制信号，低电平有效。该信号与 $\overline{XFER}$ 配合，当 $\overline{XFER}$ 有效时，可使得输入寄存器中的数据传送到 DAC 寄存器中，一旦数据进入 DAC 锁存器，D/A 转换即开始。

$\overline{XFER}$：DAC 锁存器选择信号，低电平有效，与 $\overline{WR_2}$ 配合，构成第二级 DAC 寄存器的输入锁存命令。

V_{REF}：基准参考电源输入，范围为 $-10 \sim +10$ V，一般接 V_{CC}。

R_{fb}：电流/电压转换放大器反馈信号输入端，与内部一反馈电阻相连，根据需要可外接反馈电阻 R_{fb}。

I_{out1}：电流输出端 1，其值随 DAC 锁存器内容线性变化。

I_{out2}：电流输出端 2，$I_{out1} + I_{out2} =$ 常数。

V_{CC}：电源输入端，一般为 $+5 \sim +15$ V。

AGND：模拟地。

DGND：数字地。

2）工作过程

DAC0832 工作过程如下。

（1）单片机执行输出指令，输出 8 位数据给 DAC0832。

（2）在单片机执行输出指令的同时，使 $\overline{WR_1}$、ILE、$\overline{CS}$ 这 3 个控制信号端都有效，8 位数据锁存在 8 位输入寄存器中。

（3）当 $\overline{WR_2}$、$\overline{XFER}$ 两个控制信号端都有效时，8 位数据再次被锁存到 8 位 DAC 寄存器，这时 8 位 D/A 转换器开始工作，8 位数据转换为相应的模拟电流，从 I_{out1} 和 I_{out2} 输出。

3）DAC0832 与单片机的接口设计

DAC0832 内部的两级寄存器既可以级联使用也可并联使用，按照不同使用方法，形成了 3 种接口方式，分别为直通方式、单缓冲方式和双缓冲方式。

（1）直通方式。

直通方式下，DAC0832 内部的两级寄存器都处于直通状态，即 ILE 接高电平、$\overline{CS}$、$\overline{WR_1}$、$\overline{WR_2}$ 和 $\overline{XFER}$ 都处于低电平状态，数据直接送入 D/A 转换器电路进行 D/A 转换。这种方式可用于一些无微控制器的系统中。

（2）单缓冲方式。

两个寄存器中的一个处于直通状态，输入数据只经过一级缓冲送入 D/A 转换器电路。单缓冲方式，适用于一路输出或几路输出不要求同步的系统。在这种方式下，只需执行一次写操作，即可完成 D/A 转换，可以提高 DAC 的数据吞吐量。单缓冲工作方式又分为单极性输出和双极性输出。

① 单极性输出。单极性输出电路如图 8-26 所示。DAC0832 与单片机接口时要进行数据总线、地址总线和控制总线的连接。对于 8 位数据总线的 AT89C51，DAC0832 的数据线 $D_7 \sim D_0$ 可直接连至 AT89C51 的数据总线。片选信号线 $\overline{CS}$ 和数据传送控制信号线 $\overline{XFER}$ 都接到 $P_{2.7}$，这样，当地址线 $P_{2.7}$ 选通 DAC0832 后（线选方式，DAC0832 的端口地址为 7FFFH），只要输出 $\overline{WR}$ 信号，则 DAC0832 就能一步完成数字量的输入锁存和 D/A 转换输出。在图 8-26 所示电路中，V_{CC}、V_{REF} 和 ILE 都连接到 +5 V 电源，从而使参考电压 V_{REF} 为 +5 V，使 ILE 保

持有效的高电平。

若 8 位数字输入量为 D_i，则图 8-26 中输出电压 $V_o = -\dfrac{V_{REF}D_i}{256}$。

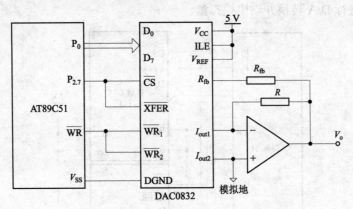

图 8-26　DAC0832 工作单极性单缓冲方式

② 双极性输出。双极性输出电路如图 8-27 所示。

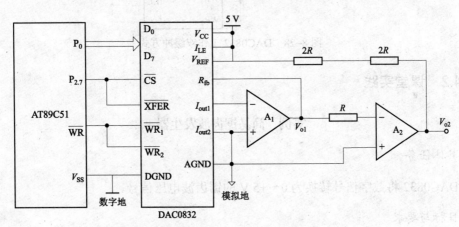

图 8-27　DAC0832 工作双极性单缓冲方式

依据电路连接可推导出

$$V_{o2} = (D - 2^7) \times \dfrac{V_{REF}}{2^7}$$

当 $D=127$ 时，$V_{o2} = V_{REF} - 1LSB$。

当 $D=-127$ 时，$V_{o2} = -(V_{REF} - 1LSB)$。

分辨率比单极性时降低 1/2（最高位作为符号位，只有 7 位数字位）。

（3）双缓冲方式。

数据通过两个寄存器锁存后送入 D/A 转换电路，执行两次写操作才能完成一次 D/A 转换。这种方式特别适用于要求同时输出多个模拟量的场合。由两片 DAC0832 组成的双缓冲系统如图 8-28 所示。

D/A 转换器的双缓冲方式可以使两路或多路并行 D/A 转换器同时输出模拟量。AT89C51

单片机口线 $P_{2.5}$ 控制第一片 DAC0832 的输入锁存器，地址为 DFFFH，用单片机口线 $P_{2.6}$ 控制第二片 DAC0832 的输入锁存器，地址为 BFFFH，以上为第一级缓冲，如图 8-28 所示。然后，用单片机口线 $P_{2.7}$ 同时控制两片 DAC0832 的第二级缓冲，地址为 7FFFH，这时两片 DAC0832 同时进行 D/A 转换并输出模拟量。

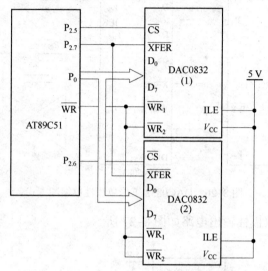

图 8-28 DAC0832 工作双缓冲方式

8.4.2 课堂实践

实例 简易锯齿波发生器

1. 具体任务

用 DAC0832 将数字信号转换为 0～+5 V 的锯齿波电压信号。

2. 目标与要求

单片机以并行扩展方式连接 DAC0832 芯片，构成一简易锯齿波波形发生器，电压峰值在 0～+5 V 范围内可调，波形周期（或频率）可调。

3. 软件仿真

1）仿真电路设计与分析

AT89C51 单片机与扩展的模/数转换功能芯片 ADC0808 和数/模转换功能芯片 DAC0832 采用并行方式连接，接口参考电路如图 8-29 所示（复位电路在 Proteus 软件仿真时可缺省）。DAC0832 工作方式选用单极性缓冲方式，图中 V_{CC}、ILE 都连接到+5 V 电源，使得 ILE 保持有效的高电平，参考电压 V_{REF} 为滑动变阻器 R_{V1} 的滑动端子的分压值，变化范围为 0～+5 V，添加直流电压表观测当前电压值，调节滑动变阻器 R_{V1} 可以设置输出的最大电压值。图中 $\overline{CS}$、$\overline{XFER}$ 连接到 $P_{2.7}$ 引脚，那么 DAC0832 的逻辑地址为 0x7FFF，相当于一个片外存储器单元，后续可以使用由 "absacc.h" 头文件所定义的指令 "XBYTE[unsigned int]" 来实现对 DAC0832

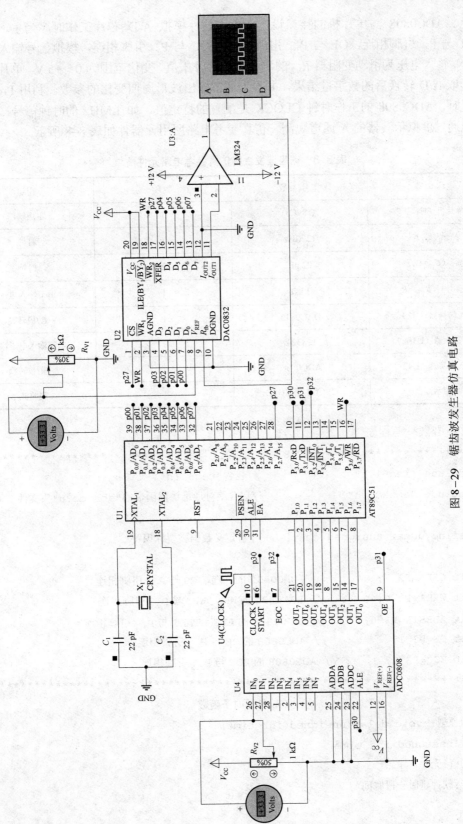

图 8-29 锯齿波发生器仿真电路

的寻址。ADC0808 与单片机的接口设计考虑以软件模拟 A/D 芯片工作时序为主，ALE、START 与 $P_{3.0}$ 引脚相连，OE 与 $P_{3.1}$ 引脚相连，EOC 与 $P_{3.2}$ 引脚相连，模拟信号输入 0 通道引脚 IN_0 输入电压为滑动变阻器 R_{V2} 的滑动端子的分压值，变化范围为 0～+5 V。单片机通过 P_1 口读取 A/D 转换后的数字量结果，并作为调节输出波形周期变化的参数。利用 Proteus 软件仿真时，ADC0808 的工作时钟 CLOCK 是配置的特定值，如 1 MHz 的时钟信号。图中输出波形通过虚拟示波器的 A 通道观测。仿真参考电路所用元器件如表 8-8 所示。

表 8-8　锯齿波发生器仿真参考电路元件清单

名称/编号	型号/参数	数量	用途
单片机（U1）	AT89C51	1	主控制器
晶振（X_1）	12 MHz	1	时钟
电容（C_1、C_2）	22 pF	2	时钟
滑动变阻器（R_{V1}、R_{V2}）	1 kΩ	1	调节输入电压
D/A 转换器（U2）	DAC0832	1	数/模转换
运算放大器（U3:A）	LM324	1	电流输入电压输出
A/D 转换器（U4）	ADC0808	1	模/数转换
虚拟示波器	OSCILLOSCOPE	1	观测波形

2）C 语言参考程序

```c
/*********************DAC0832 锯齿波发生器参考程序*********************/
#include "reg51.h"              //包含"reg51.h"头文件
#include "absacc.h"             //包含绝对地址访问函数的"absacc.h"头文件

#define uchar unsigned char     //自定义数据类型标识符

sbit CSDA=P2^7;         //DAC0832 的片选端 CS 与 P2.7 引脚相连
sbit WRDA=P3^6;         // DAC0832 的 WR1、WR2 与 P3.6 引脚相连
sbit ALESTR=P3^0;       // ADC0808 的 ALE、START 与 P3.0 引脚相连
sbit OE=P3^1;           // ADC0808 的 OE 与 P3.1 引脚相连
sbit EOC=P3^2;          // ADC0808 的 EOC 与 P3.2 引脚相连
/****************************************************************
                        软件延时子函数
函数原型: void delay(unsigned int time)
参数:unsigned int time
返回值:无
功能:软件延时一段时间
```

**/

```c
void delay(unsigned int time)
{
  while(time!=0)
  {
    unsigned int i;
    for(i=0;i<100;i++);
    time--;
  }
}
```

/**

A/D 转换子函数

函数原型：uchar ADC0808(void)

参数：无

返回值：uchar 型数据，当前一次 A/D 转换的数字量结果

功能：软件模拟 ADC0808 芯片各控制信号的工作时序，实现地址锁存，启动对通道 0 输入模拟电压的 A/D 转换，查询转换结束标志信号 EOC 的变化，检测到其从低电平到高电平的跳变后立即使能输出允许信号 OE，当前转换结果数字量 D 呈现到数据输出线 $OUT_0 \sim OUT_7$，单片机通过读取 P_1 口获取本次数字量并存储到 uchar 型变量 dat，然后返回该变量

**/

```c
uchar ADC0808(void)
{
  uchar dat;
  P1=0xff;                  //P₁口初始化
  ALESTR=0;                 //ALE、START 引脚初始为低电平
  delay(10);                //ALE、START 引脚当前电平保持一段时间
  ALESTR=1;                 // ALE、START 引脚变化为高电平
  delay(10);                //电平状态保持
  ALESTR=0;                 // ALE、START 引脚变化为低电平,产生一次高电平脉冲
  delay(10);                //电平状态保持
  while(EOC);               //检测到一个下降边沿
  while(!EOC);              //检测到一个上升边沿,标志当前一次 A/D 转换结束
  OE=1;                     //输出允许端 OE 为高电平,数字量从输出缓冲器输出到数据线上
  dat=P1;                   //读 P₁口获取本次 D/A 转换的数字量结果
  OE=0;                     //OE 恢复低电平
```

```
    return dat;      //返回本次D/A转换的数字量结果
}
```

/**

主函数

函数原型：void main()

参数：无

返回值：无

功能：完成变量初始化，配置控制信号选中 DAC0832 工作，并将不断增加的数据通过单片机 $P_{0.0}$~$P_{0.7}$ 端口输出，实现 DAC0832 输出电压是逐渐上升的锯齿波波形，调用 A/D 转换子函数获取当前 A/D 转换的数字量结果用来调节相邻两次 D/A 转换之间的间隔时间，即调节锯齿波的周期值

***/

```
void main()
{
  uchar i,datms;         //变量定义
  CSDA=0;                //输出低电平以选中DAC0832
  WRDA=0;                //输出低电平以选中DAC0832
  while(1)
  {
    for(i=0;i<256;i++)
    {
        XBYTE[0x7fff]=~i;      //通过P₀口将数据 i 送入片外地址 7FFFH
        datms=ADC0808();       //读取A/D转换的数字量结果
        while(datms--);        //datms 的值可以改变锯齿波周期
    }
  }
}
```

3）仿真结果

在 Keil 软件中对 C 程序代码进行编译链接，并生成可执行文件.hex，然后返回 Proteus 软件仿真原理图界面，将.hex 文件装载到 AT89C51 单片机中，单击 Play 按钮进入仿真状态。调节滑动变阻器 R_{V1}，电压表显示 DAC0832 的参考电压 V_{REF} 电压为 5 V，显然锯齿波的峰值电压最大为 5 V；调节滑动变阻器 R_{V2}，电压表显示模拟通道 0 输入电压值为 0 V，单片机通过 P_1 口读取当前 A/D 转换数字量进行后续处理。仿真结果如图 8-30 和图 8-31 所示。

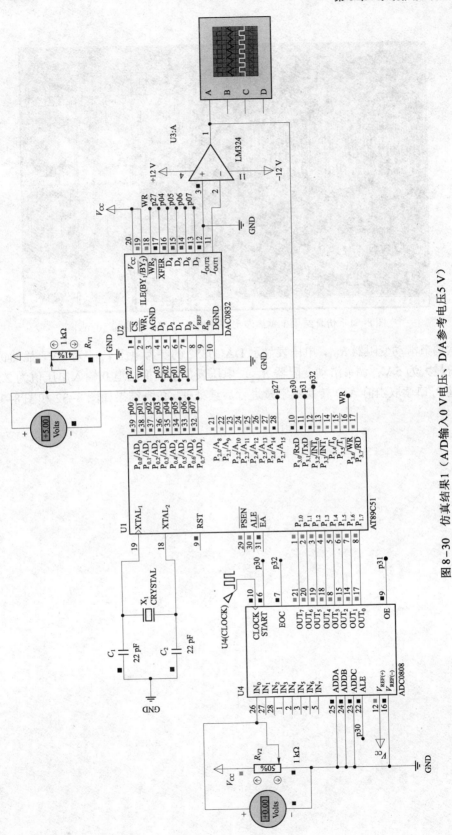

图 8-30 仿真结果1（A/D 输入 0 V 电压，D/A 参考电压 5 V）

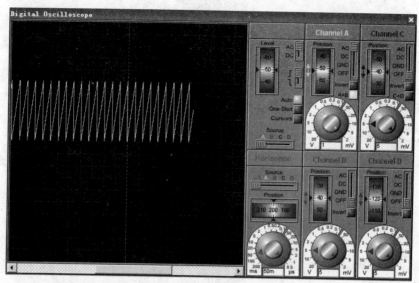

图 8-31 仿真结果 1 锯齿波形（幅值 0～5 V、周期约 50 ms）

再次调节滑动变阻器 R_{V1}，电压表显示 DAC0832 的参考电压 V_{REF} 为 5 V，显然锯齿波的峰值电压最大为 5 V；调节滑动变阻器 R_{V2}，电压表显示模拟通道 0 输入电压值为 2.5 V，单片机通过 P_1 口读取当前 A/D 转换数字量进行后续处理。仿真结果如图 8-32 和图 8-33 所示。

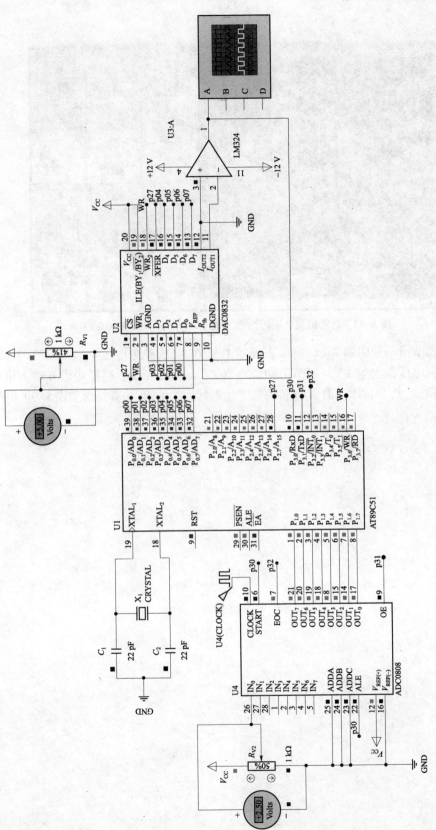

图 8-32 仿真结果 2（A/D 输入 2.5 V 电压，D/A 参考电压 5 V）

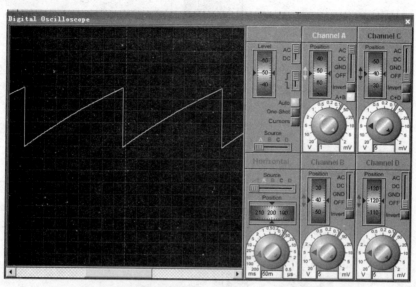

图 8-33 仿真结果 2 锯齿波形（幅值 0～5 V、周期约 0.4 s）

第三次调节滑动变阻器 R_{V1}，电压表显示 DAC0832 的参考电压 V_{REF} 电压为 2 V，显然锯齿波的峰值电压最大为 2 V；调节滑动变阻器 R_{V2}，电压表显示模拟通道 0 输入电压值为 2.5 V，单片机通过 P_1 口读取当前 A/D 转换数字量进行后续处理。仿真结果如图 8-34 和图 8-35 所示。

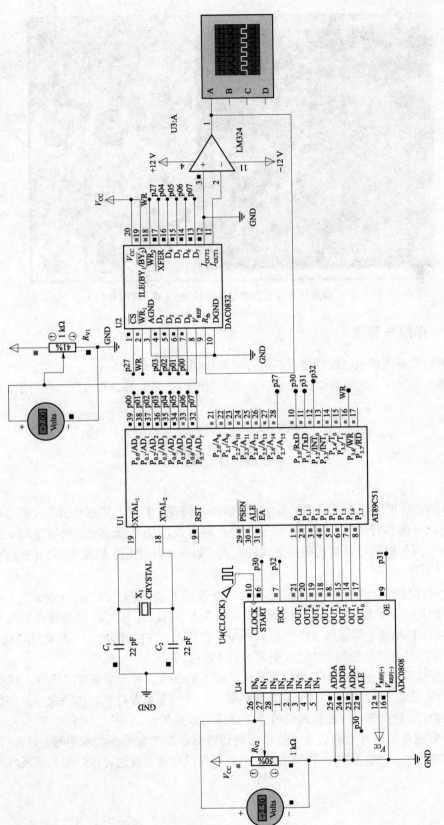

图 8-34 仿真结果 3（A/D 输入 2.5 V 电压，D/A 参考电压 2 V）

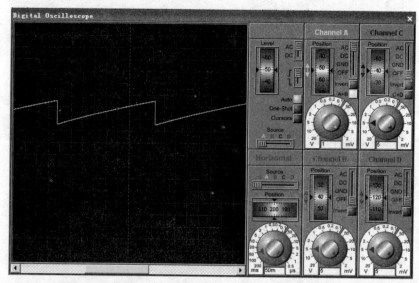

图 8-35 仿真结果 3 锯齿波形（幅值 0~2 V、周期 0.4 s）

8.4.3 拓展与思考

（1）考虑如何改进电路或程序提高信号周期和频率的分辨率。

（2）参考实例中的电路，尝试让系统输出矩形波、正弦波等信号波形，且周期、幅度值可调。

本 章 小 结

单片机的系统扩展分为资源扩展与功能扩展两种情况，扩展时根据外围芯片的总线结构形式的不同，分为并行扩展、串行扩展这两种扩展方式，从而设计出不同的接口电路，用于单片机与外围扩展芯片或功能电路之间的互连，以便实现地址、数据和控制信号的传输、交互。

扩展数据存储器 RAM 和单片机内部 RAM 在逻辑上是分开的，二者分别编址，使用不同的数据传送指令。扩展并行 SRAM 时，需要外置锁存器芯片分离 P_0 口分别作为低 8 位地址线与数据线，控制线主要采用 ALE、$\overline{RD}$、$\overline{WR}$。扩展串行 EEPROM 时，必须利用 MCS-51 单片机的 I/O 口结合软件模拟的方法扩展其串行 I^2C 总线。

对于具有模拟信号采集的单片机应用系统，A/D 转换接口是一个重要的环节。ADC0808/0809 系列为多通道 8 位 CMOS 型 A/D 转换器，单片机采取并行接口电路来与外部扩展的 ADC0808/0809 芯片连接，即遵循微机的"三总线"原则互连。

单片机完成控制运算处理后，一般由后向通道对控制对象输送控制信号，D/A 转换是其中一项重要环节。在选取 D/A 转换器时，主要考虑以位数表现的转换精度和转换时间两个指标。

习 题

8.1 简述 MCS-51 单片机进行并行扩展时，采用的微型机三总线结构的基本形式。
8.2 I^2C 总线上主从器件建立有效通信连接以及完成读写操作有哪几个步骤？
8.3 MCS-51 单片机 I/O 口如何模拟 I^2C 总线时序完成数据传输？
8.4 简述 A/D 转换器、D/A 转换器在单片机应用系统中的作用。
8.5 简述逐次逼近式 A/D 转换器的基本实现原理。
8.6 单片机应用系统设计时，选择 A/D 转换器时主要考虑哪几个技术指标？
8.7 多路数据采集时，A/D 转换控制的基本过程是什么？
8.8 简述 DAC0832 的 3 种接口方式，即直通方式、单缓冲方式和双缓冲方式的差异。

第 9 章

单片机应用系统设计

前面章节分别介绍了单片机的工作原理、程序设计方法、扩展技术和接口技术等,有了这些方面的基础知识,便可以进行单片机应用系统的设计和开发。单片机应用系统从提出任务到正式投入运行的过程,称为单片机应用系统的设计与开发,也称为单片机应用系统的研制。

由于单片机的应用领域非常广泛且技术要求各不相同,所以单片机应用系统的硬件、软件设计各不相同,但是总体设计方法和开发步骤都是类似的。本章将针对常见的单片机应用系统,介绍单片机应用系统的一般开发流程、抗干扰技术和程序调试技术,同时通过两个项目实践案例进行了应用系统分析的详细介绍。

9.1 单片机应用系统开发流程

图 9-1 所示为单片机应用系统的设计和开发流程,主要包括以下几个步骤。

1. 明确任务和需求分析以及拟定方案总体设计

在接受单片机应用系统的研制任务后,必须明确系统的功能要求,综合考虑系统的先进性、可靠性、可维护性和成本、经济效益,再考虑同类产品的资料,提出合理可行的技术指标。

需求分析的内容主要包括被测控参数的形式(电量、非电量、模拟量、数字量等)、被测控参数的范围、性能指标、系统功能、工作环境、显示、报警、打印要求等。

明确系统所要完成的任务十分重要,它是设计工作的基础,也是设计方案正确性的保障。注意,在进行设计方案确定的时候,简单的方法往往可以解决大问题,切忌将简单的问题复杂化。

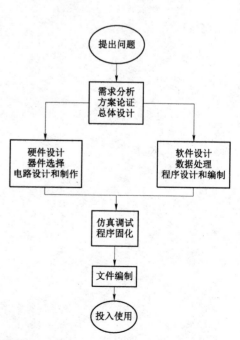

图 9-1 单片机应用系统的设计和开发流程

2. 硬件设计、器件选择，电路设计与制作

根据拟定的设计方案，设计出相应的系统硬件电路。采用什么型号的 CPU、是否需要扩展存储器和外部接口的类型，如数据输入、数据输出、A/D、D/A、键盘、显示、打印和通信接口及其实现方法。硬件设计的前提是必须能够完成系统的要求和保证可靠性。在硬件设计时，如果能够将硬件电路设计与软件设计结合起来考虑效果会更好。因为当有些问题在硬件电路中无法完成时，可直接由软件来完成（如某些软件滤波、校准功能等）；当软件编写程序很麻烦的时候，通过稍稍改动硬件电路（或尽可能不改动）可能会使软件变得十分简单。另外，在一些要求系统实时性强、响应速度快的场合，则往往必须用硬件代替软件来完成某些功能。所以在硬件电路设计时，最好能够与软件的设计结合起来，统一考虑，合理地安排软、硬件的比例，使系统具有最佳的性价比。当硬件电路设计完成后，就可进行硬件电路板的绘制和焊接工作了。

器件的选型应符合应用系统精度、速度和可靠性等方面的要求。

注意：在对硬件电路进行详细设计时，尽量采用可靠技术、标准接口，并留有裕量。在印制电路板、面包板、机箱和连线等设计时，要充分注意到安装、调试和维护的方便。

3. 软件设计、数据处理、程序设计和编制

根据问题的定义，描述各个输入变量和各个输出变量之间的数学关系，即建立相应的数学模型。根据系统功能和操作过程，设计程序流程图。

正确的编程方法就是根据需求分析，先绘制出软件的流程图，该环节十分重要。流程图的绘制往往不是一次性成功的，通常需要进行多次的验证与修改。流程图的绘制可以按照由总到分的方式逐步细化，先绘制系统大体上需要执行的程序模块，然后将这些模块按照要求组合在一起，在大框架没有问题后，再将每个模块进行细化，最后形成软件流程图，这样程序的编写速度就会大大提高，同时程序的流程图还会为后面的调试工作带来方便，如程序调试中某个模块不正常，就可以通过流程图来查找问题的原因。软件编写者一定要克服不绘制流程图直接在计算机上编写程序的习惯。

在满足应用系统要求的前提下，某些功能应尽量由软件承担，这样可以降低整个设计产品的成本。软件的设计应采用模块化，以提高程序的可读性和容错性。

4. 仿真调试及软硬件联合调试

在设计之初，设计者也可以先将设计好的软、硬件产品通过虚拟仿真开发工具 Proteus 来进行单片机系统的仿真设计。使用 Proteus 完成单片机系统设计与用户样机在硬件上无任何的联系，这是一种完全用软件手段来对单片机硬件电路和软件进行设计、开发、仿真调试的开发工具。将一个单片机的软、硬件系统，先使用软件虚拟仿真工具进行系统设计并仿真调试通过，虽然还不能说明实际系统就能完全通过，但至少在逻辑上是行得通的。系统虚拟仿真通过后，再进行软、硬件设计和实现，可大大减少设计所走的弯路，软件编写调试与硬件设计同步进行，可大大提高设计效率，这也是目前世界上广泛流行的一种开发设计方法。

软、硬件系统虚拟设计仿真调试通过后，再使用硬件仿真开发工具（在线仿真器）与用户样机进行实际的联合调试，把软件和硬件中的错误全部排除。将调试通过的应用程序固化

到程序存储器中,或者固化到单片机中。固化应用程序结束后,就可以插入到应用系统中运行测试,确定系统没有问题,便可以投入批量生产了。

注意:所有的软件和硬件电路全部调试通过,并不意味着单片机系统的设计成功,还需要通过实际运行来调整系统的运行状态。例如,系统中的 A/D 转换结果是否正确,如果不正确,是否要调零和调整基准电压等。

5. 资料与文件整理编制

文件不仅是设计工作的结果,而且是以后使用、维护以及进一步再设计的依据。因此,一定要精心编写、描述清楚,使数据及资料齐全。

资料与文件主要包括:任务描述和需求分析;设计指导思想及设计方案论证;性能测试及试用报告;使用手册;硬件资料(电路原理图、元件布置图及接线图、接插件引脚图、印制电路板图等);软件资料(程序流程图、子程序使用说明、地址分配、程序清单等)。

9.1.1 硬件设计

在硬件电路的设计中,为使设计尽量合理,应重点考虑以下几个方面。

1. 单片机的选型

(1) 从芯片本身集成角度考虑。随着集成电路技术的飞速发展,单片机的集成度越来越高,许多外围部件都已集成在芯片内,有许多单片机本身就是一个系统,这样可以省去许多外围部件的扩展工作,使设计工作大大简化。用户可以根据设计任务的需求,选择合适资源的机型。

(2) 程序存储空间 ROM 容量的考虑。优先选用片内带有较大闪存容量 Flash 存储器的产品。例如,使用 Atmel 公司的 AT89S52/AT89S53/AT89S54/AT89S55 系列产品、Philips 公司的 89C58(内有 32 KB 的 Flash 存储器)产品等,可省去扩展片外程序存储器的工作,减少芯片数量,缩小系统的体积。

(3) 数据存储器 RAM 容量的考虑。大多数单片机内的 RAM 单元有限,当需要增强软件数据处理功能时,往往觉得不足,这时可选用片内具有较大 RAM 容量的单片机,如 PIC18F452。

(4) 对 I/O 端口的考虑。设计之初要保留一些裕量。在用户样机研制出来进行现场试用时,往往会发现一些被忽视的问题,而这些问题是不能单靠软件措施来解决的。例如,有些新的信号需要采集,就必须增加输入检测端;有些物理量需要控制,就必须增加输出端。如果在硬件设计之初就多设计一些备用 I/O 接口,这些问题就会迎刃而解了。

(5) 预留 A/D 和 D/A 通道。和 I/O 端口原因类似,留有一些 A/D 和 D/A 通道将来可能会解决大问题。

2. 以软代硬

原则上,只要软件能做到且能满足性能要求,就不用硬件。硬件多了不但增加成本,而且系统故障率也会提高。以软件代硬件的实质,就是以时间换空间,软件执行过程需要消耗时间,因此这种替代带来的问题是系统实时性下降。在实时性满足要求的场合,为了降低成本，以软代硬是合算的。

3. 工艺设计

工艺设计包括机箱、面包板、配线、接插件等。必须考虑到安装、调试、维修的方便。另外，硬件抗干扰措施（将在 9.1.3 小节介绍）也必须在硬件设计时一并考虑进去。

9.1.2 软件设计

在进行应用系统的总体设计时，软件设计和硬件设计应统一考虑，相互结合进行。当系统的硬件电路设计定型后，软件的任务也就明确了。

一般来说，软件的功能分为两大类：一类是执行软件，它能完成各种实质性的功能，如测量、计算、显示、打印、输出控制等；另一类是监控软件，它是专门用来协调各执行模块和操作者的关系，在系统软件中充当组织调度的角色。设计人员在进行程序设计时应从以下几个方面加以考虑。

（1）根据软件功能的要求，将系统软件分成若干相对独立的部分，设计出合理的软件总体结构，使其清晰、简洁、流程合理。

（2）各功能模块实行模块化、子程序化，既便于调试、链接，又便于移植、修改。

（3）在编写应用软件之前，应绘制出程序流程图。多花一些时间来设计程序流程图，就可以节约几倍于源程序的编辑和调试时间。

要合理分配系统资源，包括 ROM、RAM、定时器/计数器、中断源等。其中最关键的是片内 RAM 的分配。对 AT89C52 单片机来讲，片内 RAM 指 00H～FFH 单元，这 256 个字节的功能不完全相同，分配时应充分发挥其特长，做到物尽其用。例如，在工作寄存器的 8 个单元中，R_0 和 R_1 具有指针功能，是编程的重要角色，避免作为他用；20H～2FH 这 16 个字节具有位寻址功能，用来存放各种标志位、逻辑变量、状态变量等；设计堆栈区时应事先估算出子程序和中断嵌套深度及程序中堆栈操作指令使用情况，其大小应留有裕量。若系统中扩展了 RAM 存储器，应把使用频率最高的数据缓冲器安排在片内 RAM 中，以提高系统的处理速度。当 RAM 资源规划好后，应列出一张详细的 RAM 资源分配表，以备编程时查用方便。

9.1.3 系统抗干扰技术

随着单片机应用系统的广泛应用，单片机系统的可靠性越来越受到使用者的关注。单片机系统的可靠性是由多种因素决定的，其中系统抗干扰性能的好坏是直接影响系统可靠性的重要因素。因此，研究抗干扰技术，提高单片机系统的抗干扰性能，是本节要研究的内容。本节将从干扰源的来源、硬件、软件以及电源系统、接地系统等各方面研究分析并给出有效可行的解决方案，同时还对软件的抗干扰措施进行介绍。

1. 干扰的来源

一般把影响单片机测控系统正常工作的信号称为噪声，又称干扰。在单片机系统中，如果出现干扰，就会影响指令的正常执行，造成控制事故或控制失灵，在测量通道中产生干扰，使测量产生误差，电压的冲击有可能使系统遭到致命的破坏。

环境对单片机控制系统的干扰一般都是以脉冲的形式进入系统的，干扰窜入单片机系统的渠道主要有3条，如图9-2所示。

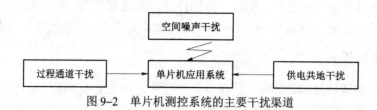

图9-2 单片机测控系统的主要干扰渠道

1）空间噪声干扰

空间噪声干扰来源于广播电视台或通信发射台发出的高频电磁波，周围的电气设备如发动机、晶闸管逆变电源、中频炉等发出的磁干扰和电干扰；空中雷电，甚至地磁场的变化也会引起干扰。这些空间辐射干扰会使单片机应用系统失控，以至于不能正常工作。

2）供电共地干扰

由于工业现场运行的大功率设备众多，特别是大感性负载设备的启停会使得电网电压大幅度涨落（浪涌），工业电网电压的欠压或过压常常达到额定电压的±15%以上。这种状况有时长达几分钟、几小时甚至几天。由于大功率开关的通断、电机的启停、电焊等原因，电网上常常出现几百伏甚至几千伏的尖脉冲干扰。

当系统需要始端与末端同时接地时，由于两端接地电位不同及电缆外皮电阻的存在，在两地之间引起50 Hz的地电位差，从而产生干扰信号电压。当干扰信号被叠加在单片机应用系统信号上时，系统工作不正常。

3）过程通道干扰

为了达到数据采集或实时控制的目的，开关量输入/输出、模拟量输入/输出是必不可少的。在工业现场，这些输入/输出的信号线和控制线多至几百条甚至几千条，其长度往往达几百米或几千米，因此不可避免地将干扰引入单片机系统。当有大的电气设备漏电、接地系统不完善或者测量部件绝缘不好时，都会使通道中直接串入干扰信号；各通道的线路如果同出一根电缆中或绑扎在一起，各路间会通过电磁感应而产生瞬间的干扰，尤其是0~15 V的信号与交流220 V的电源线同套在一根长达几百米的管中其干扰更为严重。这种彼此感应产生的干扰其表现形式仍然是通道中形成干扰电压。这样，轻者会使测量的信号发生误差，重者会使有用的信号完全淹没。有时这种通过感应产生的干扰电压会达到几千伏以上，使单片机系统无法工作。

以上3种干扰以来自供电系统的干扰最甚，其次为来自过程通道的干扰。对于来自空间的辐射干扰，可以通过加适当的屏蔽及接地方式来解决。

2. 供电系统干扰及其抗干扰措施

任何电源及输电线路都存在内阻，正是这些内阻才引起了电源的噪声干扰。如果没有内阻，无论何种噪声都会被电源短路吸收，在线路中不会建立起任何干扰电压。

单片机系统中最重要、危害最严重的干扰源来源于电源。在某些大功率耗电设备的电网中，经对电源检测发现，在50 Hz正弦波上叠加有很多逾1 000 V的尖峰电压。

1)电源噪声来源、种类及危害

如果把电源电压变化持续时间定义为Δt,那么,根据Δt的大小可以把电源干扰分为以下几种。

(1)过压,欠压,停电,$\Delta t > 1$ s。

(2)浪涌、下陷,1 s $> \Delta t >$ 10 ms。

(3)尖峰电压,Δt为μs量级。

(4)射频干扰,Δt为ms量级。

(5)其他,半周内的停电或者过欠压。

2)供电系统的抗干扰设计

单片机测控系统的供电,常常是一个棘手问题,单单一台高质量的电源不足以解决干扰和电压波动问题,必须完整地设计整个电源供电系统。

逻辑电路是在低电压、大电流下工作,对电源的分配必须引起注意,譬如一条 0.1 Ω 的电源线回路,对于 5 A 的供电系统,就会把电源电压从 5 V 降到 4.5 V,以致不能正常工作。另外工作在极高频率下的数字电路,对电源线有高频要求,所以一般电源线上的干扰是数字系统最常出现的问题之一。

电源分配系统首要的就是良好的接地,系统的地线必须能够吸收来自所有电源系统的全部电流。应该采用粗导线作为电源连接线,地线应尽量短而直接走线;对于插件式线路板,应多给电源线、地线分配几个沿插头方向均匀分布的插针。

在单片机系统中,为了提高供电系统的质量,防止窜入干扰,建议采用图 9-3 所示的供电配置并采取以下措施。

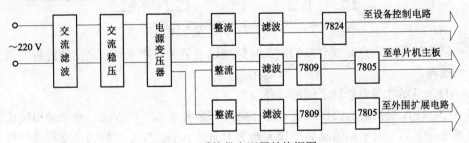

图 9-3 系统供电配置结构框图

(1)交流进线端加交流滤波器,可滤掉高频干扰,如电网上大功率设备启停造成的瞬间干扰。市场上的滤波器产品有一级、二级、多级滤波器之分,安装时外壳要加屏蔽并良好接地,进出线要分开,防止感应和辐射耦合。低通滤波器仅允许 50 Hz 交流电通过,对高频和中频干扰有良好的衰减作用。

(2)要求高的系统加交流稳压器。

(3)采用具有静电屏蔽和抗电磁干扰的隔离电源变压器。

(4)采用集成稳压块两级稳压。目前市场上集成稳压器有许多种,如提供正电源的 7805、7812、7820、7824 以及提供负电压的 79 系列稳压器,它们内部是多级稳压电路,采用两级稳压效果好。例如,主机电源先用 7809 稳压到 9 V,再用 7805 稳压到 5 V。

(5)直流输出部分采用大容量电解电容进行平滑滤波。

(6)交流电源线与其他线尽量分开,减少再度耦合干扰。如滤波器的输出线上干扰已减少，应使其与电源进线及滤波器外壳保持一定距离，交流电源线与直流电源线即信号线分开走线。

（7）电源线与信号线一般都通过地板下面走线，而且不可把两线靠得太近或互相平行，以减少电源信号线的影响。

（8）在每块印制电路板的电源与地之间并接去耦电容，即 5～10 μF 的电解电容和一个 0.01～1.0 μF 的电容，以消除直流电源与地线中的脉冲电流所造成的干扰。

3. 过程通道干扰的抑制措施——光电隔离

过程通道是系统输入、输出以及单片机之间进行信息传输通道的路径。过程通道的干扰常采用光电隔离技术。

采用光耦合器可以将单片机与前向、后向以及其他部分切断电路的联系，能有效地防止干扰从过程通道进入单片机。光电耦合隔离的基本结构配置如图 9-4 所示。

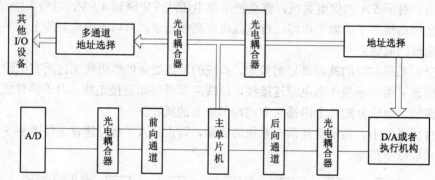

图 9-4 光电耦合隔离的基本配置结构框图

光电耦合的主要优点是能有效抑制尖峰脉冲以及各种噪声干扰，从而使过程通道上的信噪比大大提高。

1）ADC、DAC 与单片机之间的隔离

对 A/D、D/A 变换前后的模拟信号进行隔离，是常用的一种方法。通常采用隔离放大器对模拟量进行隔离。但所用的隔离型放大器必须满足 A/D、D/A 变换的精度和线性要求。例如，如果对 12 位 A/D、D/A 变换器进行隔离，其隔离放大器要达到 13 位甚至 14 位精度，如此高精度的隔离放大器价格昂贵。

2）在 I/O 与 A/D、D/A 之间进行数字隔离

这种方案最经济，也称为数字隔离。A/D 转换时，先将模拟量转换为数字量，对数字量进行隔离，然后再传送入单片机。D/A 转换时，先将数字量进行隔离，然后进行 D/A 转换。这种方法的优点是方便、可靠、廉价，不影响 A/D、D/A 的精度和线性度。缺点是速度不高。如果用廉价的光电隔离器件，最大转换速度为 3 000～5 000 点/s，这对于一般工业测控对象（如温湿度、湿度、压力等）已能满足要求。

3）开关量隔离

常用的开关量隔离器件有继电器、光电隔离器、光电隔离固态继电器（SSR）。

用继电器对开关量进行隔离时，要考虑到继电器线包的反电动势的影响，驱动电路的器件必须能耐高压。为了吸收继电器线包的反电动势通常在线包两端并联一个二极管。其触点

并联一个消火花电容器,容量可在 0.1～0.047 μF 选择,耐压视负荷电压而定。

对于开关量的输入,一般用电流传输的方法。此方法抗干扰能力强,如图 9-5 所示。R_1 为限流电阻,VD_1、R_2 为保护二极管和保护电阻。当外部开关闭合时,由电源 U 产生电流,使光电二极管导通,采用不同的 R_1、R_2 值可以保证良好的抗干扰能力。

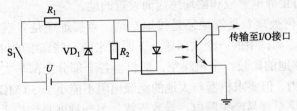

图 9-5 开关量的电流传输原理图

固态继电器代替机械触点的继电器是十分优越的。固态继电器是将发光二极管与晶闸管封装在一起的一种新型器件。当发光二极管导通时,晶闸管被触发而接通电路。固态继电器视触发方式不同,可分为过零触发与非过零触发两大类。过零触发的固态继电器,其本身几乎不产生干扰,这对单片机控制是十分有利的,但造价是一般继电器的 5～10 倍。

4. 空间干扰及抗干扰措施

空间干扰主要是指电磁场在线路、导线、壳体上的辐射、吸收和解调。干扰来自应用系统的内部和外部,市电电源线是无线电波的介质。而在电网中有脉冲源工作时,它又是辐射天线,因而任一线路、导线、壳体在空间中均存在辐射。

在现场解决空间干扰时,首先要正确判断是否是空间干扰,可在系统供电电源入口处接入性能优良的微型干扰抑制器,观察干扰是否继续存在,如继续存在则可认为是空间干扰。空间干扰不一定来自系统外部,应加强空间干扰的抗干扰设计、系统的屏蔽与布局设计。

1) 接地技术

(1) 接地种类。

有两大类接地:一类是为人身或者设备安全目的,而把设备的外壳接地,这称为外壳接地或者安全接地;另一类接地是为电路工作提供一个公共的电位参考点,这种接地被称为工作接地。

① 外壳接地。外壳接地是真正与大地连接,以使漏到机壳的电荷能及时泄放到地球上去,这样才能确保人身和设备的安全。外壳接地的接地电阻应当尽可能低,因此在材料及施工方面均有一定的要求。外壳接地是十分重要的,但实际上往往又为人们所忽视。

② 工作接地。工作接地是因为电路工作需要而进行的。在许多情况下,工作地不与设备外壳相连,因此工作地的零电位参考点(及工作地)相对地球的大地是浮空的。所以也把工作地称为"浮地"。

(2) 接地系统。

正确、合理地接地是单片机应用系统抑制干扰的主要方法。在单片机应用系统中,前述两大类接地按单元电路的性质又可分为以下几种接地。

① 数字地(又称逻辑地),为逻辑电路的零电位。

② 模拟地,为 A/D 转换、前置放大器或比较器的零电位。

③ 信号地，通常为传感器的地。
④ 小信号前置放大器的地。
⑤ 功率地，为大的电流网络部件的零电位。
⑥ 交流地，交流 50 Hz 地线，这种地线是噪声地。
⑦ 屏蔽地，为防止静电感应和磁场感应而设置的地。

以上这些地线如何处理？是浮地还是接地？是一点接地还是多点接地？这些是单片机测控系统设计、安装、调试中的一个大问题。下面就来做一些详细的讨论。

① 机壳接地与浮地的比较。全机浮空，即机器各个部分全部与大地浮置起来，这种方法有一定的抗干扰能力，但要求机器与大地的绝缘电阻不能小于 50 MΩ，且一旦绝缘下降便会带来干扰。另外，浮空容易产生静电，导致干扰。另一种就是测控系统的机壳接地，其余部分浮空，如图 9-6 所示。浮空部分应设置必要的屏蔽，如双层屏蔽浮地或多层屏蔽。这种方法抗干扰能力强，而且安全可靠，但工艺较复杂。两种方法相比较，后者较好，并为越来越多的设计者所采用。

② 一点接地与多点接地的应用原则。一般而言，低频（1 MHz 以下）电路应一点接地，如图 9-7 所示。高频（10 MHz 以上）电路应多点就近接地。因为在低频电路中，布线和元件之间的电感较小，而接地电路形成的环路对干扰的影响却很大，因此应一点接地；对于高频电路，地线上具有电感，因为增加了地线阻抗，同时各地线之间产生了电感耦合。当频率甚高时，特别是当地线长度等于 1/4 波长的奇数倍时，地线阻抗就会变得很高，这时地线变成了天线，可以向外辐射噪声信号。

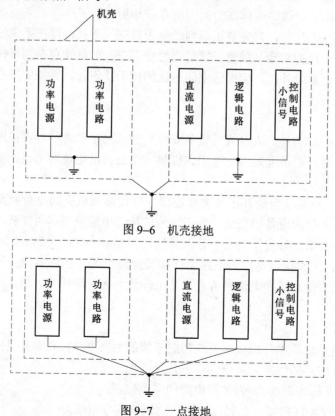

图 9-6 机壳接地

图 9-7 一点接地

单片机测控系统的工作频率大多较低,对它起作用的干扰频率也大都在 1 MHz 以下,故宜采用一点接地。在 1~100 MHz,如用一点接地,其地线长度不得超过波长的 1/20;否则应该多点接地。

③ 交流地与信号地不能共用。因为在一段电源地线的两点间会有数毫伏甚至几伏电压,对低电平信号电路来说,这是一个非常严重的干扰,因此,交流地和信号地不能共用,一种不正确的接地方式如图 9-8 所示。

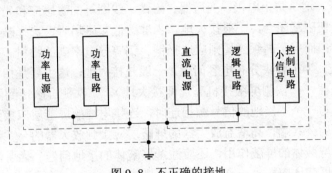

图 9-8　不正确的接地

④ 数字地和模拟地。数字地通常有很大的噪声,而且电平的跳跃会造成很大的电流尖峰。所有的模拟公共导线(地)应该与数字公共导线(地)分开走线,然后通过一点汇在一起。因此,要把各芯片所有的模拟地和数字地分别相连,然后模拟(公共)地与数字(公共)地仅在一点上相连接,在此连接点外,在芯片和其他电路中不可再有公共点,如图 9-9 所示。但在 ADC 和 DAC 电路中,要注意地线的正确连接;否则转换将不准确。ADC 和 DAC 电路地线的正确接法是,先将 ADC 和 DAC 芯片上的模拟地引脚与数字地引脚尽可能短地连接,然后再接到模拟地上。

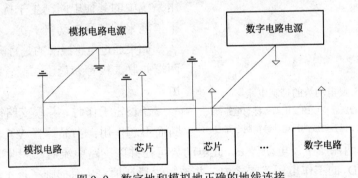

图 9-9　数字地和模拟地正确的地线连接

微弱信号模拟地的接法:A/D 转换器在采集 0~50 mV 微小信号时,模拟地的接法极为重要。为提高抗共模干扰的能力,可用三线采样双层屏蔽浮地技术。这种三线采样双层屏蔽技术是抗共模干扰最有效的方法。

功率地的接法:这种地线电流大,地线应粗些,且应与小信号分开走。

2) 屏蔽技术

高频电源、交流电源、强电设备产生的电火花甚至雷电,都能产生电磁波,从而成为电磁干扰的噪声源。当距离较近时,电磁波会通过分布电容和电感耦合到信号回路而形成电磁干扰;当距离较远时,电磁波则以辐射形式构成干扰。单片机使用的振荡器,本身就是一个电磁干扰源,同时也由于它又极易受其他电磁干扰的影响,破坏单片机的正常工作。

屏蔽可分为以下 3 类。

(1) 电磁屏蔽。其主要是防止高频电磁波辐射的干扰,以金属板、金属网或金属盒构成的屏蔽体能有效地对付电磁波的干扰。屏蔽体以反射方式和吸收方式来削弱电磁波,从而形成对电磁波的屏蔽作用。

(2) 磁场屏蔽。这是防止电极、变压器、磁铁、线圈等的磁感应和磁耦合,使用高导磁材料做成屏蔽层,使磁路闭合,一般接大地。当屏蔽低频磁场时,选择磁钢、坡莫合金、铁等导磁率高的材料;而屏蔽高频磁场则应选择铜、铝等导电率高的材料。

(3) 电场屏蔽。为了解决分布电容问题,一般是接大地,这主要是指单层屏蔽。对于双层屏蔽,如双变压器,一次侧屏蔽接机壳(即接大地),二次侧屏蔽接到浮地的屏蔽盒。当一个接地的放大器与一个不接地的信号源相连时,连接电缆的屏蔽层应接到放大器公共端。反之,应接信号源的公共端。高增益放大器的屏蔽层应接到放大器的公共端。

为了有效发挥屏蔽体的屏蔽作用,还应注意屏蔽体的接地问题。为了消除屏蔽体与内部电路的寄生电容,屏蔽体应按"一点接地"的原则接地。

5. 反电动势干扰的抑制

在单片机应用系统中,常会使用较大电感量的元件或设备,如继电器、电动机、电磁阀等。当电感回路的电流被切断时,会产生很大的反电动势而形成噪声干扰。这种反电动势甚至可能击穿电路中晶体管之类的器件,反电动势形成的噪声干扰能产生电磁场,对单片机应用系统中的其他电路产生干扰,这时可采用以下措施来抑制反电动势干扰。

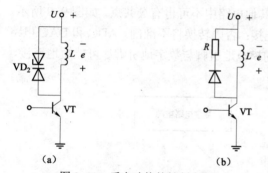

图 9-10 反电动势的抑制电路
(a) 由二极管和稳压管构成的反电动势抑制电路;
(b) 由电阻和二极管组成的反电动势抑制电路

如果通过电感线圈的是直流电流,可在线圈两端并联二极管和稳压二极管,如图 9-10 (a) 所示。

在稳定工作时,并联支路被二极管 VD_2 阻断而不起作用;当晶体管 VT 由导通变为截止时,在电感线圈两端产生反电动势 e。此电动势可在并联支路中流通,因此 e 的幅值被限制在稳压二极管 VD_2 的工作电压范围之内,并被很快消耗掉,从而抑制了反电动势的干扰。使用时 VD_2 的工作电压应选择得比外加电源高些。

如果把稳压二极管换为电阻,同样可以达到抑制反电势的目的,如图 9-10 (b) 所示,因此也适用于直流驱动线圈的电路。在这个电路中,电阻的阻值范围可以从几欧姆到几十欧姆。阻值太小,反电动势衰减得慢;而阻值太大又会增大反电动势的幅值。

反电动势抑制电路也可由电阻和电容组成,如图 9-11 (a) 所示。适当选择 R、C 参数也能获得较好的耗能效果。这种电路不仅适用于交流驱动的线圈,也适用于直流驱动的线圈。

反电动势抑制电路不但可以接在线圈的两端,也可以接在开关的两端。例如,继电器、接触器等部件在操作时,开关会产生较大的火花,必须利用 RC 电路加以吸收,如图 9-11 (b)、(c)

所示，一般 R 取 $1\sim 2\ \text{k}\Omega$、C 取 $2.2\sim 4.7\ \text{pF}$。

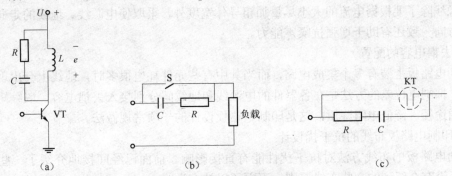

图 9-11 反电动势干扰的抑制
（a）由 RC 组成的抑制电路；（b）、（c）开关两端的反电动势抑制电路

6．印制电路板的抗干扰设计

印制电路板（也称为印制板）是单片机系统中器件、信号线、电源线的高密度集合体，印制电路板设计的好坏对抗干扰能力影响很大，故印制电路板设计决不单是器件、线路的简单布局安排，还必须符合抗干扰的设计原则。

1）地线及电源线设计

（1）地线宽度。

加粗地线能降低导线电阻，使它能通过 3 倍于印制电路板上的允许电流，如有可能，地线宽度应在 $2\sim 3\ \text{mm}$ 以上。

（2）接地线构成闭环路。

接地线构成闭环路能明显地提高抗噪声能力。闭环形状能显著地缩短线路的环路，降低线路阻抗，从而减少干扰。但要注意环路所包围的面积越小越好。

（3）印制电路板分区集中并联一点接地。

当同一印制电路板上有多个不同功能的电路时，可将同一功能单元的元器件集中于一点接地，自成独立回路。这样可使地线电流不会流到其他功能单元的回路中去，避免了对其他单元的干扰。与此同时，还应将各功能单元的接地块与主机的电源地相连接，如图 9-12 所示。这种接法称为"分区集中并联一点接地"。为了减小线路阻抗，地线和电源线要采用大面积汇流排。数字地和模拟地分开设计，在电源处两种地线相连且地线应尽量加粗。

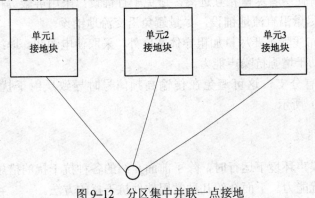

图 9-12 分区集中并联一点接地

（4）电源线的布置。

电源线除了要根据电流的大小尽量加粗导体宽度外，采取使电源线、地线的走向与数据传递的方向一致还有助于增强抗噪声能力。

2）去耦电容的配置

印制电路板上装有多个集成电路，而当其中有些元件耗电很多时，地线上会出现很大的电位差。抑制电位差的方法是在各器件的电源线和地线间分别接入去耦电容，以缩短开关电流的流通途径、降低电阻降压，这是印制电路板设计的一项常规做法。

3）印制电路板布线的抗干扰设计

印制电路板的布线方法对抗干扰性能有直接影响。前面已经间接地介绍了一些布线原则，对于没有介绍到的一些布线原则，下面予以补充说明。

（1）如果印制电路板上逻辑电路的工作速度低于 TTL 的速度，导线条的形状没什么特别要求；若工作速度较高，使用高速逻辑器件时，用作导线的铜箔在 90°转弯处的导线阻抗不连续，可能导致反射干扰的发生，所以宜采用图 9-13（b）所示的形状，把弯成 90°的导线改成 45°，这将有助于减少反射干扰的发生。

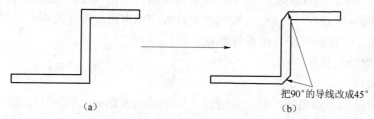

图 9-13　90°转角处的导线改成 45°走线
(a) 90°走线；(b) 45°走线

（2）不要在印制电路板中留下无用的空白铜箔层，因为它们可以充当发射天线或接收天线，可把它们就近接地。

（3）双面布线的印制电路板，应使双面的线条垂直交叉，以减少磁场耦合，有利于抑制干扰。

（4）导线间距离要尽量加大。对于信号回路，印制铜箔条的相互距离要有足够的尺寸，而且这个距离要随信号频率的升高而加大，尤其是频率极高或脉冲前沿十分陡峭的情况更要注意，只有这样才能降低导线之间分布电容的影响。

（5）高电压或大电流线路对其他线路更容易形成干扰，低电平或小电流信号线路容易受到感应干扰，布线时使两者尽量相互远离，避免平行铺设，采用屏蔽等措施。

（6）所有线路尽量沿直流地铺设，尽量避免沿交流地铺设。

（7）电源线的布线除了要尽量加粗导体宽度外，采取使电源线、地线的走向与数据传递的方向一致，将有助于增强抗噪声能力。

（8）走线不要有分支，这可避免在传输高频信号时导致反射干扰或发生谐波干扰，如图 9-14（a）、（b）所示。

7. 软件抗干扰措施

单片机系统在噪声环境下运行时，除了前面介绍的各种抗干扰的措施外，还可采用软件来增强系统的抗干扰能力。下面介绍几种常用软件抗干扰的方法。

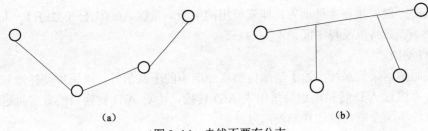

图 9-14 走线不要有分支
(a) 正确接法；(b) 错误接法

1) 软件抗干扰的一般方法

软件抗干扰技术是当系统受干扰后使系统恢复正常运行或输入信号受干扰后去伪求真的一种辅助方法。软件抗干扰技术研究的主要内容如下。

(1) 软件滤波。采用软件的方法抑制叠加在输入信号上噪声的影响，可以通过软件滤波剔除虚假信号，求取有效信号。

(2) 开关量的输入/输出抗干扰设计。可采用对开关量输入信号重复检测，对开关量输出口数据刷新的方法。

(3) 由于 CPU 受到干扰，程序计数器 PC 的状态被破坏，导致程序从一个区域跳转到另一个区域，或者程序在地址空间内"乱飞"，或者进入死循环。因此，必须尽可能早地发现并采取措施，使程序纳入正轨。为使"乱飞"的程序被拦截或程序摆脱"死循环"，可采用指令冗余、软件陷阱或"看门狗"等技术。

下面介绍上述的各种软件抗干扰技术。

2) 指令冗余和软件陷阱

当单片机系统由于干扰而使程序运行发生混乱，导致程序乱飞或陷入死循环时，必须采取使程序纳入正轨的措施，经常采用的措施是指令冗余和软件陷阱。

(1) 指令冗余。

单片机程序运行时取指令是先取操作码，再取操作数。当单片机系统受干扰出现错误时，程序便脱离正常轨道"乱飞"。当乱飞到某双字节指令时，若取指令时刻落在操作数上，误将操作数当作操作码，程序就可能出错。若乱飞到三字节指令，则出错概率更大，这时可在双字节指令和三字节指令后插入两个字节以上的 NOP 指令，可保护其后的指令不被拆散，这称为指令冗余。

指令冗余措施可以减少程序乱飞的次数，使其快速纳入程序轨道，但这并不能保证程序在失控期间不干坏事，更不能保证程序纳入正常轨道后就太平无事了。程序的运行事实上已经偏离了正常顺序，有可能做着它现在不该做的事情。解决这个问题还必须采用软件容错技术（限于篇幅这里不做介绍），可使系统的误动作减少，并消灭重大误动作。

(2) 软件陷阱。

软件陷阱就是一条引导指令"LJMP ERP"，强行将乱飞的程序引向一个指定的地址入口标号"ERP"，在那里有一段专门对程序出错进行处理的程序。为加强其捕捉效果，一般还在它前面加两条 NOP 指令。

```
NOP
NOP
LJMP ERP
```

软件陷阱一般安排在 4 种地方，即未使用的中断向量区（0003H～002FH）、未使用的程序存储器空间、表格以及程序区。

3）软件滤波

对于实时数据采集系统，为了消除传感器通道中的干扰信号，常采用硬件滤波器先滤除干扰信号，再进行 A/D 转换，也可采用先 A/D 转换，再对 A/D 转换后的数字量进行软件滤波消除干扰，下面介绍几种软件滤波的方法。

（1）算术平均滤波法。

算术平均滤波法就是对一点数据连续取 n 个值进行采样，然后求算术平均。这种方法一般适用于具有随机干扰信号的滤波。这种信号的特点是有一个平均值，信号在某一数值范围附近上下波动。这种滤波法，当 n 值较大时，信号的平滑度高，但灵敏度低；当 n 值较小时，信号的平滑度低，但灵敏度高。应视具体情况选取 n 值，既要节约时间又要滤波效果好。对于一般流量测量，通常取经验值 $n=12$；若为压力测量，则取经验值 $n=4$。一般情况下，经验值 n 取 3～5 次平均即可。

读者可根据上述设计思想设计出算术平均滤波法的子程序。

（2）滑动平均滤波法。

滑动平均滤波法是把 n 个采样值看成一个队列，队列的长度为 n，每进行一次采样就把最新的采样值放入队尾，而扔掉原来队首的一个采样值，这样在队列中始终有 n 个 "最新"采样值。对队列中的 n 个采样值进行平均，就可以得到新的滤波值。

滑动平均滤波法对周期性干扰有良好的抑制作用，平滑度高，灵敏度低；但对偶然出现的脉冲性干扰的抑制作用差，不易消除由此引起的采样值的偏差。因此，它不适用于脉冲干扰比较严重的场合。通常，观察不同 n 值下滑动平均的输出响应，据此选取 n 值，以便既少占用时间又能达到最好的滤波效果。

（3）中位值滤波法。

中位值滤波法就是对某一被测参数接连采样 n 次（一般 n 取奇数），然后把 n 次采样值按大小排列，取中间值为本次采样值。中位值滤波能有效地克服因偶然因素引起的波动干扰。对温湿度、液位等变化缓慢的被测参数采用此方法能收到良好的效果。但对于流量、速度等快速变化的参数一般不宜采用中位值滤波法。

（4）去极值平均值滤波法。

去极值平均值滤波法的思想是：连续采样 n 次后累加求和，同时找出其中的最大值与最小值，再从累加和中减去最大值和最小值，按 $n-2$ 个采样值求平均，即可得到有效采样值。这种方法类似于体育比赛中的去掉最高、最低分，再求平均分的评分办法。

为使平均滤波算法简单，$n-2$ 应为 2、4、6、8 或 16，故 n 常取 4、6、8、10 或 18。具体做法有两种：对于快变参数，先连续采样 n 次，然后再处理，但要在 RAM 中开辟 n 个数据的暂存区；对于慢变参数，可一边采样一边处理，而不必在 RAM 中开辟数据暂存区。实践中，为了加快测量速度，一般 n 值取 4。

4）开关量输入/输出软件抗干扰设计

如果干扰只作用在系统的 I/O 通道上，则可用以下方法减小或消除其干扰。

（1）开关量输入软件抗干扰措施。

干扰信号多呈毛刺状，作用时间短。利用这一特点，在采集某一状态信号时，可多次重复采集，直到连续两次或多次采集结果完全一致时才可视为有效。若相邻的检测内容不一致，或多次检测结果不一致，则是伪输入信号，此时可停止采集，给出报警信号。由于状态信号主要来自各类开关型状态传感器，对这些信号采集不能用多次平均方法，必须绝对一致才行。

在满足实时性要求的前提下，如果在各次采集状态信号之间增加一段延时效果会更好，以对抗较宽时间范围的干扰。延时时间在 10~100 μs。每次采集的最高次数限制和连续相同次数均可按实际情况适当调整。

（2）开关量输出软件抗干扰措施。

在单片机系统的输出信号中，有很多是驱动各种警报装置、各种电磁装置的状态驱动信号。这类信号抗干扰的有效输出方法是，重复输出同一个数据，只要有可能，重复周期应尽量短。外部设备接收到一个被干扰的错误信息后，还来不及做出有效的反应，一个正确的输出信息又到来了，这可以及时防止错误动作的产生。

在执行输出功能时，应该将有关输出芯片的状态也一并重复设置。例如，8255 芯片常用来扩展输入/输出功能，很多外设通过它们获得单片机的控制信息。这类芯片均应进行初始化编程，以明确各端口的功能。由于干扰的作用有可能无意中将芯片的编程方式改变。为了确保输出功能正确实现，输出功能模块在执行具体的数据输出之前，应该先执行对芯片的初始化编程指令，再输出有关数据。

8. 看门狗定时器的使用

当单片机应用系统受到干扰时可能会失控，会引起程序"跑飞"或使程序陷入"死循环"。这时系统将完全瘫痪。如果操作人员在场，可按下人工复位按钮，强制系统复位。但操作人员不可能一直监视着系统，即使监视着系统，也往往是在引起不良后果之后才进行人工复位。能不能不要人来监视，使系统摆脱"死循环"，重新执行正常的程序呢？这可采用"看门狗"（Watchdog，简写为 WDT）技术来解决这一问题。

"看门狗"技术就是使用一个 WDT 计数器来不断计数，监视程序的运行。当 WDT 计数器启动运行后，为防止 WDT 计数器的不必要溢出，在程序正常运行过程中，应定期地把 WDT 计数器清零，以保证其不溢出。AT89S52 单片机片内集成的"看门狗"WDT 包含一个 14 位计数器和看门狗定时器复位寄存器（WDTRST）。当单片机的程序"跑飞"或陷入"死循环"时，也就不能定时地把 WDT 计数器清零。当 WDT 的 14 位计数器值计满溢出时，将在 AT89S52 单片机的 RST 引脚上输出一个正脉冲（其宽度是 98 个时钟振荡周期），使 AT89S52 单片机复位，在系统的复位入口 0000H 处安排一条跳向出错处理程序段的指令或重新从头执行程序，从而使程序摆脱"跑飞"或"死循环"状态。

在实际应用中，为防止 WDT 计数器启动后产生不必要的溢出，应在执行程序的过程中不断地复位 WDTRST，即向 WDTRST 寄存器写入数据 1EH 和 E1H。

在程序编写中，一般把复位 WDTRST 的这两条指令设计为一个子程序，只要在程序的正常运行中不断调用该子程序，把计数器清零，使其不溢出即可。

注意：寄存器 WDTRST 是只写寄存器，而 WDT 中的计数器既不可写也不可读，一旦溢出便停止计数。

9.1.4 应用系统调试

当一个单片机应用系统（用户样机）完成了硬件和软件设计，全部元器件安装完毕后，在用户样机的程序存储器中下载编写好的应用程序，系统即可运行。但应用程序运行一次性成功几乎是不可能的，多少会存在一些软件、硬件上的错误，这就需要借助单片机的仿真开发工具（在线仿真器）进行调试，发现错误并加以改正。AT89S52 单片机只是一个芯片，既没有键盘，又没有 CRT、LED 显示器，也无法进行软件的开发（如编辑、汇编、调试程序等），因此，必须借助仿真开发工具所提供的开发手段来进行。一般来说，仿真开发工具应具有以下最基本的功能。

① 用户样机程序的输入与修改。
② 程序的运行、调试（单步运行、设置断点运行）、排错、状态查询等功能。
③ 用户样机硬件电路的诊断与检查。
④ 有较全的开发软件。用户可用汇编语言或 C 语言编制应用程序；由开发系统编译链接生成目标文件、可执行文件。配有反汇编软件，能将目标程序转换成汇编语言程序；有丰富的子程序可供用户选择调用。
⑤ 将调试正确的程序写入程序存储器中。

下面首先介绍常用的仿真开发工具。

1. 仿真开发系统简介

PC 机在线仿真开发系统是目前设计者使用最多的 376 类开发装置，由在线仿真器与 PC 机上运行的仿真开发软件两部分组成。这是一种通过 PC 机的 USB 口，外加在线仿真器的在线仿真开发系统，如图 9-15 所示。

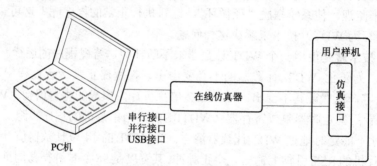

图 9-15　PC 在线仿真开发系统

在调试用户程序时，在线仿真器一侧与 PC 机的串行口、并行口或者 USB 口相连，另一侧的仿真插头插入用户样机的单片机插座上，来对样机上的单片机进行"仿真"。从仿真插头向在线仿真器看去，看到的就是一个"单片机"。这个"单片机"是"出借"给用户样机的，暂时代替用户样机上的单片机。仿真开发系统除了"出借"单片机外，还"出借"仿真用的 RAM，来暂时代替用户样机上的程序存储器，存放待调试的用户程序。但是这个"单片机"片内程序的运行是可以跟踪、修改和调试的。由于有 PC 机上强大的仿真开发软件支持，可在 PC 机及其屏幕上观察用户程序的运行情况。

当按照图 9-15 所示将仿真开发系统与 PC 机联机后，用户便可利用 PC 机上的仿真开发软件。在 PC 机上编辑、修改源程序，然后通过翻译软件（汇编语言编程，翻译软件为汇编程序；C51 语言编程，翻译软件为相应的编译程序）将其汇编成机器代码，传送到在线仿真器中的"仿真 RAM"中，这时用户可使用在线仿真器，采用单步、断点、跟踪、全速等手段调试用户程序，并进行修改和查找软、硬件故障，将系统状态实时地显示在屏幕上。待程序调试通过后，再使用仿真开发系统提供的编程器或专用编程器，把调试完毕的程序写入单片机片内的 Flash 程序存储器中。此类仿真开发系统配置不同的在线仿真器，可仿真开发不同类型的单片机。

但是随着 ISP 技术的普及，对于 AT89S5x 单片机也可不使用在线仿真器及编程器，用户只需要在 PC 机上修改程序，然后将修改的程序直接写入用户样机的单片机的 Flash 存储器中，运行程序观察运行结果，如有问题可在 PC 机上修改程序，重新在线写入，直至运行结果满意为止。这样可省去在线仿真器和编程器，但不足的是，不能对用户程序进行硬件单步、断点、跟踪、全速等方式来调试。

在工业现场，往往没有 PC 机的支持，此时可使用独立型仿真器。该类仿真器采用模块化结构，配有不同外设，如外存板、打印机、键盘/显示器等，用户可根据需要选用。

2. 软件仿真开发工具 Proteus

使用软件虚拟仿真开发工具 Proteus 进行单片机系统的设计与仿真，不需要在线仿真器，也不需要用户样机，直接就可以在 PC 机上进行。对于简单的系统而言，调试完毕的软件可将其机器代码固化到片内 Flash 程序存储器中，一般可以直接投入运行。但 Proteus 是软件模拟器，使用纯软件来对用户系统仿真，不能进行用户样机硬件部分的诊断与实时在线仿真。因此，在系统的开发中，一般是先用 Proteus 仿真软件设计出系统的虚拟硬件原理电路，编写程序，在 Proteus 环境下仿真调试通过。然后再依照仿真的结果，完成实际的硬件设计，再将仿真调试通过的程序写入到用户样机的 Flash 存储器中，观察运行结果，如果有问题，再连接硬件仿真器去分析、调试。

3. 用户样机的源程序调试

下面介绍如何使用仿真开发工具进行产品样机软件设计、调试以及与用户样机硬件联调工作。

产品样机软件设计、调试过程如图 9–16 所示，一般可以分为以下 4 个步骤。

（1）输入用户源程序。用户使用编辑软件，按照 C 语言源程序要求的格式、语法规定，把源程序输入 PC 机中，并保存在硬盘上。

（2）在 PC 机上，利用汇编程序对用户源程序进行汇编，直至语法错误全部纠正为止。如无语法错误，则进入下一个步骤。

（3）动态在线调试。这一步是对用户的源程序进行调试。上述的步骤（1）、步骤（2）是一个纯粹的软件运行过程，而在这一步，必须要有在线仿真器配合，才能对用户源程序进行调试。用户程序中分为与产品样机硬件无关以及与产品样机硬件紧密相关的程序。

对于与产品样机硬件无关的程序，如计算程序，虽然已经没有语法错误，但可能存在逻辑错误，使运行结果不正确，此时必须借助在线仿真器的动态在线调试手段，如单步运行、设置断点等，发现逻辑错误，然后返回到步骤（1）修改，直至逻辑错误纠正为止。

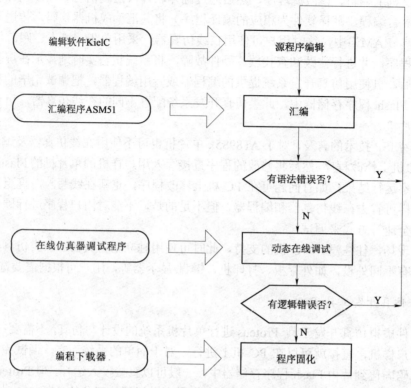

图 9-16 产品样机软件设计、调试的过程

对于与产品样机硬件紧密相关的程序段（如接口驱动程序），一定要先把在线仿真器的仿真插头插入产品样机的单片机插座中（见图 9-15），进行在线仿真调试，利用仿真开发系统提供单步、设置断点等调试手段来进行系统的调试。

有关部分程序段运行有可能不正常，可能是软件逻辑上有问题，也可能是硬件有故障，必须先通过在线仿真调试程序提供的调试手段，把硬件故障排除以后再与硬件配合，对用户程序进行动态在线调试。对于软件的逻辑错误，则返回到第一步进行修改，直至逻辑错误消除为止。在调试这类程序时，硬件调试与软件调试是不能完全分开的。许多硬件错误是通过软件的调试而发现和纠正的。

（4）将调试完毕的用户程序通过编程器或 ISP 写入，固化在程序存储器中。

4. 用户样机的硬件调试

当用户样机全部焊接完毕后，就可对产品样机的硬件进行调试。首先进行静态调试，静态调试的目的是排除明显的硬件故障。用户样机的静态调试工作分为两步。

（1）在用户样机加电之前，根据硬件逻辑设计图，先用万用表等工具，仔细检查样机线路是否连接正确，并核对元器件的型号、规格和安装是否符合要求，应特别注意电源系统的检查，以防止电源的短路和极性错误，并重点检查系统总线（地址总线、数据总线、控制总线）是否存在相互之间短路或与其他信号线的短路。

（2）加电后检查各芯片插座上有关引脚的电位，仔细测量各点电平是否正常，尤其应注意 AT89S52 单片机插座的各点电位，若有高压，与在线仿真器联机调试时将会损坏在线仿真器。

具体操作步骤如下。

① 电源检查。当产品样机板连接或焊接完成之后，先不插主要元器件，通上电源。通常用+5 V 直流电源（这是 TTL 电源），用万用表电压挡测试各元器件插座上相应电源引脚电压数值是否正确、极性是否符合。如有错误，要及时检查、排除，以使每个电源引脚的数值都符合要求。

② 各元器件电源检查。断开电源，按正确的元器件方向插上元器件。最好是分别插入、分别通电，并逐一检查每个元器件上的电源是否正确，直到最后全部插上元器件。通电后，每个元器件上电源值应正确无误。

③ 检查相应芯片的逻辑关系。检查相应芯片逻辑关系通常采用静态电平检查法，即在各芯片信号的输入端加入一个相应电平，检查输出电平是否正确。单片机系统大都是数字逻辑电路，使用电平检查法可首先检查出逻辑设计是否正确、选用的元器件是否符合要求、逻辑关系是否匹配，元器件连接关系是否符合要求等。

(3) 用户样机的在线仿真调试。在静态调试中，对用户样机硬件进行初步调试，只能排除一些明显的静态故障。用户样机中的硬件故障（如各个部件内部存在的故障和部件之间连接的逻辑错误）主要靠联机在线仿真来排除。

在断电情况下，除 AT89S52 单片机外，插上所有的元器件，并把在线仿真器的仿真插头插入样机上 AT89S52 单片机的插座（见图 9–15），然后分别打开产品样机和仿真器电源后便可开始联机在线仿真调试。

前面已经介绍，硬件调试和软件调试是不能完全分开的，许多硬件错误是在软件调试中发现和被纠正的。所以，在之前介绍的有关产品样机软件调试的第（3）步的动态在线调试中，包括联机仿真、硬件在线动态调试以及硬件故障的排除。

9.2 项目调试——智能程控变挡数字电压表

随着传感器技术、自动控制技术和计算机技术的发展，程控电子测量备受广大电子工作者的追捧，对测量精度和功能的要求也越来越高。其中电量的测量中，电压、电流和频率是最基本的 3 个被测量，其中电压量的测量最为常见。而且随着电子技术的发展，更是经常需要测量高精度的电压，所以数字电压表就成为一种必不可少的测量仪器。

自动换挡数字电压表硬件由单片机系统、ADC0809 芯片、OP07 芯片、CD4052 芯片构成。程序代码采用 C 语言编写，上位机界面由虚拟仪器（LabVIEW）构成，本节阐述基于单片机和虚拟仪器的智能程控数字电压表的设计。电压表设计要求分成 3 挡，即 0～100 mV、100 mV～1 V、1～5 V。为了实现电压的自动换挡，提高测量精度，利用程控增益放大器改变放大器的放大倍数，将各挡内的输入电压依次放大 50 倍、5 倍、1 倍，程控放大器的输出端经 ADC0809 进行 A/D 转换，转换结果传输给 STC89C58，STC89C58 根据结果将信息反馈给多路选择器，从而改变放大器放大倍数，并利用串行通信发送给上位机，在虚拟仪器上实现测量数据的显示。

9.2.1 项目目标与准备

1. 工作任务

本项目的工作任务是设计一个基于单片机的高精度智能程控变挡电压表系统,该系统应具有以下功能。

(1) 电压测量分为 3 个挡位,分别为 0～100 mV、100 mV～1 V、1～5 V。

(2) 输入电压采用滑动变阻器模拟输入,输入电压范围为 0～5 V,要求最小改变电压值为 1 mV。

(3) A/D 转换器:8 bit 分辨率,采样速率为(实时采样率)10 KSa/s。

(4) 测量的电压值可在字符型液晶 LCD1602 上进行实时显示。

(5) 具有串行通信功能,在液晶显示的功能下,同时将电压数据传输给计算机界面,进行数据的记录、存储以及图形化显示,通过 LabVIEW 编写的上位机界面要求简洁、美观。

2. 项目分析

在进行项目设计之前,需要对项目任务、要求等进行详细的分析,也就是项目分析。项目分析要求项目设计者根据项目任务中的指标对整体项目进行宏观和微观的思考,并最终完成系统总体架构的设计。这个过程对实现一个项目具有十分重要的意义。在进行项目分析时,必须充分利用自己所学的知识和网络资源对整个项目做出正确、合理的分析,从而确定最佳的实现方案。

首先,设计者要根据项目要求思考并设计整个系统的模块框架。下面就对项目要求逐个进行分析,采取各个击破的策略,这样既可以很大程度上降低设计难度,也有利于设计者养成科学合理的项目设计方法。

(1) 对于第一个要求。设计的程控电压表的电压测量分为 3 个挡位,分别为 0～100 mV、100 mV～1 V、1～5 V。为保证测量的精度,要求设计的电压表改变传统的手动换挡,能够智能切换测量挡位,这就必须采用不同的放大倍数来改变电路的信号输出,要求系统必须设计一个前端的采集放大电路模块,并通过相应的电路模块选择不同的放大倍数,经过单片机的处理来选择相对应的放大倍数并作出判断,最终得到相应的电压值。

(2) 对于第二个要求。输入电压范围为 0～5 V,最小测量电压间隔值为 1 mV,可以采用高精度、多圈旋转滑动变阻器进行分压得到,这就要求系统设计一个分压电路模块,以供系统测试使用。

(3) 对于第三个要求。输入电压为模拟电压值,要求的测量精度最小是 1 mV,这样选择的 A/D 转换精度必须小于这个最小测量精度要求。采用 8 位 ADC,基准电压为 5 V,测量最小精度为 19.6 mV,看上去就不能满足课题的要求,但是通过放大 50 倍后,数据至少为 50 mV,这样就可以满足测量的精度,同时对于测量的实时性要求并不需要太高,故采用普通的 8 位 ADC 可以达到项目的设计要求,这就要求系统设计一个 A/D 驱动转换模块。

(4) 对于第四个要求。电压值可在字符型液晶 LCD1602 上进行显示,这就要求设计一个液晶显示模块,然后配合软件程序实现电压值的显示。

(5) 对于第五个要求。在液晶显示的功能下,系统通过串行通信接口,将电压数据传输给计算机界面进行数据的记录、存储及图形趋势显示，这就要求系统通过 LabVIEW 编写一个上位机图形界面显示模块。

当然，除了上面要求的模块外，还必须具有单片机控制模块以及多路模拟开关切换放大倍数模块。经过上面的仔细分析，可以把整个系统分解为信号采集模块、信号调理模块、多路模拟开关、A/D 转换模块、单片机控制模块、上位机显示模块和液晶显示模块等。

3. 项目组成架构

在对整个系统的要求逐个进行分析之后，设计者或许对系统的构成还只是直观的表层理解，对于这些分解的单个模块怎么有机组合才能实现系统的功能还不清楚。这就需要设计者思考另一个问题，即整个系统的工作原理和工作过程是怎样的？可以做以下简洁的分析。

通过分析可以得到系统主要由信号采集模块、信号调理模块、多路模拟开关、A/D 转换模块、单片机控制模块、上位机显示模块和液晶显示模块组成。

（1）信号采集模块（产生输入信号）。设计中主要采用分压电路实现，由两个电阻组成，一个为标称电阻，一个为滑动变阻器，滑动变阻器接在电路的下方，保证电路不会产生过载，测量一个滑动变阻器的分压电压来验证设计的正确性。

（2）信号调理模块。信号调理部分主要由集成运放组成，构成电路的 3 种测量倍率，分别为 1 倍、5 倍、50 倍，配合多路模拟开关实现不同倍率的输出。

（3）多路模拟开关。通过单片机控制多路开关的地址位，顺序循环选择不同阻值的电阻来确定电路模块的放大倍率，输出给 A/D 模块进行转换。

（4）A/D 转换模块。接收信号调理模块产生的模拟信号，由单片机控制进行每秒转换一次，保证输出数据显示不会产生跳动，将得到的数字信号送单片机处理。

（5）单片机控制模块。此模块为系统的控制中心，通过循环选择多路模拟开关输出不同倍率的模拟信号，通过控制 A/D 转换得到不同倍率的数字信号，进行逻辑判断，若得到的数据超过 A/D 的最大输出量程，则认为此组数据无效，继续进行下一倍率转换，直到数据在 A/D 测量量程内，则认为此组数据为实际测量所需值。

（6）上位机显示模块。待单片机得到实际所需的测量值后，通过串口发送到上位机，上位机界面由 LabVIEW 软件设计，所得数据必须经过 LabVIEW 编程实现一定的算法，才可在界面上得到对应的电压值。

（7）液晶显示模块。待单片机得到实际所需的测量值后，将数据经过处理，再通过数据口发送给液晶，从而使液晶显示电压值。

4. 项目总体设计与规划

系统工作流程主要为单片机控制多路选择器选择前端放大电路的最大放大倍数，将前端的电压信号传到 A/D 模块的输入端，同时单片机发送 A/D 的启动信号，A/D 模块通过转换后得到的数字电压值回传给单片机，单片机根据 A/D 转换的结果进行运算、处理，若数据发生溢出，则判断为超出测量范围。单片机将信息反馈给多路选择器，控制多路选择器切换放大倍数，从而改变放大器的放大倍数，待测量数据准确后通过液晶显示模块实时显示温、湿度数据。最后，将处理结果利用串行通信的方式发送给计算机，在 LabVIEW 的前面板上显示实际测量数据。这基本上包含了整个系统的工作原理和工作流程。

当然要弄清楚整个系统的工作原理和流程,设计者需要进行认真、仔细的分析,也要查阅大量的相关资料,即使这样做也需要经过多次推敲和演练才能真正弄清楚整个系统的工作原理和流程。其实,这个过程对以后进行软件程序设计也是大有裨益的。

根据整个系统的工作原理和工作流程可以画出系统总体设计框图,如图 9-17 所示。

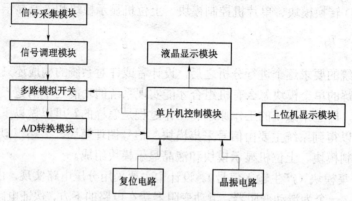

图 9-17 智能程控变挡数字电压表系统总体设计框图

9.2.2 系统方案与器件选择

在确定了系统整体框图以后,就要开始考虑器件和芯片的选择问题。本项目中涉及的器件和芯片主要有单片机、高精度集成运算放大器、多路模拟选择开关、ADC 转换芯片、液晶显示驱动芯片等。可以选用常用的 STC89C52/58 单片机,高精度集成运放采用 OP07,多路模拟选择开关选择 CD4052 芯片,ADC 转换芯片采用 ADC0809 的 8 位 A/D,液晶显示驱动芯片可以选用常用的一体化字符型 LCD1602。

在选定了主要的器件和芯片以后,就要利用网络资源查阅选定的器件和芯片的相关技术资料。

鉴于 ADC0809 芯片的使用前面已经提到,在此不再做说明;详细使用方法请参见第 8 章的 8.3 节。这里仅介绍项目中采用的其他两种核心器件。

1. OP07 程控运算放大器简介

OP07 芯片是一种低噪声、非斩波稳零的双极性运算放大器集成电路。由于 OP07 具有非常低的输入失调电压(对于 OP07A 最大为 25 μV),所以 OP07 在很多应用场合不需要额外的调零措施。OP07 同时具有输入偏置电流低(OP07A 为±2 nA)和开环增益高(对于 OP07A 为 300 V/mV)的特点,这种低失调、高开环增益的特性使得 OP07 特别适用于高增益的测量设备和放大传感器的微弱信号等方面。该芯片引脚排列如图 9-18 所示。

1 脚和 8 脚为偏置平衡(调零端),2 脚为反向输入端,3 脚为正向输入端,4 脚接负电源(一般为-5 V),5 脚空脚,6 脚为输出,7 脚接正电源(一般为+5 V)。

2. CD4052 双四选一选择器简介

CD4052 是一个双四选一的多路模拟选择开关,具体接通哪一通道,可通过单片机的程序控制输入地址码 A、B 来选择,以实现量程自动切换。芯片引脚排列如图 9-19 所示。

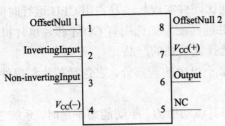
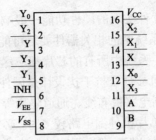

图 9-18　OP07 集成运放引脚排列　　图 9-19　CD4052 多路选择器引脚排列

该芯片功能值表如表 9-1 所示。

表 9-1　CD4052 功能表

输入状态			接通通道	
INH	B	A	公共端 X	公共端 Y
0	0	0	X_0	Y_0
0	0	1	X_1	Y_1
0	1	0	X_2	Y_2
0	1	1	X_3	Y_3
1	×	×	均不接通	

9.2.3　硬件电路设计

在完成了项目准备学习后，就要进入项目实现阶段了。首先是硬件电路的实现，即设计出整个系统的硬件电路。通过前面的学习，对系统的模块构成、系统工作原理和流程以及器件芯片的技术资料有了详细的了解，现在只需要把各个模块电路设计出来并合理、有机地组合起来，就可以实现系统硬件电路设计。可以先设计出此智能程控变挡数字电压表的各个模块电路图，然后再绘制出系统整体电路图。

1. 单片机系统选择

单片机系统是整个项目的核心控制部分，必须选择合适的系统平台。一个单片机应用系统的硬件电路设计包含两部分内容：一是系统扩展，即单片机内部功能单元，如 ROM、RAM、I/O 端口、定时器/计数器、中断系统等不能满足应用系统的要求时，必须在片外进行扩展，选择适当的芯片设计相应的电路；二是系统的配置，即按照系统功能要求配置外围设备，如键盘的输入、显示器、A/D 转换器、D/A 转换器、打印机等，设计合适的接口电路。

系统的扩展和配置应遵循以下原则。

（1）尽可能选择典型电路，并符合单片机常规用法，为硬件系统标准化、模块化打下良好的基础。

（2）系统扩展和外围设备的配置水平应充分满足应用系统的功能要求，并留有适当余地，以便进行二次开发。

（3）硬件结构应结合应用软件方案一并考虑。硬件结构与软件方案会产生相互影响，考虑的一般规则是软件能实现的功能尽可能由软件实现，以达到简化硬件结构的目的。但必须注意，由软件实现的硬件功能一般响应时间比硬件实现长，且占用 CPU 运行时间。

（4）系统中的相关器件要尽可能做到性能匹配。如选用有 COM 芯片单片机构成的低功耗系统时，系统中所有的芯片都应尽可能选择低功耗的产品。

（5）可靠性及抗干扰设计是硬件设计必不可少的一部分，它包括芯片和器件选择、去耦滤波、印制电路板布线、通道隔离等。

（6）单片机外围电路较多时，必须考虑其驱动能力。驱动能力不足时，系统工作不可靠，可通过增设线驱动器增强驱动能力或通过减少芯片功耗来降低总线负载。

（7）尽量朝单芯片方向设计硬件系统。系统器件越多，器件之间的相互干扰越强，功耗增大，也不可避免地降低了系统的稳定性。

经过考虑，采用 STC89C52 单片机，选用 12 MHz 的晶振。单片机的最小应用系统原理如图 9-20 所示。

2. A/D 采样转换电路

A/D 采样转换电路采用 ADC0809 芯片，电压从模拟端口 IN0 通道输入，控制信号均采用单片机的 I/O 口控制，8 个输出接单片机 P_0 口。A/D 采样电路原理如图 9-21 所示。此 A/D 转换电路的相对误差为 $1/2^8$。

经过 OP07 放大后的电压，通过 IN_0（26 脚）通道进入 ADC0809 进行 A/D 转换。单片机通过程序控制 ADC0809 进行 A/D 转换，并将转换后的结果输出到单片机的 P_1 口中。

3. 量程自动切换电路

根据设计要求，为了提高精确度，需将 0~100 mV 挡放大 50 倍，100 mV~1 V 挡放大 5 倍，1~5 V 挡放大 1 倍处理。若采用同相放大器则计算结果如下。

因为同相放大器的放大增益为：$K=1+R_f/R_s$。所以 0~100 mV 挡：$K_1=1+R_{f1}/R_s=50$ 倍，则 $R_{f1}=245$ kΩ，实际采用 250 kΩ；100 mV~1 V 挡：$K_2=1+R_{f2}/R_s=5$ 倍，则 $R_{f2}=20$ kΩ；1~5 V 挡：$K_3=1+R_{f3}/R_s=1$ 倍，则 R_{f3} 为导线。

根据多路选择器的 A、B 端的输入，R_f 选择 0 Ω、LD17、LD18 之中的一个，为放大器的反馈电阻，从而起到改变放大器放大倍数的作用。

（1）若 A=0 和 B=0，那么放大 51 倍。

（2）若 A=1 和 B=0，那么放大 5 倍。

（3）若 A=0 和 B=1，那么放大 1 倍。

量程自动切换电路由 CD4052 芯片和一个 OP07 芯片和若干电阻组成，如图 9-22 所示。

电位器 VR_2（阻值 100 kΩ）一端接+5 V 的电源，一端接地，中间抽点的电压值在 0~5 V 之间变化，此处加一个电压表显示输入的电压值。单片机通过程序控制芯片 CD4052 选通输入电压或输入置零。若选择输入电压，电压经过一个反馈电阻到芯片 OP07 的反相输入端（3 脚），输出信号通过芯片 OP07 输出端口 OUT 端（6 脚）送入 A/D 转换器。单片机通过 A/D 转换的结果，控制芯片 CD4052 选通对应的放大倍数，提高精度。

4. 液晶显示电路模块

液晶显示电路是由单片机处理过的数据，控制 1602 液晶显示电压值，显示的电压值与电路中所要测的电压值相同，液晶 RS 端口、RW 端口和 E 端口分别接单片机 $P_{1.0}$、$P_{1.1}$ 和 $P_{1.2}$ 端口，数据口 $D_0 \sim D_7$ 接单片机 $P_{0.0} \sim P_{0.7}$ 端口。液晶显示电路如图 9-23 所示。

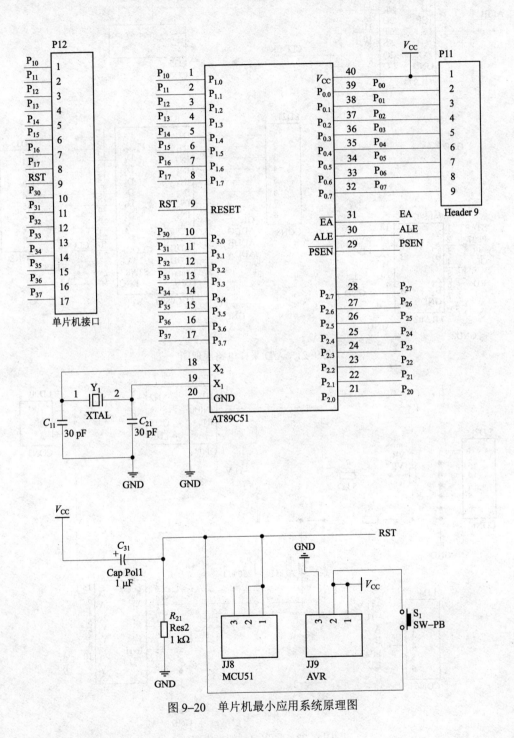

图 9-20 单片机最小应用系统原理图

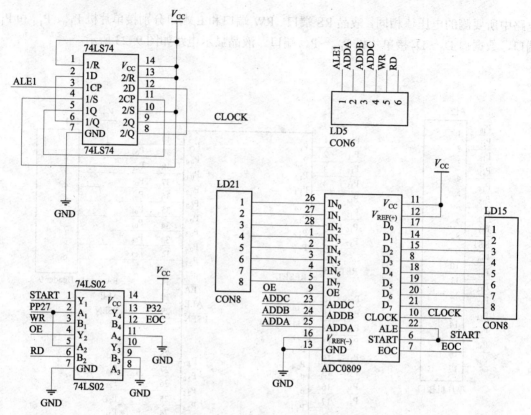

图 9-21 A/D 采样电路原理图

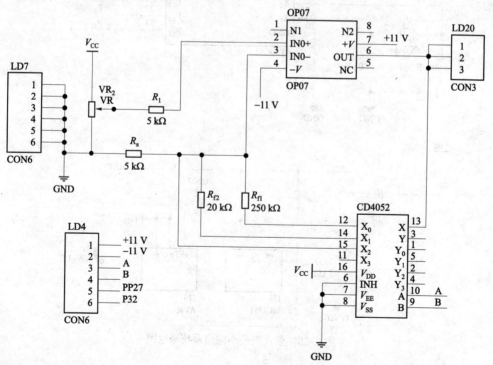

图 9-22 量程自动切换电路

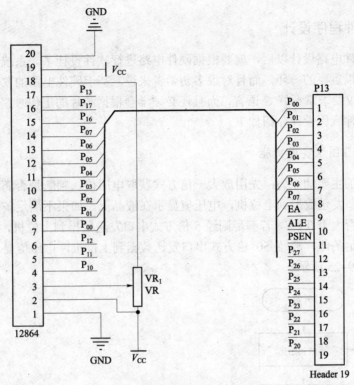

图 9-23 液晶显示电路

5. 智能程控变挡数字电压表硬件系统方案

由 9.2.1 小节的分析可知，整个智能程控变挡数字电压表系统包含单片机控制处理模块、A/D 转换模块、液晶显示模块、量程自动转换模块及电源模块。以上电路提及的模块，这边不再给出，其中电源模块如图 9-24 所示。

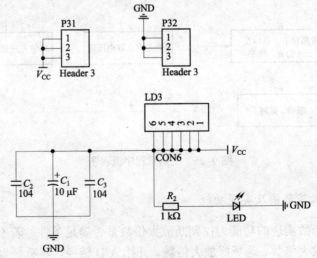

图 9-24 系统电源模块电路

9.2.4 软件程序设计

在完成了硬件电路设计以后,就要根据硬件电路进行软件设计了。系统的软件设计也是项目实现过程中很重要的一环,而且对很多初学者来说,基于硬件电路的软件编程有一定的难度。因为这不仅要求掌握好 C 语言,而且还必须学会根据芯片的工作时序编写程序。下面将部分主要的软件流程设计介绍如下。

1. 主函数流程图及实现功能

主函数实现的主要功能为:先用放大一倍方式获取电压值,判断是否满足条件,如果满足条件,则经串口发送数据到上位机,电压值显示在液晶上。如果不满足条件,到下一次条件判断电压值是否大于 0.1 V,若满足则经 5 倍方式串口发送数据到上位机,电压值显示在液晶上。如果不满足条件,则经 50 倍方式串口发送数据到上位机,电压值显示在液晶上。主函数流程图如图 9-25 所示。

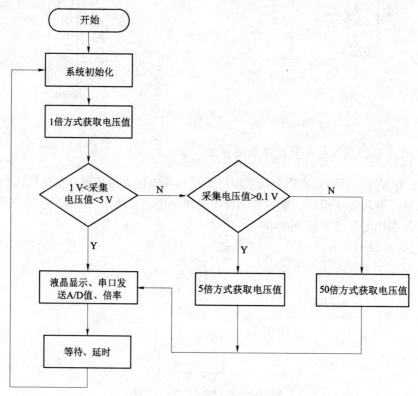

图 9-25 主函数程序流程图

2. A/D 转换函数流程图及实现功能

A/D 转换功能函数实现的功能为:判断放大倍数是否满足条件,若不满足条件,则转到判断是否满足其他放大倍数。选择好放大倍数,开始 A/D 转换,判断是否 A/D 转换结束,若满足 A/D 转换结束,计算出电压值。A/D 转换函数流程图如图 9-26 所示。

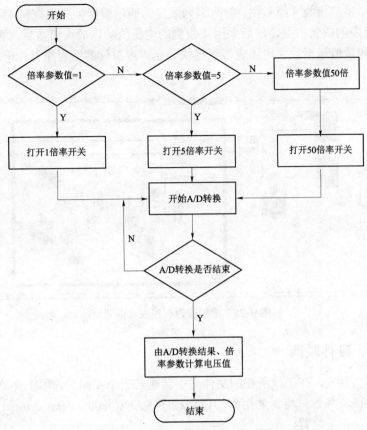

图 9-26 A/D 转换函数流程图

3. 虚拟仪器设计

虚拟仪器前面板以及程序框图都由 NI 公司开发的 LabVIEW 软件设计完成，其中前面板由串口设置模块、电压当前值显示模块、数字电压表图形显示模块、按键启动、停止控制模块以及电压值实时状态图形显示模块组成。虚拟仪器显示界面如图 9-27 所示。

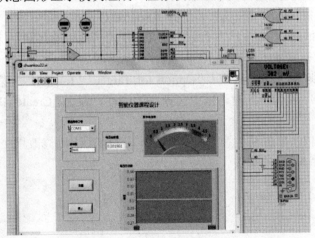

图 9-27 虚拟仪器显示界面

LabVIEW 由串口接收 4 组数据,前两组为规定的通信数据帧头和校验,后两组为单片机发送的电压值对应的放大倍数,然后采用接收到的电压值除以放大倍数后,再除以 255 乘以 5,得到正确的测量值送至数字电压表显示模块显示。虚拟仪器的程序设计框图如图 9-28 所示。

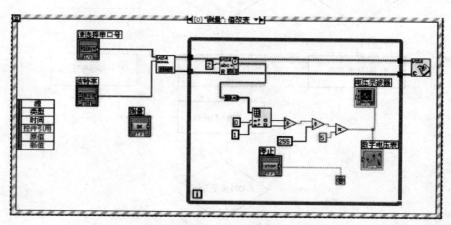

图 9-28 虚拟仪器程序设计框图

9.2.5 软、硬件联调

新建一工程文件夹,在工程所在的文件夹中新建若干个文件夹,用于存放调用的模块程序、主程序和生成文件等。将需要用到的模块程序(ADC0809、delay、timer、uart232 的.c 和.h 文件)复制到指定位置。

① 新建工程。打开 Keil μVision 4 软件。选择"Project"→"New Project"菜单命令,在弹出的对话框中选择工程存放位置,并为工程命名,保存工程文件。

② 选择芯片。在弹出的对话框中选择 Atmel 公司生产的 AT89C51 芯片,单击"确定"按钮即可。

③ 新建文本。选择"File"→"New"菜单命令,在文本文件中输入程序。

④ 保存文本(注意添加文件名后缀".c")。

⑤ 添加文本。在左侧的工程窗口,选择"Source Group 1"并右击,选择快捷菜单中的"Add Files Group 'Source Group 1'"命令,在弹出的对话框中选择刚刚保存的文本文件,单击"Add/Close"按钮。

⑥ 运行调试。选择"Project"→"Option for Target 'Target 1'"菜单命令(或者在工具栏上单击 按钮),在弹出的对话框中选择"Output",勾选"Create HEX Fire",单击"确定"按钮即可。

⑦ 在工具栏上依次单击 3 个按钮,若有错误,则修改程序,直至无错误为止,且成功创建后缀为".hex"的文件。

1. 仿真调试

1)程序下载

在 Proteus 7 Professional 的仿真原理图中,双击 AT89C51 芯片,在弹出的对话框中打开上面保存的后缀为".hex"的文件，添加到芯片中，单击"OK"按钮。

在软件界面左下角单击"运行"按钮 ▶ 开始 ，检查虚拟终端机的仿真现象与要求是否一致。如不一致，单击"暂停仿真"按钮 ■ ，返回 Keil 程序中修改源程序。修改完成后，再进行程序仿真。直至现象正确为止。

2）虚拟端口配置

打开"虚拟端口驱动"软件，如图 9–29 所示。添加 COM3 和 COM4（或 COM1 和 COM2）两个虚拟端口，如图 9–30 所示。

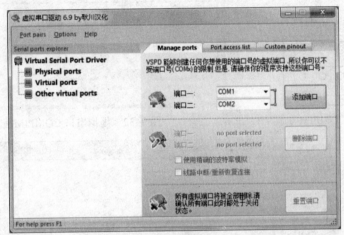

图 9–29　虚拟端口驱动软件

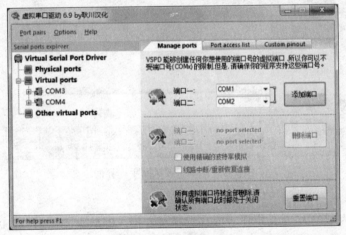

图 9–30　添加虚拟端口

打开"Proteus 7 Professional"软件。选择虚拟串口 COMPIM 引脚连接图，如图 9–31 所示。修改其物理端口（Physical Port）为 COM3。根据程序设置波特率为 9 600 b/s，虚拟仪器串口 COMPIM 配置如图 9–32 所示。

打开"串口调试助手"界面，修改端口为 COM4，波特率为 9 600 b/s，如图 9–33 所示。

3）软件仿真结果

打开"Proteus 7 Professional"软件，单击"运行"按钮 ▶ 开始 ，选择虚拟终端。

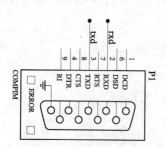

图 9-31 虚拟串口 COMPIM 引脚连接图

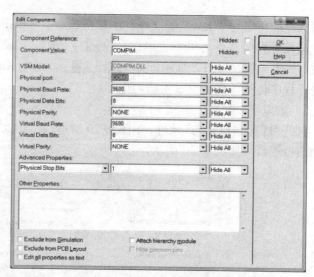

图 9-32 虚拟串口 COMPIM 配置

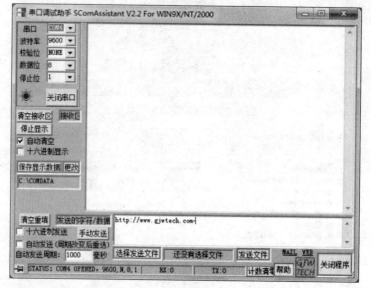

图 9-33 "串口调试助手"界面

（1）放大 50 倍测试结果分析。

当输入电压为 0.05 V 时，电压表应该选择第一挡，即放大 50 倍，82H/32H 这两组数据分别是放大后的电压的 A/D 转换值以及放大倍数，82H 的十进制转换为 130，130/255×5=2.55，得到放大后的电压为 2.55 V，而 32H 的十进制转换为 50，2.55/0.05=50，所以放大倍数为 50 倍，得到串口发送数据与实际数据相符。串口接收数据如图 9-34 所示，上位机接收数据如图 9-35 所示，实物与上位机（LabVIEW）对比数据如图 9-36 所示，实物电压表测量如图 9-37 所示。

（2）放大 5 倍测试结果分析。

当输入电压为 0.30 V 时，电压表应该选择第二挡，即放大 5 倍，4DH/05H 这两组数据分别是放大后的电压的 A/D 转换值以及放大倍数，4DH 的十进制转换为 77，77/255×5=1.50，

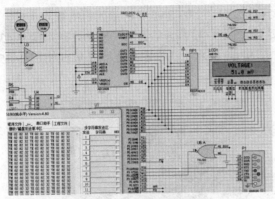
图 9-34 串口接收数据

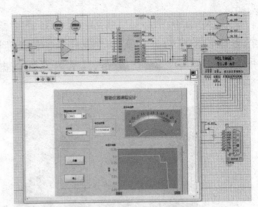
图 9-35 上位机接收数据

图 9-36 实物与上位机（LabVIEW）对比数据

图 9-37 实物电压表测量

得到放大后的电压为 1.50 V，而 05H 的十进制转换为 5，1.50/0.30=5，所以放大倍数为 5 倍，得到串口发送数据与实际数据相符。串口接收数据如图 9-38 所示，上位机接收数据如图 9-39 所示，实物与上位机（LabVIEW）对比数据如图 9-40 所示，实物电压表测量数据如图 9-41 所示。

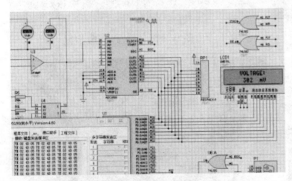
图 9-38 串口接收数据

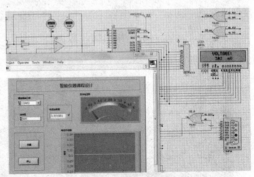
图 9-39 上位机接收数据

（3）放大 1 倍测试结果分析。

当输入电压为 2.00 V 时，电压表应该选择第三挡，即放大 1 倍，68H/01H 这两组数据分别是放大后电压的 A/D 转换值以及放大倍数，68H 的十进制转换为 104，104/255×5=2.00，得到放大后的电压为 2.00 V，而 01H 的十进制转换为 1，2.03/2.00=1，故放大倍数为 1 倍，得到串口发送数据与实际数据相符。串口接收数据如图 9-42 所示，上位机接收数据如图 9-43 所示，实物与上位机（LabVIEW）对比数据如图 9-44 所示，实物电压表测量数据如图 9-45 所示。

图 9-40　实物与上位机（LabVIEW）对比数据

图 9-41　实物电压表测量数据

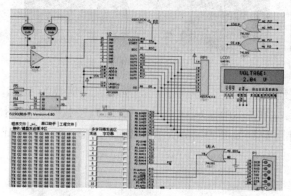

图 9-42　串口接收数据

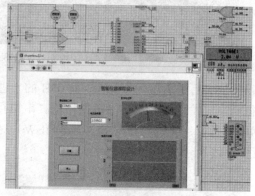

图 9-43　上位机接收数据

图 9-44　实物与上位机（LabVIEW）对比数据

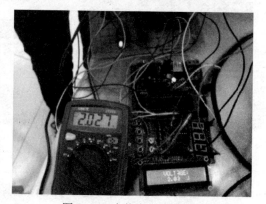

图 9-45　实物电压表测量数据

9.2.6 项目总结与拓展

至此整个项目的软、硬件设计就完成了，但是还不能就此结束，还有必要对项目进行总结和改进。整个系统的实现过程是一点一点积累的过程，对整个系统涉及的知识点很可能只有零散的掌握，所以要回过头来对前面所用到的知识进行全面、系统的总结和归纳。

1. 整个项目涉及的主要知识点

（1）单片机应用系统的设计。
（2）液晶显示模块的使用。
（3）A/D 芯片 ADC0809 的工作原理和各种操作指令。
（4）前端采集电压电路及放大电路的设计。
（5）单片机同 PC 之间的通信及上位机界面 LabVIEW 编程技术。
（6）时序图及程序框图的设计与理解。

2. 技能回顾

（1）怎样进行项目的分析。
（2）如何选择合适的器件和芯片。
（3）单片机系统的选择。
（4）前端采集电路及放大电路的设计。
（5）硬件模块电路的设计。
（6）如何根据工作时序图编写程序。
（7）如何绘制程序流程图以及编写相应的程序。

3. 项目训练

为了巩固提高学习效果，在设计完成自动换挡数字电压表系统后，不妨设计一个复杂一些的测量系统，如工控自动生产线中的多节点电量参数测试系统。

该系统希望达到以下的目的。

（1）工控节点上的各个单元数据互相独立。
（2）具有统一协调的通信协议，优先级明确，通信误码率低，速度效率更高。
（3）可视界面友好，可以记录、保存、查看以往节点上的历史数据，要求至少能够保存 3 个月以上的数据。
（4）具有数据分析功能，可以根据数据的统计结果判断设备的运行状态。

9.3 项目调试——多节点粮库温湿度控制分析装置系统设计

温湿度是常用来衡量环境的标准参数，影响着生活的方方面面，温湿度传感器在大棚种植、粮仓检测、药房恒温恒湿控制等方面得到了广泛的应用，特别是对于粮食、食品、药品监督这一方面，传统都是用人工检测系统实地测量，既不方便也不准确，目前将温湿度传感器集合单片机引入到这些方面，实时并不断采集数据，极大地提高了效率。

9.3.1 项目内容与任务

本项目是分布式粮库温湿度测量控制分析装置的设计与研究，主要研究内容是将前段采集到的温湿度数据，经过单片机系统处理之后，通过无线模块系统发送到接收终端，接收终端将接收到的数据经过处理后通过 LCD12864 液晶显示，并对前端的状况进行分析和控制，终端将控制命令的数据发送到前端采集系统，经过前端微处理器处理之后发出相应的指令，控制粮仓内的温湿度。在整个粮库温湿度测量控制系统中，一共设计三路节点，即同时采集 3 个不同地方的温湿度状况，先将数据汇总到总节点，通过总节点反馈前端设备，以此达到稳定粮库内的温湿度状况并加以控制的目的。系统总体布局如图 9-46 所示。

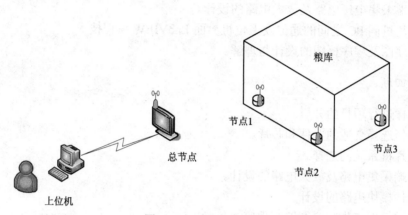

图 9-46　系统总体布局

系统的工作任务如下。

（1）设计分布式粮库温湿度测量控制分析装置的硬件电路和相关的软件程序。

（2）使用 Proteus 仿真软件，仿真所设计的单节点粮库温湿度测量控制分析装置，能实现对温湿度的测量，能实时自动地将温湿度值显示于 LCD1602 液晶上，同时实现自动调整控制。

（3）湿度测量范围。温度测量范围为 20%~95%（0 ℃~50 ℃范围），湿度测量误差为 ±5%；温度测量范围为 0 ℃~50 ℃，温度测量误差为±2 ℃。

（4）节点之间采用 RS-485 总线协议通信或者采用无线通信方式实现，无线通信协议自拟定义。

（5）节点数据测量结果显示采用 LCD1602 液晶显示，总节点数据测量结果显示采用 LCD12864 液晶显示。

9.3.2 系统的工作原理

依据本项目的内容和要求，对系统的每个模块进行规划和设计。前端采集系统主要由无线模块 nRF24L01、DHT11 温湿度传感器、单片机、LCD1602 液晶显示器、通风降温湿装置构成，DHT11 温湿度传感器采集粮仓内部的温湿度数据，经过微处理器处理之后显示在 LCD1602 液晶模块上面，工作人员可以通过前端采集系统设置粮库内部的温湿度标准值，一旦环境的温度或湿度的值不符合规定的标准值时，系统会自动启动报警装置，同时控制相应的通风降温湿设备启动,达到降温除湿的目的。其次,前端采集系统也将数据通过无线模块nRF24L01 发送到总节点,粮仓内的工作人员可以在总节点处看到粮仓内不同地方的温湿度状况,以便应急突发状况。前端采集系统作为子节点也可以接收上位机传输过来的数据,实现对粮库内部温湿度环境的智能控制。前端采集系统设计总体布局如图 9-47 所示。

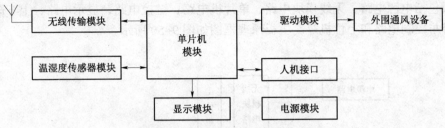

图 9-47　前端采集系统设计总体布局

系统中的总节点可以接收来自 3 个不同地方的温湿度数据,并将接收的数据通过微型处理器处理之后显示在 LCD12864 液晶屏幕上面,粮仓内的工作人员通过总节点的按键系统,选择查看粮仓内不同位置的温湿度状况,由于数据被集中到了总节点,就使得工作人员的工作量减少了很多。系统总节点设计如图 9-48 所示。

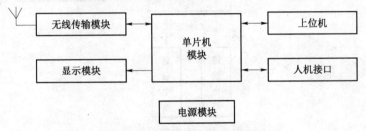

图 9-48　系统总节点设计框图

总节点接收到的数据可以通过设计报警与指示系统,将接收到的温湿度数据处理并显示,如若粮仓内部的环境情况不符合当前的标准,在总节点界面也会有相应的报警装置提示工作人员。其界面布局功能图如图 9-49 所示。

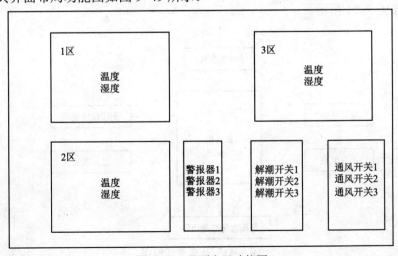

图 9-49　界面布局功能图

9.3.3 硬件电路设计

1. 主板硬件设计

主板包括电源电路、无线模块电路、单片机电路、键控电路、显示电路、上下限提示电路、报警与控制电路和上位机等。主板原理框图如图 9-50 所示。

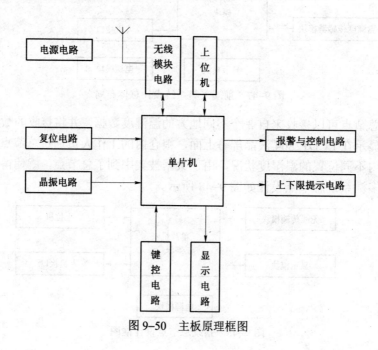

图 9-50 主板原理框图

2. 从板硬件设计

从板包括电源电路、温湿度传感器电路、单片机电路、无线模块电路和显示电路等。从板原理框图如图 9-51 所示。

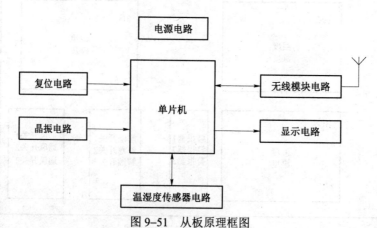

图 9-51 从板原理框图

鉴于 9.2.3 小节对硬件电路设计的具体步骤已经进行了详细的阐述，这里限于篇幅就不再一一叙述，只针对无线模块电路设计进行简要分析。

1）nRF24L01 无线模块简介

nRF24L01 是 NORDIC 公司生产的一款无线通信芯片，采用 FSK 调制方式，内部集成有 NORDIC 自己的 Enhanced Short Burst 协议，可以实现点对点或是点对多点的无线通信。无线通信速度可以达到 2 Mb/s。

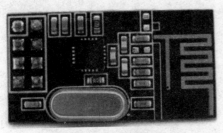

图 9-52 无线模块

nRF24L01 无线模块如图 9-52 所示。

2）无线模块引脚功能说明

无线模块引脚功能说明如表 9-2 所示。

表 9-2 无线模块引脚功能说明

编号	名称	功能
1	GND	电源地
2	V_{CC}	电源
3	CE	RX、TX 模式选择
4	CSN	SPI 片选信号
5	SCK	SPI 时钟
6	MOSI	SPI 数据输入
7	MISO	SPI 数据输出
8	IRQ	屏蔽中断

无线模块电路如图 9-53 所示。此模块为无线模块接口电路，M1 为 4×2 双排排座。购买无线模块成品插上即可使用。

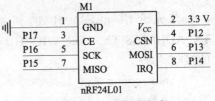

图 9-53 无线模块电路

9.3.4 软件程序设计

系统的软件设计包括两部分：一部分是子节点的软件程序设计，另一部分是总节点的软件程序设计。总节点的接收流程如图 9-54 所示，首先进行液晶初始化和 DHT11 温湿度传感器的接收初始化，同时不断进行判断是否接收到前端数据，用户可以通过按键切屏的方式浏览不同房间的温湿度情况，同时通过串口发送至上位界面。子节点的采集以及发送流程如图 9-55 所示，同总节点一样，先进行液晶显示初始化，DHT11 温湿度传感器进行采集数据的初始化，将采集到的数据通过单片机处理之后在液晶屏幕上面显示，同时数据通过 nRF24L01 无线模块发送出去。同时系统具有判断功能，当温湿度或湿度大于人工设定的初始值时，系统可以智能控制终端设备，以达到智能控制粮库的环境的目的，完成整个系统的温湿度采集控制分析的过程。

对于 9.3.3 小节无线模块的接口硬件，这里仅对 nRF24L01 收发程序设计进行详细叙述。

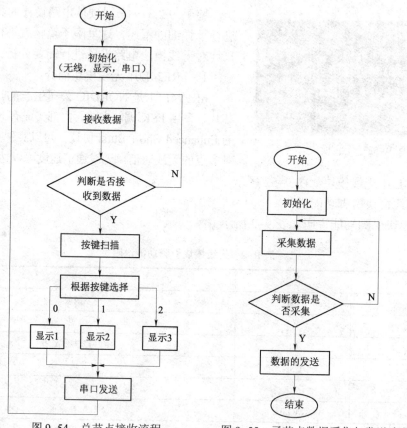

图 9-54 总节点接收流程　　图 9-55 子节点数据采集与发送流程

1. 程序初始化

首先介绍 nRF24L01 的初始化程序。开始先设置本机地址,即 uchar const TX_ADDRESS[TX_ADR_WIDTH] ={0x37,0x43,0x10,0x10,0x03},然后设置 3 个通道的接收地址:

```
uchar const RX1_ADDRESS[RX_ADR_WIDTH]= {0x34,0x43,0x10,0x10,0x03};
```
//接收地址 P_1 实际地址为:03-10-10-43-34
```
uchar const RX2_ADDRESS[RX_ADR_WIDTH]= {0x35};
```
//接收地址 P_2 实际地址为:03-10-10-43-35
```
uchar const RX3_ADDRESS[RX_ADR_WIDTH]= {0x36};
```
//接收地址 P_3 实际地址为:03-10-10-43-36

继而设置允许接收的通道、工作频率、接收数据的长度和发送数据的速度。

2. 发送模式的配置

利用软件的配置方式进行发送模式的设置。
(1) 将 PRIM_R 寄存器位设置为低电平,将工作模式改为发送模式。
(2) 对发送地址以及有效方式进行相应的设置。

（3）单片机将数据处理之后写入发送机。同时配置 CSN 端口为低电平，使得数据不断地写入。
（4）设置相应的发送机的地址。
1 号发送机的地址：
uchar const TX_ADDRESS[TX_ADR_WIDTH]= {0x34,0x43,0x10,0x10,0x03};
2 号发送机的地址：
uchar const TX_ADDRESS[TX_ADR_WIDTH]= {0x35,0x43,0x10,0x10,0x03};
3 号发送机的地址：
uchar const TX_ADDRESS[TX_ADR_WIDTH]= {0x36,0x43,0x10,0x10,0x03};
（5）同时需要启动无线模块的使能端口 CE，设置为高电平。
（6）待接收端收到信号之后，接收端将会发出一个相应信号，从而完成整个收发的程序。
发送程序流程图如图 9-56 所示。

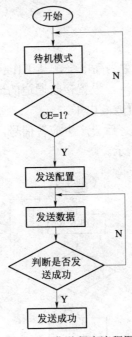

图 9-56　发送程序流程图

发送端的配置程序如下：
```
void init_NRF24L01(void)
{
    inerDelay_us(100);
    CE=0;
    CSN=1;
    SCK=0;
    SPI_Write_Buf(WRITE_REG + TX_ADDR, TX_ADDRESS, TX_ADR_WIDTH);
    //写发送端地址
    SPI_Write_Buf(WRITE_REG + RX_ADDR_P1,RX_ADDRESS, RX_ADR_WIDTH);
```

```
    //写接收端地址
    SPI_RW_Reg(WRITE_REG + EN_AA, 0x03);
    //频道 1 自动 ACK 应答允许
    SPI_RW_Reg(WRITE_REG + EN_RXADDR, 0x03);
    //允许接收地址只有频道 1
    SPI_RW_Reg(WRITE_REG + RF_CH, 0);
    //设置信道工作为 2.4 GHz,收发必须一致
    SPI_RW_Reg(WRITE_REG + RX_PW_P1, RX_PLOAD_WIDTH);
    //设置接收数据长度,本次设置为 32 B
    SPI_RW_Reg(WRITE_REG + RF_SETUP, 0x07);
    //设置发送速率为 1 MHz,发送功率为最大值 0dB
}
```

3. 接收程序设计

（1）将 PRIM_RX 的寄存器设置为高电平,其工作状态更改为接收模式。
（2）开启数据接收通道的使能端,设置接收通道的地址和自动应答寄存器。
（3）nRF24L01 使能端 CE 设置成高电平。
（4）接收端在收到发送的数据之后会产生应答信号,从而完成整个工作流程。
接收程序的流程图如图 9-57 所示。

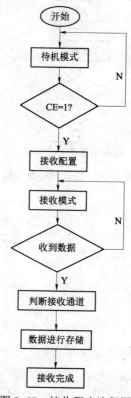

图 9-57 接收程序流程图

接收的主要程序如下:
```c
void init_NRF24L01(void)
{
    inerDelay_us(100);
    CE=0;
    CSN=1;
    SCK=0;
    SPI_Write_Buf(WRITE_REG + TX_ADDR, TX_ADDRESS, TX_ADR_WIDTH);
    //写本地地址
    SPI_Write_Buf(WRITE_REG + RX_ADDR_P1, RX1_ADDRESS, RX_ADR_WIDTH);
    //写接收端地址 P1
    SPI_Write_Buf(WRITE_REG + RX_ADDR_P2, RX2_ADDRESS, 1);
    //写接收端地址 P2
    PI_Write_Buf(WRITE_REG + RX_ADDR_P3, RX3_ADDRESS, 1);
    //写接收端地址 P3
    P3 SPI_RW_Reg(WRITE_REG + EN_AA,0x3f);
    //频道0~5 自动 ACK 应答允许
    SPI_RW_Reg(WRITE_REG + EN_RXADDR,0x3f);
    //允许接收地址频道 0~5
    SPI_RW_Reg(WRITE_REG + RF_CH, 0);
    //设置信道工作为2.4GHz,收发必须一致
    SPI_RW_Reg(WRITE_REG + RX_PW_P1, RX_PLOAD_WIDTH);
    //设置接收数据长度,本次设置为RX_PLOAD_WIDTH 字节
    SPI_RW_Reg(WRITE_REG + RX_PW_P2, RX_PLOAD_WIDTH);
    //设置接收数据长度,本次设置为RX_PLOAD_WIDTH 字节
    SPI_RW_Reg(WRITE_REG + RX_PW_P3, RX_PLOAD_WIDTH);
    SPI_RW_Reg(WRITE_REG + RF_SETUP, 0x07);//设置发送速率为1MHz,发送功率为最大值 0dB
    CE=1;
}
```

9.3.5 软、硬件联调

通过9.3.3小节和9.3.4小节对项目的硬件和软件进行了分析和设计,本节的内容以实践测试为主,同时对项目进行调试。

首先将 HDT11 温湿度传感器结合单片机,并将收集到的数据经处理之后在相应的液晶模块上显示;其次对无线模块进行一收一发的测试,总节点采用 LCD12864 液晶显示收到的数据,在此基础上再将项目中的三发一收结合无线模块使用,从而完成整个项目的设计。

1. DHT11 温湿度采集测试

DHT11 作为前端采集的模块,LCD1602 作为液晶显示模块,微处理器采用 STC89C58

单片机，首先将软件程序烧录进去之后进行测试。如图9-58 所示，温湿度传感器将采集的数据经单片机处理之后送 LCD1602 液晶屏幕上面显示。

测试结果为当前温度 25 ℃，湿度值为 54%时，与当前的室内温湿度相一致。

2. 一对一发送接收测试

在温湿度数据采集成功之后将进行无线模块的收发测试，首先进行的是温湿度采集数据一收一发的测试，发送端如图 9-59 所示，接收端如图 9-60 所示。

发送节点是 25 ℃，与接收节点显示的温度吻合，发送节点的湿度是 30%，与接收端显示的湿度相同，证明项目设计一对一的发送和接收成功。

图 9-58 温湿度采集端

图 9-59 发送节点

图 9-60 接收节点

3. 一对多发送接收测试

一对一的发送和接收测试成功，下面进行一收三发的测试。在 3 个发送端分别配置不同的地址，最终将收集到的数据发送到总节点。发送端 1 如图 9-61 所示，当前的温度和湿度分别为 28 ℃和 33%，接收端的数据如图 9-62 所示，采集到的温度和湿度分别是 28 ℃和 33%。如图 9-63 所示，节点 2 采集的温度和湿度分别为 25 ℃和 29%，总节点采集的数据如图 9-64 所示，温度和湿度的数据分别为 25 ℃和 29%。节点 3 采集的温湿度数据如图 9-65 所示，分别为 28 ℃和 31%，总节点采集的数据如图 9-66 所示，温湿度数据分别为 28 ℃和 31%。接收端通过切屏的方式来选择不同房间，从而了解各个粮库房间内的温湿度状况。

根据测试的结果每个节点采集的温湿度数据均与总节点收到的数据相吻合，总节点能够完全将数据收集到，并在 LCD12864 液晶上面显示，并且进行了实时传输的测试，每当有温度和湿度的数据变化的时候，通过总节点的切屏按键，可以接收到各个房间不同的温湿度数据，均与节点的数据一致，因此无线模块三发一收设计测试成功。

第 9 章 单片机应用系统设计

图 9-61 节点 1 采集

图 9-62 总节点采集房间 1 的数据

图 9-63 节点 2 采集

图 9-64 总节点采集房间 2 的数据

图 9-65 节点 3 采集

图 9-66 总节点采集房间 3 的数据

9.3.6 项目总结与拓展

至此整个项目的软、硬件设计就完成了,但是还不能就此结束,还有必要对项目进行总结和改进。整个系统的实现过程是一点一点积累的过程,对整个系统涉及的知识点很可能只有零散的掌握,所以要回过头来对前面所用到的知识进行全面、系统的总结和归纳。

1. 整个项目涉及的主要知识点

(1) 单片机应用系统的设计。
(2) LCD12864 及 LCD1602 液晶显示模块的使用。
(3) 温湿度传感器 DHT11 的工作原理和各种操作指令。
(4) 无线模块 nRF24L01 的使用。

2. 技能回顾

(1) 怎样进行项目的分析。
(2) 单片机系统的选择及设计。
(3) 传感器电路及程序的设计。
(4) 无线传输电路的设计及使用。
(5) 如何根据芯片工作时序图编写程序。
(6) 如何绘制程序流程图以及编写相应的程序。

3. 项目训练

为了巩固提高学习效果,在设计完成多节点粮库温湿度控制分析装置系统设计后,不妨设计一个更加复杂一些的管理系统。比如设计一个带有多粮库的大数据管理系统。

该系统希望达到以下目的。
(1) 可以采集多个粮库的多参数测量(如温度、湿度、光强)等参数。
(2) 系统可以通过计算机系统观察多粮仓的动态数据状态。
(3) 系统可以采用 TFT 串口彩屏,使设计的界面更加友好,同时系统可以记录、保存、查看以往的粮库数据,并具有分析统计以往数据的功能。
(4) 系统可以通过分析以往数据达到预知粮库的未来情况,以达到促进改进粮库环境的目的。

本 章 小 结

以单片机为核心,结合各种接口器件和扩展芯片,设计单片机应用系统,是本项目的最终目的。单片机应用系统的设计,应采取软件和硬件相结合的方法。通过对应用系统的目标、任务、指标要求等的分析,确定功能技术指标的软硬件分工方案,接下来分别进行软、硬件设计,硬件设计和软件编程是应用系统设计中最重要的内容,软件和硬件相结合对应用系统进行仿真调试,修改、完善是应用系统设计的关键。同时从干扰源的来源、硬件、软件以及电源系统、接地方式等各方面研究分析，并给出有效、可行的解决措施，同时针对软件的抗干扰措施进行了介绍。

应用系统的调试是验证理论设计，排除系统的硬件故障，发现和解决程序错误的实践过程。在调试单片机应用系统时，要充分理解硬件电路的工作原理和软件设计的逻辑关系，有步骤、有目的的进行。对应用系统进行调试时，应综合应用软、硬件手段，可以通过测试软件来查找硬件故障，也可以通过检查硬件状态来判断软件错误。

通过两个项目案例阐述了单片机应用系统设计的整体设计方法，给出了主要的硬件电路设计和软件流程设计等。项目一智能程控变挡数字电压表实现了 0～5 V 电压的智能测量，测量精度准确，响应速度快，实践可操作性强；项目二多节点粮库温湿度控制分析装置系统的设计实现了一对一节点、一对三节点的温湿度测量，可有效地管理一个小型粮库的温湿度环境，使粮库控制在一个良好的环境内。通过项目的实践训练可以有效地提高单片机应用系统开发的技能。

习　题

9.1　在单片机应用系统设计中，对硬件设计和软件设计应主要考虑哪些问题？

9.2　如何提高单片机应用系统的抗干扰能力？

9.3　应用系统调试的过程中，常见的硬件故障有哪几种类型？

9.4　为什么要在每块电源和地之间并接去耦电容？加几个去耦电容？电容量选多大适合？

9.5　为什么要将单片机应用系统中的模拟地和数字地分别相连，然后仅在一点上相连接？

9.6　在印制电路板设计时，为什么不能在印制电路板中留下无用的空白铜箔层？走线应注意哪些细节？

9.7　设计单片机应用系统中，单片机看门狗定时器的作用是什么？

9.8　利用仿真开发系统对用户样机软件调试，需经哪几个步骤？各个步骤的作用是什么？

9.9　归纳总结智能程控变挡数字电压表的整体项目分析步骤。ADC0809 芯片的驱动程序应如何编写？

9.10　无线模块 nRF24L01 的工作原理是什么？它所对应的收发程序应该如何设计？

9.11　多节点粮库温湿度控制分析装置系统实现的功能是什么？如何通过任务指标设计系统的整体结构框图？结构框图的作用是什么？

附录

ASCII 码表

1. 控制字符

二进制	十进制	十六进制	控制字符	转义字符	说明
000 0000	0	00	NUL	0	空字符
000 0001	1	01	SOH		标题开始
000 0010	2	02	STX		正文开始
000 0011	3	03	ETX		正文结束
000 0100	4	04	EOT		传输结束
000 0101	5	05	ENQ		请求
000 0110	6	06	ACK		收到通知
000 0111	7	07	BEL	a	响铃
000 1000	8	08	BS	b	退格
000 1001	9	09	HT	t	水平制表符
000 1010	10	0A	LF	n	换行键
000 1011	11	0B	VT	v	垂直制表符
000 1100	12	0C	FF	f	换页键
000 1101	13	0D	CR	r	回车键
000 1110	14	0E	SO		不用切换
000 1111	15	0F	SI		启用切换
001 0000	16	10	DLE		数据链路转义
001 0001	17	11	DC1		设备控制1
001 0010	18	12	DC2		设备控制2
001 0011	19	13	DC3		设备控制3
001 0100	20	14	DC4		设备控制4
001 0101	21	15	NAK		拒绝接收
001 0110	22	16	SYN		同步空闲
001 0111	23	17	ETB		传输块结束
001 1000	24	18	CAN		取消

续表

二进制	十进制	十六进制	控制字符	转义字符	说明
001 1001	25	19	EM		介质中断
001 1010	26	1A	SUB		替补
001 1011	27	1B	ESC	e	溢出
001 1100	28	1C	FS		文件分隔符
001 1101	29	1D	GS		分组符
001 1110	30	1E	RS		记录分离符
001 1111	31	1F	US		单元分隔符

2. 可打印字符

二进制	十进制	十六进制	字符	二进制	十进制	十六进制	字符
010 0000	32	20	Space（空格）	011 1011	59	3B	;
010 0001	33	21	!	011 1100	60	3C	<
010 0010	34	22	"	011 1101	61	3D	=
010 0011	35	23	#	011 1110	62	3E	>
010 0100	36	24	$	011 1111	63	3F	?
010 0101	37	25	%	100 0000	64	40	@
010 0110	38	26	&	100 0001	65	41	A
010 0111	39	27	'	100 0010	66	42	B
010 1000	40	28	(	100 0011	67	43	C
010 1001	41	29	)	100 0100	68	44	D
010 1010	42	2A	*	100 0101	69	45	E
010 1011	43	2B	+	100 0110	70	46	F
010 1100	44	2C	,	100 0111	71	47	G
010 1101	45	2D	-	100 1000	72	48	H
010 1110	46	2E	.	100 1001	73	49	I
010 1111	47	2F	/	100 1010	74	4A	J
011 0000	48	30	0	100 1011	75	4B	K
011 0001	49	31	1	100 1100	76	4C	L
011 0010	50	32	2	100 1101	77	4D	M
011 0011	51	33	3	100 1110	78	4E	N
011 0100	52	34	4	100 1111	79	4F	O
011 0101	53	35	5	101 0000	80	50	P
011 0110	54	36	6	101 0001	81	51	Q
011 0111	55	37	7	101 0010	82	52	R
011 1000	56	38	8	101 0011	83	53	S
011 1001	57	39	9	101 0100	84	54	T
011 1010	58	3A	:	101 0101	85	55	U

续表

二进制	十进制	十六进制	字符	二进制	十进制	十六进制	字符
101 0110	86	56	V	110 1011	107	6B	k
101 0111	87	57	W	110 1100	108	6C	l
101 1000	88	58	X	110 1101	109	6D	m
101 1001	89	59	Y	110 1110	110	6E	n
101 1010	90	5A	Z	110 1111	111	6F	o
101 1011	91	5B	[	111 0000	112	70	p
101 1100	92	5C	\	111 0001	113	71	q
101 1101	93	5D	]	111 0010	114	72	r
101 1110	94	5E	^	111 0011	115	73	s
101 1111	95	5F	_	111 0100	116	74	t
110 0000	96	60	`	111 0101	117	75	u
110 0001	97	61	a	111 0110	118	76	v
110 0010	98	62	b	111 0111	119	77	w
110 0011	99	63	c	111 1000	120	78	x
110 0100	100	64	d	111 1001	121	79	y
110 0101	101	65	e	111 1010	122	7A	z
110 0110	102	66	f	111 1011	123	7B	{
110 0111	103	67	g	111 1100	124	7C		
110 1000	104	68	h	111 1101	125	7D	}
110 1001	105	69	i	111 1110	126	7E	~
110 1010	106	6A	j				

参 考 文 献

[1] 唐国良. 微机原理与接口技术［M］. 北京：清华大学出版社，2013.
[2] 赵全利. 单片机原理及应用教程［M］. 北京：机械工业出版社，2013.
[3] 李继灿. 微机计算机系统与接口［M］. 北京：清华大学出版社，2011.
[4] 张兰红，邹华. 单片机原理及应用［M］. 北京：机械工业出版社，2012.
[5] 林立，张俊亮. 单片机原理及应用［M］. 3版. 北京：电子工业出版社，2014.
[6] 姜志海，赵艳雷，陈松. 单片机的C语言程序设计与应用［M］. 2版. 北京：电子工业出版社，2011.
[7] 肖婧. 单片机系统设计与仿真：基于Proteus［M］. 北京：北京航空航天大学出版社，2010.
[8] 杜树春. 基于Proteus和Keil C51的单片机设计与仿真［M］. 北京：电子工业出版社，2012.
[9] 张靖武，周灵彬，方曙光. 单片机原理、应用与PROTEUS仿真［M］. 北京：电子工业出版社，2012.
[10] 张毅刚，赵光权，张京超. 单片机原理及应用：C51编程+Proteus仿真［M］. 北京：高等教育出版社，2016.
[11] 徐爱钧. 单片机原理及应用：基于C51及Proteus仿真［M］. 北京：清华大学出版社，2015.
[12] 李学礼. 基于Proteus的8051单片机实例教程［M］. 北京：电子工业出版社，2008.
[13] 闫玉德，葛龙，俞虹. 单片微型计算机原理及设计［M］. 北京：中国电力出版社，2010.
[14] 韩晓东. 单片机课程同步实验指导［M］. 北京：清华大学出版社，2013.
[15] 贺敬凯，刘德新，管明祥. 单片机系统设计、仿真与应用——基于Keil和Proteus仿真平台［M］. 西安：西安电子科技大学出版社，2011.
[16] 杨居义. 单片机原理及应用项目教程（基于C语言）［M］. 北京：清华大学出版社，2014.
[17] 丁明亮，唐前辉. 51单片机应用设计与仿真——基于Keil C和Proteus［M］. 北京：北京航空航天大学出版社，2014.
[18] 张毅刚，赵光权，刘旺. 单片机原理及应用［M］. 北京：高等教育出版社，2016.
[19] 张重雄. 虚拟仪器技术分析与设计［M］. 北京：电子工业出版社，2007.
[20] 张景璐，于京，马泽民. 51单片机项目教程［M］. 北京：人民邮电出版社，2010.
[21] 徐爱均. Keil C51单片机高级语言应用编程技术［M］. 北京：电子工业出版社，2015.
[22] 李亚彬. 基于无线控制与无线传输的数据采集系统［D］. 南京：南京理工大学，2007.
[23] 董俊辰，李拥军，王园园. LabVIEW上位机双串口同步方法与数据采集［J］. 电子世界，2014（13）：23-24.
[24] 王建勋，周青云. 基于DS18B20和LabVIEW的温度监测系统［J］. 实验室研究与探索，2012，31（3）：47-50.